La convivencia escolar en positivo

Mediación y resolución de conflictos

Sara Ibarrola-García
PROFESORA DEL DEPARTAMENTO DE EDUCACIÓN DE LA UNIVERSIDAD DE NAVARRA
Concha Iriarte Redín
PROFESORA TITULAR DEL DEPARTAMENTO DE EDUCACIÓN DE LA UNIVERSIDAD DE NAVARRA

La convivencia escolar en positivo

Mediación y resolución de conflictos

EDICIONES PIRÁMIDE

PEDAGOGÍA Y DIDÁCTICA

Director:
Francisco J. Labrador
Catedrático de Modificación de Conducta
de la Universidad Complutense de Madrid

Diseño de cubierta: Anaí Miguel

Imagen de cubierta: Cosano, Pedro / Archivo Anaya

Juan Ignacio Luca de Tena, 15. 28027 Madrid
Teléfono: 91 393 89 89
www.edicionespiramide.es
Depósito legal: M. 7.724-2012
ISBN: 978-84-368-2641-8
Printed in Spain

Índice

PARTE SEGUNDA
La mediación escolar en los centros educativos

Índice tablas

Índice figuras

Introducción

En los últimos años ha tenido lugar una mayor visibilidad de los problemas de convivencia en los centros educativos y en consecuencia se ha producido un estado general de preocupación en la sociedad e incluso, en algunos momentos concretos, de alarma social. Ante esta situación, se ha tratado de dar una respuesta educativa desde diversos ámbitos, razón por la cual han proliferado una enorme cantidad de estudios, informes, iniciativas legislativas y experiencias prácticas. Podemos apreciar sin duda un impulso decidido desde la administración y desde otras instancias como la universitaria en pro de la mejora de la convivencia en los centros educativos.

La materia legislativa no sólo contempla y da preferencia a la convivencia, la resolución de conflictos y la ciudadanía democrática, sino que por primera vez las facilita a través de algunas iniciativas, como por ejemplo la LOE (2006), el Plan de Mejora de la Convivencia, la introducción de las competencias básicas en el currículo (entre ellas la competencia social y ciudadana) y la asignatura de educación para la ciudadanía o educación cívica. Además se han creado el Observatorio Estatal o las Asesorías de Convivencia u Observatorios Escolares en el ámbito autonómico. Por tanto, sorprende el amplio marco positivo que se ha forjado para hacer frente a lo que se viene llamando «el reto de la convivencia escolar».

Desde dicho marco se ha ido consolidando un movimiento de construcción de la convivencia (Ortega y Del Rey, 2004) que exige que ésta se aborde sumando acciones positivas y proactivas. Es decir, la educación para la convivencia se sitúa en el marco de la calidad de los procesos educativos, en el sentido de que favorece la armonía entre las personas, instituciones y los distintos sectores de la comunidad escolar y permite desarrollar la socialización del alumnado (Iriarte, 2007). Algunos autores (Avilés, 2006; Monjas, 2007; Trianes, 2001, 2007) han destacado el modo de aproximarse a la convivencia en positivo, centrándose en la enseñanza de las conductas necesarias para vivir y en lo que se hace o se podría hacer para convertir las aulas y el centro en espacios de una convivencia de calidad. Convivir pone en juego un doble dinamismo de la persona cuyo equilibrio y armonía llevan a la satisfacción de dos grandes aspiraciones: el bienestar y la ampliación de sus posibilidades (Marina, 2006). De modo que una buena convivencia ha de promover el bienestar y a la vez ayudar a progresar a cada persona.

Desde este enfoque de la convivencia se resalta la importancia de no centrarse exclusivamente en los problemas, sino también de comprender y desarrollar las competencias y cualidades positivas de las personas y de los entornos. Se entiende por convivencia no sólo la ausencia de violencia, sino sobre todo la construcción, día a día, de relaciones con uno mismo, con las demás personas y con el entorno, relaciones basadas en la dignidad humana, en los derechos humanos, en la paz positiva y en el desarrollo de los valores de respeto, tolerancia, diálogo y solidaridad (Bisquerra, 2008; Uruñuela, 2009). Desde aquí se tiene en cuenta la influencia de las características positivas de las personas, de los grupos y de los contextos a la hora de promover un desarrollo saludable. De modo que se abordan las dificultades y se corrigen los comportamientos desviados al mismo tiempo que se fomentan valores prosociales en todos los alumnos.

Esta línea de investigación, que ha sumado esfuerzos desde numerosas investigaciones e iniciativas, en la realidad coexiste habitualmente en los colegios con una cultura de la convivencia fuertemente arraigada en la vía sancionadora. De modo que, en algunos centros, cuanto más empeora la convivencia en las aulas, más se fortalece este sistema punitivo reactivo, lo que no revierte en la mejora de la convivencia, sino, a lo sumo y en el mejor de los casos, en un mínimo control de los problemas. En ocasiones el problema de la convivencia ha desbordado la capacidad y la preparación de los colegios y del profesorado para hacerle frente. Muestra de ello es que se han creado las Asesorías de Convivencia o el teléfono del Defensor del Profesor e incluso un sector del profesorado ha buscado el amparo legislativo, traducido en la promulgación de la Ley de Autoridad del Profesor. En un amplio estudio internacional sobre docencia y aprendizaje (TALIS) realizado por la Organización para la Cooperación y el Desarrollo (OCDE, 2009) en el que se ha encuestado a más de 90.000 docentes de secundaria —4.000 profesores de 200 centros educativos en España— se alertaba de que uno de cada cuatro profesores dedica el 30 por 100 de las clases a hacer callar a sus alumnos. En concreto los profesores españoles dedican el 16 por 100 de su tiempo lectivo a tratar de imponer orden en clase, y están entre los más molestos con el clima que se respira en sus clases. El 70 por 100 siente que en sus aulas las interrupciones de los alumnos perturban bastante o mucho. No obstante, la OCDE afirma que los profesores españoles de secundaria tienen mejor formación que otros del resto de Europa.

Unido a esto se siguen observando las dificultades que conlleva extender los contenidos socioafectivos a los alumnos e integrarlos en los espacios, tiempos y contenidos curriculares, por lo que en muchas ocasiones estas propuestas —generalmente a través de programas de educación socioemocional— no llegan a concretarse en la práctica o, en el caso de hacerse operativas, a pesar de cumplir rigurosamente con lo prescriptivo y de invertir esfuerzo en su puesta en marcha, no logran los efectos esperados ni mucho menos deseados.

Todo esto evidencia la necesidad de reforzar, capacitar o empoderizar y, en definitiva, preparar a los colegios en la educación para la convivencia. Sin adoptar actitudes catastrofistas sobre las relaciones en los centros escolares ni actitudes triunfalistas, hay que reconocer la existencia de obstáculos, dificultades y situaciones problemáticas que afectan a la convivencia de los centros y que es necesario mejorar. ¿Qué se puede hacer por crear espacios escolares que apuesten por las relaciones interpersonales de calidad, los valores cívico-morales, el crecimiento y la madurez de las personas?, ¿qué modelos, recursos, estrategias o variables hacen falta para ello?

Será necesario destruir algunas de las prácticas, creencias, recelos, miedos o inseguridades que fundamentan el modelo sancionador para generar un discurso más educativo para la mejora de la convivencia. La convivencia ha de sacar lo mejor de las personas y de los ambientes, por lo que no sólo los miembros del centro educativo sino también éste en sí mismo han de ser portadores de un conjunto de valores. Esto es, si las formas que adopta el centro para corregir las conductas son únicamente castigar al alumnado, expulsarlo o enviarlo a jefatura de estudios, en su forma de actuar está demostrando que no busca prevenir la reincidencia de las conductas ni tampoco trata de incrementar la responsabilidad y el protagonismo de los alumnos. En cambio, el efecto educativo es mayor si el centro escolar favorece la vinculación afectiva de los alumnos con el colegio mediante cauces participativos, espacios de mediación, muestras de interés en intercambios breves y cotidianos, involucrándoles en proyectos comunes, atendiendo la diversidad o gestionando las normas de disciplina.

En este sentido resulta ingenuo pensar en una respuesta aislada y parcial, ya que la convivencia exige un planteamiento coordinado de todos los miembros de la comunidad educativa en consonancia con un compromiso ciudadano (Tórrego, 2006). La implicación en la convivencia incumbe a toda la comunidad educativa y de forma particular al profesorado. Al fin y al cabo, son los docentes quienes han de facilitar la participación de sus alumnos en el ejercicio de las responsabilidades colectivas, y el propio claustro debería ser un núcleo fortalecedor de la convivencia en el centro. Si bien para que los docentes adopten un rol activo en pro de la convivencia han de poder expresar sus dificultades, emociones y necesidades y percibir el apoyo y la formación necesarios.

Si además no se tiene en cuenta la modificación de las condiciones de aprendizaje (Tórrego, 2008), la aproximación a la mejora de la convivencia seguirá siendo sesgada. La mejora de la convivencia ha de pensarse de manera global, en torno al currículo y a los procesos de enseñanza-aprendizaje, a la organización del centro, a los procesos de participación y gestión y a las relaciones que en él se desarrollan. Se articula así la convivencia logrando una mayor consistencia y coherencia en su planteamiento educativo.

De esta forma se ponen sobre la mesa cuestiones que hasta ahora han pasado más desapercibidas y han estado relegadas en el currículo oculto, como la dimensión social y afectiva del aula, la mejora del clima social o la calidad de los intercambios profesor-alumno y entre los grupos de alumnos. Un ambiente competitivo e individualista puede tener efectos devastadores sobre el desarrollo sociopersonal y, al contrario, un ambiente cálido y de cuidado puede producir beneficios sorprendentes e inesperados. Quizá el reto de la educación para la convivencia no esté tanto en afrontar los posibles déficit conductuales u otros problemas que puedan surgir del proceso de socialización —aspecto que se ha abordado en profundidad desde la psicología y la pedagogía— como en abordar el individualismo y la falta de comunicación, de cooperación social y de participación que se han convertido en fenómenos reales del mundo contemporáneo. En este sentido, la razón de ser de la educación para la convivencia en los centros educativos radica en ser instrumento al servicio de la sociabilidad o, dicho de otra forma, en facilitar a los alumnos la «llave» a la vida en sociedad.

Así pues, hay que ir superando la visión de la convivencia como un aprendizaje meramente conceptual y adoptar una línea de trabajo más activa y experiencial. No se trata sólo de enseñar cómo debe ser la convivencia, sino también de generar las condiciones y la motivación necesarias para que ésta se produzca. Todas las cualidades, virtudes y valores que rigen el modo de relacionarse, de ser y estar en sociedad y por tanto de participar y aportar en ella se pueden enseñar. Se pueden enseñar a través de contenidos y procedimientos —individual y colectivamente— o también mediante estrategias. La aplicación de estrategias muy concretas puede introducir en la vida cotidiana pequeñas mejoras que poco a poco vayan creando un clima escolar positivo, de cuidado y de cooperación.

Entre ellas, la mediación escolar emerge en el ámbito educativo como una realidad incipiente —con éxito en otros ámbitos como el familiar— que atrae la atención de los centros educativos despertando la curiosidad de los profesionales de la educación ante lo novedoso de su contenido y las supuestas ventajas educativas que presenta. La mediación permite materializar en la práctica un conjunto de principios educativos en el marco de la paz y los derechos humanos, la vida en democracia o la educación cívica. Ésta favorece que las personas se mantengan moralmente activas y no al margen de los problemas y les ayuda a ejercer la responsabilidad personal —para con uno mismo— y social —para con los demás— y a generar buen ambiente en el entorno en el que se vive.

La mediación surgió ligada a unas circunstancias históricas y sociales concretas en América en las décadas de los años sesenta y setenta y en el ámbito comunitario. Dado el éxito que tuvo, se produjo con el tiempo una transferencia a otros campos profesionales, como el económico, el penal y el educativo. No obstante, siempre con la impronta del paradigma de la paz, ya que la mediación ha de estar siempre al servicio de una convivencia pacífica. Dicho paradigma sigue presente en nuestra sociedad. Precisamente el año 2000 fue declarado por la ONU «Año Internacional de la Cultura de la Paz», y la misma ONU designó a la década del 2001 al 2010 el «Decenio internacional de una cultura de paz y no violencia para los niños del mundo», reconociendo la importante función que desempeña la educación en lo que respecta a forjar una cultura de paz.

En Europa se publicó el *Libro Verde de la Comisión sobre las modalidades alternativas de solución de conflictos en el ámbito del derecho civil y mercantil,* de 19 de abril de 2002, con el fin de iniciar la reflexión y el diálogo sobre las ventajas de la mediación y los problemas jurídicos que plantea. Una de las conclusiones de este estudio es que se ha experimentado un gran avance en los últimos años en mediación, especialmente en el derecho penal juvenil, el ámbito intercultural, la mediación comunitaria y la mediación escolar. Desde la Comisión de la Unión Europea, y con la perspectiva de lograr un espacio europeo judicial común, se pretende que la implantación de las técnicas alternativas de resolución de conflictos, como es la mediación, sea un signo de identidad de la nueva Europa a la vez que se confía en que se convierta en un medio para abordar la crisis de la administración de justicia.

La mediación escolar se ha expandido rápidamente y cada vez son más los centros educativos que apuestan por ella. Incluso el último informe del Observatorio Estatal de la Convivencia Escolar (2008) destaca la mediación escolar entre las medidas que se consideran necesarias para mejorar la convivencia en España. Más concretamente, parece preciso dotar a los centros de: 1) más recursos humanos, 2) formación del profesorado en convivencia, 3) constitución de equipos de mediación en los centros, 4) mayor coordinación entre equipos educativos y departamentos didácticos, 5) crear equipos de alumnos para mejorar la convivencia en el centro y 6) llevar a cabo programas de prevención y mejora desde una perspectiva global.

No es de extrañar este interés, ya que la mediación tiene la capacidad de transformar el conflicto (Farré, 2006; Folger y Busch, 2005; Léderach, 2005) incidiendo en el desarrollo sociopersonal que se produce como consecuencia del descubrimiento de las propias habilidades y a la vez prepara a las personas para experimentar preocupación por los otros, especialmente por aquellos que presentan intereses distintos de los suyos. «La mediación se instala siempre en alguna frontera —establecida por los protagonistas—, propiciando que cada participante se adentre en el "territorio" del otro descubriendo la vecindad que les acerca y educando en el cultivo de la paz. Las herramientas necesarias para avanzar en este sentido requieren modalidades de pensamiento creativo, reflexivo y crítico, habilidades comunicativas y dialógicas, responsabilidad, expresión de las emociones y sentimientos, autodeterminación, conocimiento y valoración de uno mismo y de los otros» (Boqué, 2007, p. 37).

Cuando un centro educativo desarrolla una línea de trabajo en mediación, las personas perciben que desde su entorno se da importancia a las relaciones interpersonales y al modo en que se afrontan los conflictos. Tanto aquellos que reciben directamente la formación en mediación y la ponen práctica en un contexto real como los que perciben que hay personas que ante un conflicto acuden a la mediación para resolverlo, todos los miembros de la comunidad educativa —especialmente los alumnos— aprenden habilidades esenciales para la vida, valores prosociales, y se transmite la idea de que en el conflicto caben soluciones pacíficas y armoniosas. Este aprendizaje experiencial y forjado en situaciones reales se produce además —en el caso de los alumnos— en un período crítico de su desarrollo.

La mediación escolar se nos presentaba pues como una estrategia muy completa desde el punto de vista educativo. De esta forma nuestro propósito inicial fue indagar sobre mediación escolar. Una primera aproximación a la mediación escolar nos reveló que la mayoría de publicaciones de corte muy práctico se centraban en describir el proceso y sus fases y aportar consejos, recursos y materiales para su puesta en práctica. Por eso vimos necesario analizar con detenimiento las razones y los estudios que avalaban su capacidad educativa. Fue así como nos adentramos en los entresijos de la mediación escolar. Pensamos que distinguir los beneficios emocionales de los cognitivos y los morales nos daría una visión más completa. Confirmamos lo que intuíamos al recoger evidencias de las virtualidades de la mediación.

Por otro lado, vimos necesario partir del marco de la educación para la convivencia en el cual poder situar la mediación escolar. El cambio acontecido en la manera de abordar la educación para la convivencia centra la atención en la necesidad de que ésta se integre en los procesos de mejora de las escuelas desde una perspectiva global y a través de diversas actuaciones y estrategias de prevención en el centro y en el aula y también de intervención en los conflictos.

Con todo ello la estructura de este libro se desarrolla en dos partes.

En la primera parte, conformada por los cuatro primeros capítulos, nos asomamos a los problemas y conflictos de convivencia. Nos hacemos eco de aquellos que más preocupan a los profesores pero tratamos de describirlos y de recoger líneas de intervención siempre a la luz de los valores cívicos y de manera acorde con la visión global propia de la educación para la convivencia. Por esta razón hacemos énfasis en aspectos que a menudo pasan desapercibidos. A modo de ejemplo, destacamos, de los conflictos interpersonales, los modelos y programas de resolución de conflictos dirigidos a crear los procesos, los medios y las actividades que inciden en la cultura de convivencia. Al tratar la desmotivación académica destacamos la relación interpersonal entre el alumno y el profesor o entre el alumno y sus compañeros como aspecto a tener en cuenta en el análisis del problema y en la intervención. De la misma manera sugerimos tener en cuenta la vivencia emocional por parte del profesor en la disrupción o los factores ambientales que predisponen hacia este tipo de comportamientos e incluso la propia estructura afiliativa del aula. Por último, analizamos los problemas de rechazo social y del *bullying* en cuanto dinámicas desadaptadas entre iguales. Obviamente, ante el despliegue mediático y bibliográfico del *bullying,* nos detenemos en esta problemática más que en las demás, pero tratamos de aportar una síntesis distinta de este fenómeno prestando atención al contexto y contemplando la interrelación de los factores personales con los grupales. En este sentido se presenta la estrategia de ayuda entre iguales basada en el apoyo social entre alumnos.

En la segunda parte, del capítulo 5 al capítulo 7, terminamos profundizando en la mediación escolar como una estrategia educativa de intervención muy coherente con el panorama expuesto de la educación para la convivencia. Analizamos cuestiones básicas, como qué es, en qué consiste, cuál es su origen, qué pretende y en qué modelo teórico se enmarca, para pasar posteriormente a estudiar la capacidad para incidir en el desarrollo sociopersonal y moral de los alumnos. Se estudia de qué manera la mediación hace más resiliente al centro educativo, favorece la construcción de una comunidad educativa, estimula un entorno positivo, las buenas relaciones, la seguridad y la estabilidad de la convivencia y facilita el trabajo del profesor en la medida en que ofrece recursos para trabajar algunos problemas de disciplina, compartir problemas y consultar e intercambiar soluciones con otros miembros del centro.

Este libro puede ser de interés para todas aquellas personas e instituciones interesadas en la mejora de la convivencia en los centros educativos. Especialmente, miembros de las comisiones de convivencia, orientadores y profesores que desarrollen labores de tutoría. Asimismo, en el ámbito universitario, puede ser un interesante material para la formación de pedagogos, psicólogos y profesorado tanto de educación primaria como de secundaria. Cualquier lector interesado por los procesos de mejora de la socialización puede encontrar en estas páginas ideas y estrategias para la acción.

PARTE PRIMERA

La educación en resolución de conflictos en un marco de convivencia positivo

Introducción

Los problemas de convivencia existen y aparecen con distintas matizaciones en todos los centros escolares. Ni el tamaño, ni su ubicación ni su carácter público o privado garantizan que no lleguen a producirse. Además, suponiendo que en un centro no tengan lugar dificultades en la convivencia, siempre existe la posibilidad de que éstas se produzcan. Luego cualquier centro educativo debe estar preparado para prevenir, comprender y afrontar los problemas de convivencia que puedan tener lugar en él.

Sin embargo, ante los sentimientos desagradables que suscitan y el desgaste profesional que generan, habitualmente se han minimizado mediante un conjunto de argumentos tales como pensar que los conflictos siempre han existido (luego no son un problema), creer que en el propio centro educativo no hay conflictos o decidir que lo mejor es ocultarlos para no dañar la imagen (cuando en realidad da mejor imagen un colegio que afronta los problemas o se prepara para ellos que otro que los esconde). En el caso de los conflictos entre alumnos en los que uno sale perjudicado, hay quien los justifica al pensar que forman el carácter y enseñan a manejarse en la vida (cuando no enseñan lo mejor y, en caso de cursar con violencia, no son dignos), que son bromas y cosas de jóvenes, que el alumno se lo merecía (cuando no es una cuestión de justicia) o que la causa está en las familias desestructuradas o sobreprotectoras y por tanto no corresponde al centro educativo asumir ninguna responsabilidad en la solución del problema.

En la medida en que son fuente de estrés y negatividad, cada uno desea y propicia no verse implicado en problemas de convivencia. Además, se tiende a analizarlos desde una perspectiva individual, de manera que la responsabilidad recae finalmente sobre un número muy reducido de personas, aquellas directamente afectadas por el problema. La convivencia acaba reduciéndose así a unos mínimos según los cuales la ausencia de conflictos interpersonales es sinónimo de buena convivencia. Hace falta romper este pacto implícito que rige la convivencia («voy a evitar el conflicto porque es malo») para pasar a abordarlo de una manera educativa y positiva. Mientras no se conciba que lo importante no es que ocurran las dificultades sino cómo se afrontan y cómo se previenen, difícilmente educaremos para la convivencia.

En cambio, si tenemos en cuenta la vertiente social y cívica de la persona, comprendemos que son las relaciones interpersonales de calidad —y no la ausencia de conflictos— lo que caracteriza un buen ambiente. De hecho puede que no tengan lugar conflictos —o al menos no se manifiesten— y en cambio el clima social sea tenso, el ambiente de trabajo no sea el idóneo para lograr objetivos académicos, el profesorado sienta que no pueda desarrollar su labor o entre el alumnado se creen grupos cerrados y subculturas. En esta situación la convivencia no sólo no fluye sino que paraliza el desarrollo de las capacidades sociopersonales de los miembros de la comunidad educativa, y además un mal ambiente puede acabar generando conflictos interpersonales.

El adecuado desarrollo de la socialización y la sociabilidad exige aprender a relacionarse en términos de correspondencia, reciprocidad, comunicación y cooperación. En este sentido, la intervención en los problemas de convivencia debe favorecer estos aspectos. Esto es, aunar esfuerzos en solucionar los problemas de convivencia adquiere pleno sentido si se intenta contribuir así a ayudar a los alumnos a aprender de los conflictos, a mantenerse moralmente activos y no al margen de los problemas o a ejercer la responsabilidad para con uno mismo y la responsabilidad social que tienen todas las personas en contribuir a generar buen ambiente en el entorno en el que se vive.

Por tanto, se hace necesario aproximarse a los problemas de convivencia pero desde la perspectiva de las relaciones interpersonales que tienen lugar en el centro educativo para, a partir de ahí, analizar los obstáculos, las disfunciones, las razones de su deterioro o el impacto negativo sobre la convivencia más allá del conflicto interpersonal. Resulta fundamental analizar los conflictos, pero esta información ha de servir para cuestionarnos y comprender mejor qué es lo que está impidiendo la responsabilidad de los alumnos, la participación, la coherencia, la disponibilidad, la honestidad, el talante crítico, el ejercicio prudente de la razón, la solidaridad, la autonomía o la justicia.

Por consiguiente, lejos de ignorar, minimizar o sobredimensionar los problemas de convivencia, apostamos por tenerlos en cuenta y afrontarlos como un aspecto más de la educación para la convivencia. Si los vislumbramos como hechos educativos, éstos pueden ser una oportunidad para desarrollar el diálogo, descubrir problemas que estaban ocultos y encontrar soluciones, facilitar la aceptación y el reconocimiento de los demás y, en definitiva, favorecer la integración de las personas en un espacio común.

Adoptamos esta perspectiva en esta parte del libro para abordar la conflictividad escolar tratando cuestiones que afectan directamente a la convivencia en el centro y al mismo tiempo observamos en la literatura sugerencias para intervenir o prevenir de forma positiva.

Precisamente a lo largo de los siguientes capítulos nos hacemos eco, por un lado, del amplio conjunto de conductas desestabilizadoras que pueden tener lugar (los conflictos interpersonales, la desmotivación, las conductas disruptivas, las dinámicas desadaptadas en el grupo de iguales, como el rechazo social o la violencia escolar), pero precisamente nuestro interés se ha centrado sobre todo en aquellas herramientas y recursos para la intervención que no sólo tratan de solucionarlas de manera específica con los afectados sino que promueven a su vez la cultura de convivencia cívica y pacífica.

Consideramos que es este marco positivo y global, desde el que se suman acciones positivas y proactivas a favor de la convivencia, el idóneo para afrontar los conflictos interpersonales y los problemas o dificultades de la convivencia.

Los problemas de convivencia en el centro educativo 1

1. Introducción

En este capítulo apostamos por analizar los conflictos de convivencia desde una perspectiva múltiple que ayude a afrontarlos adecuadamente. La evaluación de la convivencia amplía su horizonte si su análisis e intervención van más allá de los comportamientos del alumnado o la identificación de relaciones conflictivas.

Ni es posible abordar la convivencia escolar obviando las dificultades que surgen al vivir unos con otros ni todos los esfuerzos pueden centrarse sólo en erradicarlas. En un momento en el que los problemas de convivencia han pasado a ser una cuestión urgente e importante, es más educativo situarlos en un marco de convivencia positivo.

Esto supone afrontar los problemas de convivencia haciendo un esfuerzo por descubrir todos los aspectos implicados en su análisis e intervención: los factores intrapersonales (¿cuáles son las actitudes y comportamientos deseables o el aprendizaje emocional cognitivo y moral necesario?), los interpersonales (¿cuáles son la naturaleza y especificidad de las relaciones con los compañeros, los profesores, los amigos, el personal no docente o las familias?) y los sociales o cívicos (¿se promueve el clima social y la cultura de convivencia adecuados incluyendo los mecanismos, medios, procedimientos estructurados o condiciones que facilitan la vivencia de la corresponsabilidad, la justicia, la coherencia, la alegría y en definitiva todo el conjunto de virtudes sociales?).

Se logra así una visión de conjunto según la cual no es necesario que un problema llegue a manifestarse para comprender que los procesos comunicativos, las dinámicas o las redes de relación o los procedimientos para resolverlos, si no son adecuados, pueden estar obstaculizando el desarrollo personal y colectivo.

2. El análisis y la intervención en los problemas de convivencia del centro educativo

La expresión «problemas de convivencia» se emplea de manera inespecífica para referirse generalmente a conductas agresivas, disruptivas, faltas de disciplina, absentismo, falta de interés por el estudio, falta de respeto en las relaciones, etc. (Calvo, 2003, p. 27). Entre ellas, las conductas agresivas han adquirido gran protagonismo en la última década, pero en los centros escolares existen diversos problemas de relaciones interpersonales que no llegan a cursar con violencia y afectan al desarrollo sociopersonal de los alumnos y al clima del centro.

Así, se pueden diferenciar los comportamientos agresivos que se enmarcan en las conductas de acoso de otros problemas perturbadores de la convivencia escolar, de modo que quedan dibujados dos itinerarios problemáticos, uno que conduce a la victimización psicológica —mediante conductas intimidatorias— y otro que genera un clima escolar negativo —mediante conductas perturbadoras— (Avilés, 2006) (véase la tabla 1.1). A veces aparecen solapados y entrelazados, lo que dificulta diferenciar unos actos de otros. Los datos de las investigaciones (González-Pienda, Álvarez-García, Rodríguez-Pérez, González-Castro, Nuñez, Álvarez-Pérez, 2010), en consonancia con los resultados de otros estudios (Defensor del Pueblo, 2006; Observatorio de la Violencia Escolar, 2008), muestran la aparición sólo ocasional de los tipos de violencia más graves en los centros educativos pero, en cambio, son mucho más frecuentes los tipos de conductas perturbadoras.

Sin duda existe un amplio repertorio conductual que desestabiliza la convivencia en el aula y en el centro, y es necesaria una perspectiva analítica que permita valorar de forma más específica conductas problemáticas, conocer su origen y elaborar procedimientos de intervención adaptados a cada situación. Con el objetivo de lograr una mayor comprensión y ofrecer una visión panorámica de los problemas de convivencia —y aun con el riesgo de simplificación que conlleva—, a menudo se disecciona la realidad categorizando los problemas de convivencia según su intensidad en conflictos leves (por ejemplo, faltas de respeto, transgresiones de alguna norma, ruidos), conflictos que perturban la convivencia (por ejemplo, agresiones esporádicas, peleas, insultos) y conflictos graves de convivencia, como el maltrato entre iguales, agresiones a miembros de la comunidad escolar, actos vandálicos o conductas antisociales. Hay muchas propuestas que —de forma muy similar— clasifican las situaciones de ruptura de la convivencia en los centros educativos (tabla 1.2).

TABLA 1.1

Diferencias entre la conducta intimidatoria y la conducta perturbadora (Avilés, 2006, p. 71)

Itinerarios de la conducta desadaptada	
Conducta intimidatoria	**Conducta perturbadora**
Conducta agresiva (intención y/o daño y/o fuerza y/o dominio y/o destrucción).	*Conducta indisciplinada, disruptiva y desmotivada* (trasgresión, descontrol, interrupción, desinterés).
Maltrato entre iguales establecido como cultura de grupo (convención tácita, ley del más fuerte, abuso de poder, perversión moral, inhibición grupal).	*Conflictos de fines y roles dentro del grupo* (insatisfacción escolar, respuestas desajustadas, interacciones conflictivas, interferencias de objetivos, malestar docente).
Intimidación prolongada que vincula a los sujetos bajo el esquema dominio-sumisión (desequilibrio de poder, repetición, intencionalidad).	*Clima social negativo* (enfrentamiento al sistema, incompatibilidad de intereses, dificultades para el aprendizaje, confrontación de sentimientos, empatía negativa, discontinuidad de la actividad).
Victimización psicológica sobre la víctima, intrumentalización de la agresión, deseducación moral de los iguales.	*Malas relaciones interpersonales entre quienes conviven.*

Tanto el estudio de los problemas de convivencia como la evaluación de la convivencia en los centros educativos siguen todavía centrados en los comportamientos o conductas del alumnado y en la identificación de relaciones conflictivas. Esto puede ser debido en parte a la idea comúnmente arraigada de que la ausencia de conflictos entre el alumnado en un centro es sinónimo de buena convivencia o también a la urgencia que a veces apremia a la hora de identificar conflictos y prevenir consecuencias desfavorables.

TABLA 1.2

Clasificaciones de los problemas de convivencia según autores y estudios

Del Rey (2000)	1. Vandalismo contra las dependencias del centro. 2. Disruptividad en las clases y resto de actividades escolares. 3. Indisciplina contra las normas del centro. 4. Violencia interpersonal (*bullying*, acosos, provocaciones, insultos...). 5. Criminalidad, cuando las acciones tienen consecuencias penales.
Carbonell (2009a)	1. Conflictos primarios. 2. Conductas disruptivas. 3. Conductas antisociales.

TABLA 1.2 *(continuación)*

Valero (2006)	1. Conductas que impiden el normal desarrollo de las clases. 2. Problemas de indisciplina. 3. Maltrato entre compañeros. 4. Ataques al profesor. 5. Violencia física. 6. Acoso sexual. 7. Vandalismo.
Calvo (2003)	1. Las conductas de rechazo al aprendizaje. 2. Las conductas de trato inadecuado. 3. Las conductas disruptivas. 4. Las conductas agresivas.
Sindicato Comisiones Obreras (2001)	1. Las relaciones conflictivas entre profesores y alumnos. 2. La violencia entre iguales. 3. La violencia de origen racista o xenófobo. 4. La violencia de género. 5. Un último tipo genérico al que califican de violencia inespecífica.
Defensor del Pueblo (2000)	1. La disrupción. 2. Las agresiones de alumnos a profesores. 3. Las agresiones de profesores a alumnos. 4. El vandalismo. 5. El absentismo. 6. El maltrato entre iguales.

Para observar —a grandes rasgos— qué aspectos se abordan al evaluar los problemas de convivencia hemos elaborado una tabla (tabla 1.3). En ella hemos cruzado 19 cuestionarios de evaluación de conflictividad recogidos en la literatura con algunas variables intrapersonales, interpersonales y relacionadas con el entorno. Los números de la columna de la izquierda corresponden al número asignado en el Anexo 1 a cada uno de los cuestionarios que evalúan la convivencia en los centros educativos. Para el análisis hemos seleccionado las variables indicadas en la parte superior de la tabla —y no otras— por las siguientes razones:

— Dado el interés que tienen las relaciones existentes entre el desarrollo emocional, cognitivo y moral en relación con la resolución de conflictos y problemas de convivencia, observamos si los cuestionarios evalúan aspectos emocionales, cognitivos y conativos.
— Como hemos puesto de manifiesto que la valoración de los problemas de convivencia se ha centrado especialmente en observar la

existencia o no de relaciones conflictivas, indicamos algunas conductas que dan lugar al deterioro interpersonal —la desmotivación académica, la disrupción, la agresividad y la actitud desafiante u hostil— y también nos preguntamos si al mismo tiempo se evalúan factores positivos, como las habilidades interpersonales o las conductas positivas o prosociales.

— Por último, al intuir que las evaluaciones del entorno o algunos de sus elementos son todavía escasos, recogemos algunos indicadores relacionados con el clima social del aula, como la asimetría entre los alumnos, la valoración de aspectos situacionales, la estructura socioafectiva del grupo, la relación alumno-profesor y la perspectiva del profesorado.

A grandes rasgos, se observa que el análisis de la convivencia se centra especialmente en la evaluación de conductas agresivas o antisociales y también —aunque con menos énfasis— en algunos aspectos intrapersonales. Por esta razón, desde nuestro punto de vista la aplicación de estas evaluaciones debería complementarse con la recogida de información desde otros ámbitos del centro. Junto a la valoración de conductas o de la dimensión personal puede ser muy útil la información en torno a los recursos disponibles en el centro, las respuestas ofrecidas, las condiciones, las interacciones, la dimensión sociofamiliar del alumnado y la dimensión escolar.

En definitiva, la adopción de una visión global de los problemas de convivencia que afectan a la escuela pasa por analizarlos desde una perspectiva múltiple que tenga en cuenta los diversos ámbitos y espacios educativos (tabla 1.4). Esto puede aportar claves para entender y situar cuestiones acerca de la conflictividad escolar. Por ejemplo, Carbonell y Solé (2010) acentúan especialmente la idea de organización o institución al reflexionar sobre las fuentes susceptibles de generar o albergar algún tipo de problema de convivencia. Así, realizan una propuesta de clasificación de las causas aducidas por los directivos de las escuelas centradas en 14 áreas: profesorado, alumnos, incidencias, profesionales no docentes, falta de recursos materiales y económicos, integración escolar, baja cooperación de las familias, ambiente de centro, vandalismo, organización de centro, uso de las nuevas tecnologías de la información, actos delictivos, servicios complementarios y administración escolar.

TABLA 1.3

Aspectos observados en los cuestionarios de evaluación de la convivencia

	Dimensión intrapersonal			Dimensión interpersonal					Entorno o clima social				
	Emociones	**Cognitivos**	**Morales**	**Interés o desmotivación académica**	**Disrupción**	**Agresividad, conducta antisocial o vandalismo**	**Prosocialidad**	**Hostilidad, indisciplina, oposición a la norma**	**Asimetría o victimización**	**Aspectos situaciones**	**Estructura socioafectiva**	**Relación alumno-profesor**	**Perspectiva profesorado**
1.										●	●		
2.	●	●											
3.		●			●	●		●				●	
4.				●	●	●		●				●	
5.	●	●	●						●				
6.			●				●						
7.						●						●	
8.						●		●					
9.		●											
10.	●						●						
11.		●				●	●						
12.			●				●						
13.	●		●			●							
14.						●			●	●			
15.	●					●				●			
16.			●			●			●	●			
17.					●	●		●		●			●
18.						●	●		●		●		
19.		●	●			●							

TABLA 1.4

Causas que originan conflictos de convivencia (tomado de Binaburo y Muñoz, 2007)

<table>
<tr><th rowspan="4">Causas conflictividad escolar</th><th>Organización en el centro</th><th>Profesorado</th></tr>
<tr><td>— Inexistencia de un modelo coherente de actuación educativa.
— Modelos autoritarios e intolerantes de aplicación de la autoridad por parte del profesorado.
— Enfrentamientos por el modelo de gestión del funcionamiento de la clase por parte del profesorado.
— Falta de coordinación y comunicación entre departamentos.
— Falta de espacios y tiempos para la participación, el trabajo de tutoría o la enseñanza de contenidos socioafectivos.</td><td>— Intervenciones pedagógicas excesivamente magistrales y poco innovadoras y participativas.
— Dificultades de ritmo a causa de la diversidad de situaciones del alumnado.
— Inconsistencia educativa en la gestión del aula por parte del profesorado.
— Inexperiencia educativa en la gestión del aula por parte del profesorado.
— Generación de situaciones injustas en los procesos de enseñanza-aprendizaje y de evaluación del alumnado.
— Escasa formación en resolución de conflictos.</td></tr>
<tr><th>Alumno</th><th>Familia-sociedad</th></tr>
<tr><td>— Sabotaje sistemático a algún profesorado que afecta al rendimiento grupal.
— Uso destructivo sobre el material y las instalaciones.
— Falta de interés del alumnado por los estudios que les lleva a no seguir las tareas y el curso de las mismas, a la indiferencia y despreocupación.</td><td>— Falta de compromiso efectivo con la educación en el centro educativo.
— Falta de disciplina o ausencia de límites.
— Desigualdades sociales entre el alumnado.</td></tr>
</table>

Por su parte, Viñas (2004) relaciona algunos principios del centro escolar en cuanto sistema que inciden en la regulación de la convivencia, con posibles conflictos que pueden surgir si éstos no se tienen en cuenta (tabla 1.5). No obstante, la expresión de problemas de convivencia se continúa asociando a conductas, comportamientos o actitudes que provocan situaciones que deterioran, dificultan e impiden la convivencia aisladamente de otros elementos —organizativos, metodológicos, relacionales— del centro escolar.

Ante este amplio panorama conductual que engloba la conflictividad, hay algunos datos que nos hacen fijar especialmente la atención en las siguientes conductas: la desmotivación, la disrupción y el *bullying* (maltrato o acoso escolar). A modo de ejemplo, Ramírez y Justicia (2006), al tratar de dibujar la realidad del conjunto de conductas desadaptadas presentes en los centros educativos, constataron que las conductas de desinterés académico y las disruptivas aparecen como aquellas ejercidas con más frecuencia entre el alumna-

TABLA 1.5

Principios de sistemas y los conflictos de los centros educativos (adaptado de Viñas, 2005, pp. 21-23)

Principios del centro escolar como sistema	Descripción	Conflictos existentes en los centros educativos
Principio de totalidad.	Aquello que se hace para mejorar la convivencia afecta al conjunto del centro.	Perseguir intereses diferentes.
Principio de carácter propio.	Todas las soluciones deben contextualizarse a las condiciones del centro y del entorno.	Estructuras que no se adaptan al propio sistema.
Principio del cambio permanente y autorregulación.	Aunque una solución funcione, puede ser que al cabo de un tiempo deje de hacerlo.	Perseguir fines diferentes. Diferencias por la obtención y uso del poder.
Principio de crecimiento y coordinación progresiva de las partes.	El proceso de coordinación progresiva de las partes hace crecer las instituciones.	Estructuras que incitan a la competencia. Expresar opiniones diferentes. Invasión de roles y de funciones.
Principio de finalidad y equifinalidad.	Cada centro encontrará soluciones creativas diferentes acordes con la finalidad pero que pueden tener la misma eficacia.	Expectativas que no se cumplen. Conflicto como oposición de intereses entre las partes. Expresar opiniones diferentes.

do. Las siguen las conductas agresivas hacia compañeros y la falta de habilidades para comunicar en el grupo.

Por tanto, no sólo los problemas de convivencia escolar tienen que ver con la interacción entre alumnos (presencia de abusos o conductas intimidatorias), sino también con la motivación y la comunicación con el profesorado (desmotivación y disrupción). De hecho, fueron estos aspectos los que más destacaron los alumnos en el estudio de Cangas, Gázquez, Pérez-Fuentes, Padilla y Miras (2007), incluso por encima de insultos, peleas o malas palabras. Aproximadamente la mitad del alumnado consideraba que los profesores no les entienden y está desmotivado en clase.

Nos basamos en la siguiente gradación según distinta gravedad e intensidad —conflictos interpersonales, desmotivación y desinterés académico, conductas disruptivas y conducta agresiva o antisocial— de los problemas de convivencia (Carbonell, 2009a, p. 101) para profundizar a continuación en cada uno de ellos.

2 Los conflictos interpersonales y la motivación académica en el centro educativo

1. Introducción

Las habilidades de resolución de conflictos son una variable cognitiva más de la competencia social y se presentan como un grupo de objetivos a conseguir de vital importancia para los alumnos. En este capítulo se va a profundizar en aquellos problemas de convivencia que son más frecuentes y preocupan más al profesorado tal y como se constata en algunos estudios. En concreto, se analizan las características y los motivos por los que los conflictos interpersonales y la desmotivación académica se convierten en un problema para la convivencia, así como las sugerencias para la intervención.

2. Aproximación al concepto de conflicto interpersonal

Tórrego y Funes (2000, p. 37) definen el conflicto interpersonal como aquellas «situaciones en las que dos o más personas entran en oposición o desacuerdo porque sus posiciones, intereses, necesidades, deseos o valores son incompatibles, o son percibidos como incompatibles, donde juegan un papel muy importante las emociones y los sentimientos y donde la relación entre las partes en conflicto puede salir robustecida o deteriorada en función de cómo sea el proceso de resolución de conflictos». Al igual que estos autores, también otros han destacado dos componentes principales en el conflicto: el cognitivo y el afectivo. No se produce sólo una confrontación en el plano de ideas, sino que a la vez se desencadena una conmoción en el ámbito afectivo debido a la insatisfacción producida por expectativas no cumplidas (Ortega y Mora-Merchán, 2005).

Los conflictos interpersonales presentan distintas formas y grados. Tan sólo de forma orientativa, Viñas (2004) distingue cuatro tipos de conflictos frecuentes en las aulas:

— Conflictos de relación: referidos a actuaciones desarrolladas en un grupo o entre grupos en los que hay un importante componente de afectividad, ya sea entre alumnado, profesorado o padres.
— Conflictos de rendimiento: las formas que adquiere el conflicto están en relación con cuestiones como el esfuerzo del alumnado, la motivación e interés, la competencia y la satisfacción del profesor, etc.
— Conflictos de poder: aquellos relacionados con los roles adoptados en la institución, profesor, alumno, dirección.
— Conflictos de identidad: cuando el conflicto se sitúa en el ámbito personal y de identidad del alumnado y del profesorado.

El conflicto interpersonal en la vida escolar es un fenómeno que se caracteriza por ser: 1) complejo y 2) dinámico. Responde a situaciones cotidianas, por lo que no ha de confundirse ni asociarse ilícitamente con la violencia:

1. El conflicto es complejo porque en el aula o en el centro educativo sus fuentes son diversas y precisamente conocer su origen es fundamental a la hora de aproximarse a su resolución. No es lo mismo identificar y resolver un conflicto cuya fuente son los recursos (por ejemplo, «me he levantado a la papelera y me ha cogido mi silla») que solucionar un conflicto que involucre valores en cuanto implica creencias que forman la identidad y dan significado a la propia vida («si no colaboro en robar los exámenes, se meten conmigo»). Además, el primero se manifiesta de forma visible mientras que el segundo se oculta tras el clima de convivencia. Las fuentes de los conflictos pueden hallarse en aspectos tan variados como (Alzate, 2007, p. 30; Binaburo y Muñoz, 2007, p. 65; Johnson y Johnson, 2005, p. 38; Redorta, 2004):

    — Las características personales: diferencias y defectos de personalidad, debido a alguna deficiencia o rasgo negativo del otro.
    — La controversia: incompatibilidad percibida especialmente en objetivos y metas, aunque también en opiniones, ideas, teorías o conclusiones.
    — Los errores conceptuales: diferencias en la información recibida, selección subjetiva de sólo una parte de la información en función de los propios intereses o incoherencia entre la información recibida y lo que uno sabe.

— Los intereses: interferencia entre las acciones de dos personas que tratan de conseguir sus metas.
— Los recursos: conflictos a la hora de compartir recursos escasos o por la percepción de que se aporta más de lo que se recibe, necesidad de recursos que no se definen.
— Las necesidades psicológicas, como por ejemplo la amistad, la pertenencia al grupo o la satisfacción personal.
— Los conflictos por actividades de trabajo interdependientes que no fluyen adecuadamente.
— El poder: diferencias por la obtención del poder.
— El desarrollo evolutivo: cuando el profesor exige al alumno actividades que alienten su desarrollo cognitivo y social pero éste las percibe como opuestas y se resiste.
— La competencia: situaciones que incitan a la competencia o invasión de un rol o de una función.
— Los valores: los conflictos que implican desacuerdos en valores son los más difíciles de resolver, tienden a reaparecer.
— La comunicación: errores en la interpretación y en la expresión.

Una muestra de esta complejidad que caracteriza al conflicto es el estudio de Redorta (2004), quien ha identificado hasta 18 elementos que lo condicionan y desde los cuales es posible una mejor aproximación y comprensión: 1) Las metas u objetivos que pretenden las partes en conflicto, 2) el contexto en el que se desarrolla el conflicto, 3) el número de partes implicadas, 4) las relaciones de poder entre las partes, 5) los primeros orígenes del conflicto, 6) la tipología a la que puede adscribirse el conflicto, 7) la función del conflicto y la relación social mantenida, 8) las expectativas de cada una de las partes, 9) las polaridades sobre las que se desarrolla el conflicto (por ejemplo, bueno/malo, poder/libertad, amor/odio, competición/cooperación, etc.), 10) la vivencia o el conjunto de percepciones, emociones, la comunicación, interpretaciones, 11) el desencadenante o factores que catalizan el conflicto, 12) el ciclo o su evolución en el tiempo, 13) los métodos o conjunto de prácticas que las partes ponen al servicio de sus metas, 14) las normas o la regulación que sigue el ciclo del conflicto, 15) la complejidad o aspectos vinculados al azar, 16) el estilo o la forma de contender los participantes, 17) los efectos del conflicto o cómo afectará el resultado del conflicto a cada una de las partes y 18) el ámbito específico del conflicto (familia, escuela, ocio…).

A pesar de la complejidad del conflicto, su análisis es fundamental. De lo contrario, una resolución precipitada, como darse la mano, hacer las paces o perdonarse, que pretenda acabar rápidamente con la manifestación externa del conflicto sin atender a sus causas no lo soluciona sino que tan sólo lo oculta. A modo de ejemplo, Moreno y Sastre (2003) sugieren tener en cuenta las causas que originan el conflicto y diferenciarlas del motivo aparente, que es la forma como frecuentemente se manifiesta. La causa y el motivo no siempre coinciden, ya que en ocasiones se utilizan pretextos —es decir, los motivos— para desencadenar conflictos que permiten dar salida a sentimientos y emociones cuyas causas no aparecen claramente explicitadas. Un conflicto puede tener como causa otro u otros conflictos anteriores no resueltos de manera satisfactoria o incluso causas inconscientes. Encontrar las causas verdaderas del conflicto requiere hacer una historia de éste e inferir unos datos a partir de otros.

Al analizar un conflicto para otros autores (Farré, 2006; Tórrego, 2003, p. 34), es preciso distinguir entre las posiciones y los intereses y necesidades. Las posiciones es lo que reclama cada parte en el inicio del conflicto al pensar que es la única forma de promover un determinado interés. Tanto las posiciones como los intereses se exteriorizan fácilmente, pero en ellos subyacen las necesidades, la verdadera raíz del conflicto, que es mucho más difícil de asumir y expresar. Se ha utilizado una estructura triangular (Léderach, 2005; Galtung, 1998) para ilustrar la parte visible (vértice superior) y la parte invisible (vértices inferiores) del conflicto. Galtung (1998) —por ejemplo— sitúa en el vértice superior el comportamiento, las actitudes en el vértice izquierdo y las contradicciones en el vértice derecho. La contradicción —el choque de objetivos de las partes— hace que conforme fluye el conflicto, la actitud y la conducta se vuelvan negativas. Aunque tan sólo es visible el comportamiento —lo que generalmente se suele definir como el conflicto—, en la raíz se halla la implicación de actitudes y creencias personales.

2. Se afirma que el conflicto interpersonal es un fenómeno dinámico en el sentido de que es un *proceso* en el que se distingue un conjunto de fases (Binaburo, 2007): 1) inicio (el desacuerdo), 2) búsqueda del culpable debido al antagonismo personal, 3) las acusaciones (la situación se vuelve confusa), 4) ruptura del diálogo (se daña el proceso de comunicación mediante chismes e indirectas) y 5) la tensión (se producen respuestas a la reacción del otro y no al problema de fondo). En general, se entiende que el conflicto tiene una dinámica en parte previsible que sigue el esquema de tensión, punto culminante y distensión o, más propiamente, escalada,

estancamiento y desescalada (Redorta, 2004). A modo de ejemplo, Viñas (2004) distingue en una primera fase —«conflicto latente»— los aspectos sustantivos del conflicto de los aspectos que se añaden y que agravan el conflicto durante una segunda fase —«escalada del conflicto»—. Si en fases posteriores —«fase de negociación» y «resolución»— no se ha resuelto correctamente, el conflicto queda latente y de manera cíclica empiecen una y otra vez la progresión y la escalada. Parece que un conflicto sólo es tal cuando ya ha escalado pero en realidad este llevaba forjándose algún tiempo.

3. La educación en resolución de conflictos: modelos y programas

La expresión «resolución de conflictos» alude a una serie de habilidades y técnicas que se pueden resumir como el intento de aproximación al fenómeno del conflicto con la finalidad de explotar el potencial de oportunidades beneficiosas que son inherentes a éste (Díaz-Pintos, 2007). La educación en resolución de conflictos como modelo de intervención incluye todas aquellas experiencias que enseñan las habilidades, actitudes y principios necesarios para resolver conflictos y que tienen en común la práctica o la formación de al menos uno de los siguientes procesos: la negociación, la mediación o el consenso en grupo.

Precisamente uno de los cometidos de la educación para la convivencia es educar para la resolución de conflictos, pero ¿qué sentido adquiere el aprendizaje de la resolución de conflictos integrado en la educación para la convivencia? Consideramos esta reflexión esencial para poder abordar el conflicto interpersonal y su intervención.

Sin duda el logro de la convivencia cívica y pacífica —finalidad de la educación para la convivencia— exige la integración de la persona y su ambiente, y en este proceso es inevitable la aparición de conflictos en la convivencia entre maneras de percibir, sentir y comportarse tan distintas. Ser capaz de resolver estos conflictos con los demás de manera íntegra, responsable y ajustada a la realidad buscando el bien para uno mismo pero desde la justicia con los otros es un síntoma de madurez personal.

Cuando, por el contrario, el afrontamiento de los conflictos es superficial y pretende deshacerse de ellos porque son fuente de negatividad o impedimentos o estorbos que urge quitarse del medio porque crean mal ambiente o dan mala imagen, la resolución de conflictos se desconecta de la educación para la convivencia y pasa a ser un fin en sí mismo. Se pierde de vista así que educar para la resolución de conflictos representa un grupo de objetivos a perseguir de vital importancia para la competencia social del alumnado (Trianes, Muñoz y Jiménez, 2007). De hecho, las estrategias de resolución de conflictos son una variable cognitiva más de la competencia social de las personas, junto con otras también cognitivas, tales como la percepción y el conocimiento social, las atribuciones, las metas, las creencias sobre la legitimidad de una acción, el autoconcepto o las expectativas y otras variables emocionales y variables conductuales (López de Dicastillo, Iriarte y González-Torres, 2008).

Además, como hemos señalado, todas estas variables que conforman integradamente la competencia social puestas al servicio de los valores permiten alcanzar el logro de la convivencia cívica y pacífica. Precisamente la resolución de conflictos posibilita trabajar muchos de los componentes de la competencia social al mismo tiempo. Así, en la medida en que se fomenta la empatía y se logra una mayor autorregulación emocional, se favorece un pensamiento menos impulsivo que puede llevar a elegir una estrategia de resolución más adecuada. Además, el conocimiento de un tipo de estrategias de resolución u otro —hostiles o coercitivas, asertivas, pasivas, búsqueda de un adulto o estrategias de carácter prosocial— predispone a un tipo de comportamiento u otro.

Por otro lado, y al mismo tiempo, la incorporación de dicho aprendizaje en los alumnos promueve un clima respetuoso, tolerante, de diálogo y participación responsable en la gestión de la clase, el cual a su vez refuerza las conductas positivas o las relaciones interpersonales valiosas. El empleo de estrategias de carácter prosocial como negociar, convenir, compensar o reparar el daño, comprometerse a ceder ambos para llegar a un punto intermedio o bien colaborar para buscar una solución que satisfaga a todos repercute en la mejora del ambiente de convivencia, pero antes requiere un trabajo intrapersonal a nivel emocional, cognitivo, conductual y moral. Si en un clima social negativo —en el que cabe pensar que se producirán más conflictos— además no se educa para la resolución de conflictos —los alumnos no desarrollan las habilidades para afrontarlos positivamente—, los efectos pueden ser devastadores sobre el desarrollo sociopersonal.

Precisamente las investigaciones que han evaluado los beneficios de abordar la educación en resolución de conflictos interpersonales en el centro educativo (Heydenberk y Heydenberk, 2005; Jones y Sanford, 2004; Stevhan, 2002; Turnuklu et al., 2010) ponen de manifiesto mejoras tanto en el desarrollo socioafectivo como en el clima social: disminuyen los incidentes por violencia, los conflictos entre grupos de estudiantes, el número de partes de indisciplina y expulsiones y el tiempo que el profesor dedica a los problemas de disciplina, mejoran la empatía, las habilidades de solución de conflictos, las habilidades comunicativas, la autorregulación emocional, la conciencia emocional, la autoestima, el cuidado y el respcto en la comunidad educativa y el sentido de responsabilidad sobre el propio comportamiento, las actitudes hacia los conflictos son más positivas, se intensifican los comportamientos de cooperación y se reducen las atribuciones hostiles y agresivas.

Esta perspectiva positiva del conflicto es la que ha de impulsar en el centro educativo las actividades, los procesos estructurados y los medios para resolver los conflictos de modo que comporten un efecto educativo en la vida de los alumnos y en el entorno. Por tanto, el aprendizaje de la resolución de conflictos no es una tarea añadida a la educación de la convivencia sino que es en realidad un aspecto más del aprendizaje de la socialización y la sociabilidad.

La educación en resolución de conflictos se ha materializado en la práctica a través de programas y modelos. Por un lado, los programas facilitan la formación necesaria en habilidades, procedimientos o técnicas comunicativas. Por otro, los modelos orientan los cambios que deberían producirse en el contexto para que la incorporación de la resolución de conflictos sea efectiva. Los modelos por tanto inciden más en las normas, los valores y, en definitiva, la cultura del colegio que debería promoverse para apoyar el uso de los procedimientos de resolución de conflictos. De hecho es posible que en un centro educativo se comience a implantar un programa de resolución de conflictos y sin embargo predomine un entorno competitivo o un modelo punitivo que limite su impacto. Los alumnos reciben en este caso mensajes contradictorios si, por un lado, están aprendiendo a resolver los conflictos de forma colaborativa y, por otro, perciben que en la comunidad educativa los conflictos que surgen se evitan o atajan bien mediante la furia del profesor, bien mediante la aplicación de castigos. Adoptando un modelo global se hace frente a una primera dificultad con la que puede toparse un programa de resolución de conflictos, y es el hecho de que no exista una cultura cooperativa y colaborativa o, al menos, no se trabaje en esa línea (Cohen, 2005; Johnson y Johnson, 2004; Roberts, White y Yeomans, 2004; Stevahn, 2004; Tórrego y Funes, 2000).

Como ejemplo describimos a continuación dos programas de resolución de conflictos relevantes —*Teaching Student to be Peacemakers Program* (TSP, 1972) y *Resolving Conflict Creativily Program* (1985)— y dos modelos desarrollados en España, de los cuales el segundo ha tenido gran difusión: el Currículo de Resolución de Conflictos (Alzate, 2005a) y el Modelo Integrado de Mejora de la Convivencia (Tórrego, 2006a):

— *Teaching Student to be Peacemakers Program* (TSP, 1972). La aplicación del TSP es para todos los alumnos —desde los más pequeños que se incorporan al centro hasta los más mayores que finalizan—, y esto requiere el entrenamiento adecuado y continuo de profesores, personal del centro y dirección. Entre los objetivos que persigue este programa se encuentran los siguientes: inculcar una actitud positiva hacia el conflicto, facilitar los procedimientos a todos los alumnos sobre cómo resolver los conflictos interpersonales e intergrupales y crear un programa de disciplina que favorezca la autorregulación de los alumnos. Además, se sugiere el aprendizaje cooperativo como medio para facilitar un contexto cooperativo que promueva y apoye el uso de los procedimientos de resolución de conflictos. En la siguiente tabla se sintetizan los aspectos clave del programa y su descripción:

TABLA 2.1

Aspectos clave del programa Teacher Student Peacemakers *y su descripción (elaborada a partir de Johnson y Johnson, 2004, 2005)*

Objetivo	Descripción
Enseñar a los alumnos los procedimientos de resolución de conflictos	Todos los estudiantes reciben un entrenamiento de 30 minutos al día durante 30 días y después semanalmente durante el resto del año. Dicho entrenamiento se lleva a cabo mediante cuatro pasos: — Parte 1: entender la naturaleza del conflicto. — Parte 2: elegir la estrategia adecuada de resolución del conflicto. — Parte 3: negociar para resolver el conflicto (describiendo lo que quieres y por qué, cómo te sientes y por qué, comprendiendo la otra perspectiva, aportando planes para resolverlo y eligiendo la mejor opción). — Parte 4: mediar en los conflictos de los demás.
Aplicación del programa	Una vez que los alumnos han aprendido a negociar y a mediar, cada día un profesor en cada clase selecciona dos alumnos como mediadores oficiales. Los conflictos que los estudiantes no pueden resolver se remiten a los mediadores. Los mediadores llevan una camiseta que les identifica durante el día y supervisan el recreo y el comedor. Se trata de rotar el papel de mediador asegurando que todos los alumnos del aula lo experimentan ya que es la forma más útil de poner en práctica las habilidades aprendidas. Si la mediación entre iguales no funciona, entonces el profesor media en el conflicto.
Seguimiento	El programa aborda entrenamiento para los 12 cursos del sistema americano y cada año el entrenamiento se hace más complejo, sofisticado y completo. Cuando los alumnos usan los procedimientos de mediación en diversas situaciones, desarrollan una representación mental más elaborada y generalizan ese conocimiento de un modo más flexible. Una forma de favorecer dicha transferencia es a través de la *controversia académica*, esto es, el profesor refuta una idea del alumno con otra incompatible y se le pide que razone.

— *Resolving Conflict Creatively Program* (RCCP) (1985). Desde Educators for Social Responsibility (ESR), se desarrolló este programa curricular de resolución de conflictos. Su enfoque se centra en promover un cambio en la escuela hacia una nueva gestión del aula. El programa parte de la premisa de que crear una escuela pacífica pasa porque los propios maestros cambien su estilo de aproximación a los conflictos en el aula. Por ello el profesorado recibe una formación introductoria de 20 horas en la que se presenta el programa y se abordan habilidades de comunicación y resolución de conflictos, habilidades para las relaciones intergrupales, estrategias para integrar las habilidades y conceptos en sus disciplinas académicas, uso de juegos de rol, entrevistas, diálogo de grupo, intercambio de ideas, grupos de aprendizaje cooperativo. Además, los profesores que aplican el programa cuentan durante todo el curso con el asesoramiento de un experto que les visita en ocasiones para ayudar a mantener su motivación, realizar sugerencias o hacer demostraciones de aspectos prácticos. El programa también cuenta con un programa de participación para padres.

El currículo (véase la tabla 2.2) enfatiza el modelado de las alternativas al comportamiento violento y la enseñanza de habilidades de negociación y de resolución de conflictos a los alumnos haciéndoles ver que desempeñan un papel importante en la construcción de un ambiente pacífico. Para el período educativo entre los seis y los 12 años, el currícu-

TABLA 2.2

Currículo del RCCP (extraído de www.ncrel.org)

6-12 años	*Unidad 1.* Ajuste de la etapa. *Unidad 2.* Paz y conflicto. *Unidad 3.* Comunicación. *Unidad 4.* Afirmación. *Unidad 5.* Cooperación. *Unidad 6.* Reconocimiento y sentimientos. *Unidad 7.* Resolver los conflictos creativamente. *Unidad 8.* Apreciar la diversidad. *Unidad 9.* Tomar conciencia de los prejuicios. *Unidad 10.* Luchar contra los prejuicios. *Unidad 11.* Constructores de paz *(peacemakers).* *Unidad 12.* El futuro: visión positiva.	**13-18 años**	*Unidad 1.* Vincular a los estudiantes. *Unidad 2.* Conceptos y habilidades de resolución de conflictos. *Unidad 3.* Conceptos y habilidades en las relaciones intergrupales y la toma de conciencia de los prejuicios.

lo aborda 51 lecciones a través de 12 unidades en las cuales el profesor actúa como facilitador, y todas tienen la misma estructura: 1) ejercicio de calentamiento; 2) revisión de la agenda del día; 3) actividades experienciales; 4) evaluación del taller, y 5) actividad de cierre. De una forma similar, en educación secundaria las lecciones se dividen en tres unidades y tratan situaciones que podrían llevar rápidamente a la escalada de un conflicto.

— *Currículo de Resolución de Conflictos* (Alzate, 2007). Alzate propone un modelo global de resolución de conflictos que aborda fundamentalmente cinco áreas de intervención y aplicación de programas de resolución de conflictos en el ámbito educativo que se han de simultanear: el sistema disciplinario, el currículo, la pedagogía, la cultura escolar, el hogar y la comunidad. Este autor apuesta por lograr un sistema disciplinario que contemple procesos colaborativos de resolución de conflictos —como la mediación escolar—; incorporar progresivamente los conceptos y habilidades de resolución de conflictos en el currículo, bien como un material que se trabaja de manera independiente de las demás asignaturas —lo que este autor ha llamado enfoque de autocontenido—, bien como unidades que se fusionan con contenidos de asignaturas ya existentes —enfoque integrado—; utilizar estrategias que refuercen la colaboración en los alumnos y promuevan buenas relaciones como el aprendizaje cooperativo o la controversia académica; formar a diferentes miembros de la comunidad —padres, profesores, directivos— sin dar por hecho que estas personas estén entrenadas y manejen los conflictos de manera positiva; por último, buscar un compromiso con el entorno que posibilite una transferencia al exterior del centro educativo, teniendo en cuenta, además, que muchos de los conflictos se originan fuera de la escuela.

— *El Modelo Integrado de Mejora de la Convivencia.* El Modelo Integrado de Mejora de la Convivencia de Tórrego[1] (2006a) ha sido uno de los más extendidos. Este modelo actúa en tres planos edu-

[1] El programa de mediación de conflictos desarrollado en la Comunidad de Madrid (1998-1999) pasó a denominarse Proyecto de Mediación y Tratamiento de Conflictos de Convivencia desde un Modelo Integrado. El programa viene siendo impulsado y asesorado por el Seminario de Formación en Mediación y Tratamiento de Conflictos, proyecto de la Universidad de Alcalá (Madrid) dirigido por el profesor Juan Carlos Tórrego. Las instituciones implicadas en él son diversas: en la Comunidad de Madrid, el Centro Regional de Innovación y Formación (CRIF) «Las Acacias», el Centro de Profesores dependiente del Servicio de Planificación Educativa del Gobierno de Navarra y la Delegación Provincial de Educación y Ciencia de Guadalajara, en la Comunidad de Castilla-La Mancha. Los destinatarios del proyecto son profesores, alumnos, familias y personal no docente de los institutos de educación secundaria.

cativos: el equipo de mediación y tratamiento de los conflictos, la elaboración democrática de normas y la creación de lo que este autor llama un «marco protector» (véase la figura 2.1).

— *El equipo de mediación y tratamiento de los conflictos*. Se trata de una estructura especializada que pasa a formar parte del funcionamiento habitual del centro, quedando recogida su actividad en el Reglamento de Régimen del Centro y en el propio organigrama. No debe confundirse con la comisión de convivencia. Como afirma Tórrego (2006a, p. 53), el equipo de mediación y tratamiento de conflictos ha de ser una herramienta fundamental al servicio de la comisión de convivencia que debe estar conectado a ella pero que, para favorecer su funcionamiento, debe mantener una cierta autonomía organizativa.
— *La elaboración democrática y participativa de las normas del centro.* Se ha considerado un instrumento para la consecución de los objetivos y principios educativos, así como para lograr la autorregulación de la convivencia. Mediante la participación en la propuesta de elaboración de las normas se comparten unos objetivos comunes y un compromiso colaborativo.
— *La creación de un «marco protector»*. Recoge otras medidas de carácter educativo y que inciden en la mejora de la convivencia y hacen referencia a temas centrales en la vida del centro como los siguientes: aspectos curriculares objetivos, contenidos, metodología utilizada y criterios de evaluación planteados a la luz de unos principios éticos; medidas organizativas, como por ejemplo la mejora de la acción tutorial o la organización de espacios, materiales y tiempos; gestión del aula por parte del profesorado; participación y coordinación de la co-

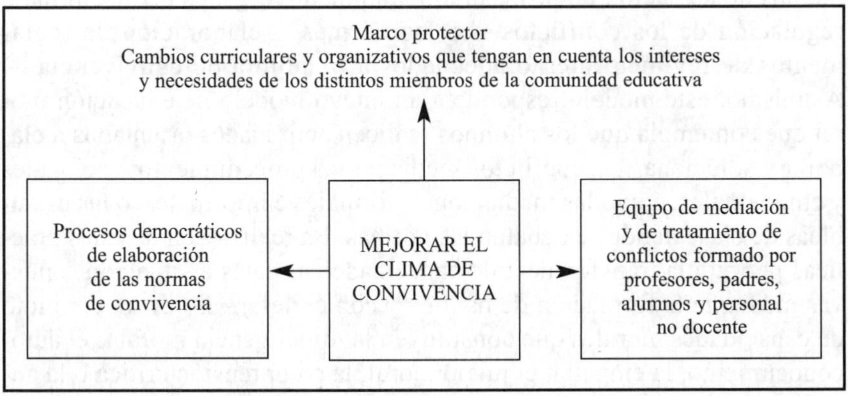

Figura 2.1.—Modelo Integrado de Regulación de la Convivencia según Tórrego (2006a).

munidad educativa —intervención en el contexto social cercano—; estrategias específicas orientadas a la prevención de la violencia en el centro —conocimiento del alumnado, entrenamiento en resolución y afrontamiento de los conflictos.

Se trata por tanto de un modelo integrado en las actividades de enseñanza-aprendizaje —en cuanto que se considera al aula el lugar apropiado para aprender a convivir entendiendo la figura del profesor como facilitador y regulador de dicho proceso— y en la cultura organizativa del centro —en el sentido de que implica a todos los miembros del centro educativo en reflexionar y en hacer explícitos los valores en los que quiere educar y en compartirlos y en participar en dicha cultura.

Por esta razón consideramos que el modelo integrado de convivencia (Tórrego, 2006, 2008) es el marco conceptual idóneo porque aporta sentido y articula los conceptos y propuestas que pretenden aportar claves para entender y situar cuestiones acerca de la conflictividad escolar. Exige un planteamiento global, con grandes implicaciones organizativas dentro de la estructura escolar, una formación concreta para profesores y alumnado basada en los principios educativos del diálogo y una participación activa del alumnado como eje motor de cambio y de responsabilidad en la gestión de la convivencia. Sin embargo, también se aborda la necesidad de implicar directamente al conjunto del profesorado en un cambio tanto de actitud y de valores en sus procesos de tratamiento del conflicto como de gestión de la justicia, de revisión de procesos curriculares y de implicación en la participación en el centro.

Además, este modelo contempla aquellos mecanismos organizativos que permiten la implantación, el seguimiento y la valoración de los procesos de convivencia generales del centro, como por ejemplo los procesos —procedimientos de resolución de conflictos, determinación de protocolos de actuación de profesorado, alumnado, órganos de disciplina o regulación de los conflictos— o las normas —elaboración de reglamentos de régimen interno adecuados a la cultura de convivencia—. Asimismo, este modelo responde a un nuevo modelo de educación moral que contempla que los alumnos realicen actividades orientadas a elaborar y solucionar los conflictos mediante los procedimientos racionales y emocionales, como las mediaciones, formales e informales, o las asambleas de clase donde se debaten las normas. La realización de estas prácticas permite la transferencia de capacidades morales a situaciones nuevas mediante la formación de hábitos y con el desarrollo de un conjunto de capacidades morales que constituyen la «inteligencia moral»: el autoconocimiento, la empatía, el juicio moral, la comprensión crítica o la autorregulación.

Se adopta un enfoque transcurricular (Álvarez-García, Álvarez-Pérez y Núñez-Pérez, 2007) de la educación para la resolución de conflictos impregnando todas las actividades del centro mediante la interacción cotidiana y la práctica. Se supera el enfoque monocurricular, que supone ofrecer los contenidos como si se tratase de una asignatura independiente, el enfoque crosscurricular, que supone tratarlos como un eje transversal en todas las áreas, integrándolos en los contenidos propios de las diferentes asignaturas, o un enfoque extracurricular desde el que se trabaja fuera del trabajo ordinario en forma de campañas, talleres o jornadas.

Por último se contemplementa y se salvan las limitaciones de los modelos más utilizados en los centros de regulación de los conflictos, como el modelo punitivo y el relacional (Tórrego, 2003):

— *El modelo punitivo*. Desde el modelo punitivo se sanciona al trasgresor para que no vuelva a actuar así desde un enfoque retributivo de la justicia. El alumno no aprende procedimientos de resolución de conflictos; al contrario, puede aprender a utilizar el mismo procedimiento para resolver sus problemas interpersonales. Tampoco llega a comprender lo sucedido, lo que seguramente no soluciona el conflicto y además puede generar cierto resentimiento que aumenta la probabilidad de reiterar las conductas antisociales, la autoimagen negativa y la pérdida de sentimiento de pertenencia al grupo o colegio. Además, puede producir un sentimiento de «indefensión» de la «víctima» como consecuencia indirecta del castigo infligido al «agresor».

— *El modelo relacional*. Este modelo consiste en buscar una solución a través del diálogo por propia iniciativa de las partes implicadas, de modo que el «agresor» se libera de la culpa y la «víctima» recibe una restitución material, inmaterial o moral por parte del «agresor» (justicia restaurativa). Esta restitución o el simple hecho de dialogar le supone al agresor un coste emocional que puede ser más eficaz que el castigo y además puede servir de modelo para que otros actúen de esa forma. Sin embargo, es difícil que se produzca la iniciativa de las partes para dialogar y que existan los espacios y los tiempos adecuados para ellos.

4. La desmotivación académica y su relación con la convivencia

La desmotivación académica se ha considerado a veces causa y otras veces consecuencia de la conflictividad escolar. La falta de motivación y la falta de conexión de los procesos de enseñanza-aprendizaje con los intereses del alumnado se vinculan a problemas de convivencia porque dan lugar a conductas como la apatía o el absentismo y a sucesos que desencadenan conflictos no sólo relacionales sino también escolares (Avilés, 2006). La desmotivación por las tareas académicas provoca el distanciamiento entre profesores y alumnos, lo que se traduce en la falta de comprensión por parte de unos y otros y en la aparición de conflictos.

De acuerdo con Arroyo, Ballesteros, Díaz y Muñoz (2007), la falta de motivación del alumnado termina siendo un problema de relaciones —y por tanto de convivencia— porque crea un perverso sistema de culpabilidades no reconocidas, no asumidas y no eliminadas. Es fácil culpar al estudiante que no estudia o tachar de incompetente al profesor. Es bastante común entre los docentes, como afirma Beane (2006, p. 15), lamentarse de la pasividad y poco interés que su alumnado muestra ante las tareas académicas. Por tanto, la falta o el deterioro de la motivación es un factor que incide negativamente en el clima social del centro, especialmente en la relación entre el profesorado y el alumnado, y no hay que perder de vista que también afecta a otros aspectos importantes en la convivencia como la autoestima, la competencia social, la identificación con el grupo-clase al que se pertenece y la inadaptación escolar.

El factor relacional es esencial en la motivación, aunque generalmente suele pasar desapercibido. En primer lugar, se tiende a atribuir la responsabilidad del problema a una de las partes —bien al profesor, bien al alumnado— sin tener en cuenta que tanto enseñar como aprender son dos tareas muy exigentes. Por un lado, atender a las explicaciones del profesor, tratar de comprender contenidos académicos que están casi siempre por encima de lo que la atención del alumnado puede captar sin esfuerzo y estudiar y resolver conflictos cognitivos requiere condiciones psicológicas idóneas, alta concentración y un esfuerzo que significa dominar, al mismo tiempo, muchas cosas (Ortega y Del Rey, 2003, p. 17). Por otro lado, la enseñanza, igualmente, es una tarea complicada que debe planificarse de forma amena, interesante, variada y atrayente. En cambio, muchas veces las programaciones resultan de copiar del libro de texto aquellos aspectos que parecen más importantes (Ceballos, 2007, p. 56).

En segundo lugar, al pensar en intervenir para motivar a los alumnos lo frecuente es pensar igualmente o en el profesor o en el alumno. Por un lado, el profesor puede poner en práctica todo un conjunto de técnicas a la hora de gestionar los contenidos y los procedimientos que desea transmitir. Por su parte, el alumno puede aprender toda una serie de estrategias de aprendizaje y técnicas de estudio o trabajar las metas académicas que favorezcan su motivación —intrínseca y de logro—, así como trabajar sus atribuciones causales, creencias de control, pensamientos positivos, tolerancia a la frustración, búsqueda de ayuda, etc.

Sin embargo, apenas se presta atención a la relación interpersonal entre ambos o a la relación del alumno con sus compañeros y su impacto en la motivación. Y es más, se pierde de vista que esta relación no se genera espontáneamente, sino que debe ser inducida. Desde el punto de vista de la intervención educativa, no se vincula la motivación con la convivencia, y además no se tiene en cuenta su factor interpersonal —más convivencial, se podría decir.

En cambio, observamos que algunas propuestas apuestan por incluir la educación afectiva y sociomoral en la escuela para mejorar el rendimiento académico, el clima de convivencia y la disciplina (Alonso-Gancedo e Iriarte, 2005; Elías, Hunter y Kress, 2001; Zins, Bloodworth, Weissberg y Walberg, 2004). Según estos autores, diversos aspectos sociopersonales se hallan en la base de la desmotivación de los alumnos —y de la consecuente rebeldía injustificada, oposición al profesor y desámino— cuando éstos no encuentran sentido práctico a lo que hacen y no disponen de paciencia ni del necesario autocontrol para demorar la recompensa al esfuerzo realizado. Por eso apuestan por crear una conexión entre lo personal y lo académico e integrar las necesidades sociales y emocionales con las académicas. Se mejora el aprendizaje en ambas áreas al tratar los obstáculos que genera teniendo en cuenta variables mediadoras como la motivación, el compromiso, la autorregulación, la orientación de metas, etc.

Así, aunque haya muchos aspectos de la motivación que están relacionados con el aprendizaje y por tanto con el procesamiento de la información, la capacidad de un alumno para aprender, acceder a lo aprendido y aplicarlo se «entreteje» con sus capacidades emocionales (Elias et al., 1997, citado en Alonso y Iriarte, 2005). De esta forma, ser consciente del propio proceso de aprendizaje, de las estrategias llevadas a cabo en él y de cómo optimizarlo, tener la motivación y la iniciativa suficientes para hacerlo, así como para buscar diversas respuestas a los problemas, la confianza en uno mismo o el gusto por aprender son algunos ejemplos de cómo el aprendizaje y la motivación dependen también de aspectos sociopersonales, valores, estrategias, hábitos de trabajo y no sólo de contenidos atractivos o de profesores divertidos (Escaño y Gil de la Serna, 2006). Cada vez más enfoques integran lo académico y lo afectivo en el ámbito de la instrucción (Boekerts, Koning y Vedder, 2006; Felner, Seitsinger, Brand, Burns y Bolton, 2007; Ford y Smith, 2007; Hudley, Graham y Taylor, 2007) y en los modelos de eficacia docente *(school effectiveness model)* (Creemers y Reezight, 1999).

Aunque se tienen en cuenta aspectos relacionados con el desarrollo sociopersonal y se reconoce la relación entre desmotivación y conflictos de convivencia, la motivación tiende a abordarse aislada y específicamente, quedando fuera de las propuestas de mejora de la convivencia. No obstante, cada vez más autores llaman la atención sobre esta cuestión, aunque todavía simplemente se alude a la importancia del factor relacional profesor-alumno e incluso entre el propio alumnado en la motivación.

Por ejemplo, se ha puesto de manifiesto que la calidad de los vínculos entre profesor-alumno basados en la confianza previene el riesgo de abandonar prematuramente la escuela (Díaz Aguado, 2006, p. 53). Asimismo se conoce que cuando los profesores proporcionan apoyo, tratan de crear un ambiente convivencial propicio para el aprendizaje y utilizan técnicas instructivas que transmiten entusiasmo hacia el contenido y el aprendizaje, favorecen el compromiso de los alumnos hacia éste (Alonso, 1997[2]; Shussler, 2009). En este sentido, dedicar tiempo a establecer relaciones con los alumnos, sonreír y dar la imagen de que desean estar donde están, conectar con la motivación que ellos ya tienen y cuidar el lenguaje evitando los tópicos revisten mucha importancia (Gilbert, 2005). También junto a la conocida metodología del trabajo cooperativo y la tutoría entre iguales (Jones y Jones, 2007), hay otras iniciativas para mejorar simultáneamente el área académica y la social como los proyectos de aprendizaje entre iguales[3] (McLoughlin, 2009).

Otros autores van un poco más allá y sugieren incluso incluir el tratamiento de la motivación desde un plan de mejora de la convivencia adoptando una perspectiva que los integre. Trabajar la motivación puede lograr un impacto positivo en la convivencia; en cambio, apuntan Ortega y Del Rey (2003, p. 18), «no se puede esperar de los programas de convivencia el mi-

[2] Alonso (1997), por su parte, estudia la interacción profesor-alumno en torno a tres aspectos concretos: los mensajes del profesor a lo largo de las tareas escolares, las recompensas que da a los alumnos y los modelos de actuación frente a sus propios éxitos y fracasos. A modo de ejemplo, se facilitará el vínculo profesor-alumno y la motivación del alumno si antes de comenzar la tarea el profesor orienta hacia las metas de aprendizaje, centra la atención en la estrategia que seguirá el alumno, en las posibles dificultades que le asaltarán y en la búsqueda de medios para superarlas. Asimismo, durante el proceso puede comunicar confianza y dar pistas que permitan reflexionar y, una vez concluida la tarea, puede ayudar a los alumnos a disfrutar del aprendizaje que han realizado, centrando la atención en lo que se ha aprendido y cómo y en los errores que se han cometido.

[3] A través de los proyectos de aprendizaje entre iguales los alumnos pueden hacer contribuciones significativas a sus compañeros. La participación de pequeños grupos heterogéneos en proyectos de mejora de la escuela puede aumentar el interés académico de los alumnos al mismo tiempo que favorecer las relaciones entre los iguales, la vinculación con el grupo-clase y el colegio, la responsabilidad personal, la aceptación y tolerancia de las diferencias individuales y la autoconfianza personal y de los roles que ejercen las diferentes personas en el colegio y de las dinámicas que en ella se establecen.

lagro de que resuelvan el déficit en la planificación, el desarrollo de la instrucción o el éxito académico de quienes no tienen interés por las actividades escolares o no son suficientemente estimulados para ello». Así, autores relevantes como Tórrego (2008) han corroborado la importancia de conectar el aprendizaje a la convivencia. «Las experiencias más prometedoras de centros innovadores en el ámbito de la convivencia se han orientado coherentemente a no realizar una separación artificial entre iniciativas orientadas a la mejora de la convivencia y planteamientos centrados en los procesos de enseñanza-aprendizaje» (p. 20). Trabajar a favor de la convivencia pacífica en los centros escolares —dice el autor— implica tener presente que la inclusión y garantizar el derecho a una educación de calidad para todos son finalidades últimas a perseguir. Algunas propuestas para mejorar la convivencia en los centros, como la de Melero (2009), incluye la atención a la diversidad como un factor clave del tratamiento de los problemas de conducta y de la mejora del clima de convivencia en los centros, en la medida en que la atención a los problemas de aprendizaje incide directamente en la mejora de la convivencia y de la relación entre profesores y alumnos.

Las conductas disruptivas 3

1. Introducción

Como señalan Moreno y Tórrego (2005, p. 83), lo propio de estas *conductas es que sean aisladas y, al mismo tiempo, muy persistentes, apareciendo como un boicot permanente al trabajo del profesor, al desarrollo de la actividad del aula y al trabajo de los demás alumnos: falta de puntualidad, cuchicheos, risas, provocaciones constantes al profesor, comentarios hirientes en voz alta acerca del profesor, de un compañero o de la propia tarea, insultos, pequeñas peleas y robos y, en definitiva, desafíos de todo tipo a las normas de convivencia dentro del aula*. En este capítulo se analizan el concepto de conducta disruptiva y su distinción de los conflictos primarios —con los que a veces se puede confundir— y se presentan distintas clasificaciones que pueden ayudar a comprender el fenómeno. Asimismo se ofrecen pautas para la intervención.

2. Concepto

La disrupción es una conducta, bien del alumno, bien del grupo, que busca romper el procedimiento de enseñanza-aprendizaje, es decir, implícita o explícitamente, se plantea que el proceso de enseñanza-aprendizaje no llegue a establecerse (Uruñuela, 2006). Además de enturbiar las relaciones, especialmente las que tienen lugar entre profesores y alumnos —con la consecuente aparición de conflictos interpersonales—, supone un desgaste personal y profesional para el profesor, deteriora progresivamente la comunicación entre éste y sus alumnos y aumenta la resistencia del profesorado a llevar a cabo algún tipo de iniciativa innovadora o adoptar un enfoque más activo de enseñanza-aprendizaje.

No se engloban dentro de las conductas disruptivas los denominados conflictos primarios (Carbonell, 2009a, p. 114), es decir, «todas aquellas conductas que pervierten el orden establecido en el aula pero que no dejan de ser conductas propias del desarrollo normal de los procesos de socialización que siempre se han de desarrollar en una clase al relacionarse unos individuos con otros». A modo de ejemplo, son conflictos primarios los siguientes comportamientos y similares: descortesías, discusiones en voz alta, pequeñas riñas verbales por ocupar un puesto o hacer una determinada tarea, alborotos en el aula, comedor, patios, aseos y otros espacios comunes, desorden generalizado, gritos en espacios comunes, correr por el aula o espacios comunes del centro, colarse en la fila de entrada a clase, cambiarse de sitio esporádicamente.

Estas conductas se producen sobre todo en ausencia del profesorado o cuando éste no está pendiente de los alumnos. Por eso, muchas veces simplemente con su presencia desaparece el problema. Aunque pueden dar lugar a conflictos interpersonales, no tienen la mayor importancia, y la mayoría de las veces su solución ofrece la oportunidad de practicar las habilidades necesarias como profesionales de la educación. Se trata de situaciones que han de aprovecharse para poner en marcha períodos de reflexión y diálogo entre los alumnos y el profesor. No obstante, no conviene dejarlos pasar por alto, ya que el alumno ha de ser consciente de que ha trasgredido las normas de cortesía, de respeto o de educación que guían la convivencia pacífica en el aula.

Para hacer frente a estos conflictos primarios, convendría —como apunta Ceballos (2007)— realizar una puesta en común y coordinada en el claustro de los aspectos que se van a corregir en las clases y de lo que ningún profesor va a permitir, incluyendo aspectos tanto de carácter material —que crean un ambiente correcto y necesario para el desarrollo de una clase— como humano. A modo de ejemplo, no se empezarán las clases si no están bien ordenados todos los alumnos con su silla y mesa correspondiente y si no está la pizarra limpia o el suelo sin papeles u objetos, y no se permitirán posturas incorrectas, tono de voz inadecuado, faltas de respeto a las opiniones de otros y desorden en las intervenciones de los alumnos.

3. Clasificaciones de las conductas disruptivas

Como se ha puesto de manifiesto, la disrupción va más allá de los conflictos primarios o de indisciplina, aunque también engloba conductas que van desde formas más sencillas hasta formas de «tono mayor». Uruñuela (2007), tras un estudio en diez centros de secundaria de Madrid a través del análisis de los partes de expulsión de clase y de las sanciones impuestas en el curso 2002-2003, analiza las conductas disruptivas en relación con la dimensión «centro de aprendizaje» y «centro de convivencia». Las primeras tienen en común el rechazo al aprendizaje escolar y las segundas ponen en evidencia la necesidad de internalizar las reglas o formas de relación adecuadas y la falta de habilidades sociales e interpersonales (tabla 3.1). No obstante, todas tienen en común que impiden los fines educativos de la clase, y aunque se definan determinadas conductas como disruptivas, la realidad es que existe un gran componente subjetivo con relación a las expectativas o creencias de muchos docentes respecto a lo que debe ser la práctica educativa.

Esta distinción entre conductas de aprendizaje y conductas de convivencia se observa también en Gotzens, Badia, Genovard y Dezcallar (2010), quienes constatan que los profesores otorgan más capacidad disruptiva a

TABLA 3.1

Clasificación de las conductas disruptivas según Uruñuela (2007)

Dimensión	Tipo de falta	Conductas
«Centro de aprendizaje»	Falta de rendimiento	Pasividad, desinterés y apatía de los alumnos, que llegan al extremo de no llevar el material necesario a clase y por lo tanto es imposible que trabajen, estar fuera del aula, o en un sitio no autorizado, boicot a exámenes u otras actividades.
	Molestar en clase	No dejar explicar al profesor, boicotear su actividad e impedir el desarrollo normal de la clase (ejemplos: hablar de una manera reiterada, a pesar de las continuas advertencias de los profesores, levantarse, moverse por el aula, mirar hacia atrás, cambiarse de sitio, jugar en clase con una pelota, tirar objetos, pasarse notas, producir ruidos y sonidos guturales, tocar la flauta, utilizar el teléfono móvil, aplaudir, tirar un avión de papel, eructar, no dejar estudiar a compañeros, etc.).
	Absentismo	Desde faltas de asistencia a primera o última hora o abandono de una asignatura determinada hasta pérdida de la escolarización y abandono real del aula.
«Centro de convivencia»	La falta de respeto hacia el profesor	Falta de respeto en general, desobediencia, no hacer caso a las indicaciones del profesorado de una forma reiterada, contestar al profesor de forma impertinente y continuada.
	Conflictos de poder	Enfrentamiento alumno-profesor buscando quedar por encima uno de otro, desafío a la autoridad, incumplimiento de sanciones o la no aceptación de sus consecuencias.
	La violencia	Violencia física, verbal, psicológica, social, sexual, de género y violencia contra las cosas.

las conductas sociales (o de convivencia) que a las conductas instruccionales (o de aprendizaje). Por ejemplo, los profesores prestan especial atención a comportamientos de tipo social como pelearse, decir palabrotas, mentir, destruir material o robar y, en cambio, dan menos importancia a interrumpir, hablar en clase o inhibirse de la tarea. No obstante, la desobediencia es la conducta más valorada, y, además, conforme avanzan los años y los alumnos superan etapas educativas, los profesores tienden a atribuir mayor gravedad a los comportamientos instruccionales y menos a los sociales.

En el intento de desentrañar qué es la disruptividad, Melero (2009) realiza una clasificación de las conductas disruptivas atendiendo prioritariamente a las causas que las producen y al tipo de intervención que requieren. De esta forma establece cuatro grupos de menor a mayor gravedad:

1. Conductas inadecuadas protagonizadas por alumnos concretos o estilo de comportamiento grupal que adopta la mayoría de sus miembros y que entorpecen continuamente el transcurrir de las sesiones de clase, aunque los alumnos manifiesten interés e incluso buen nivel en la realización de las tareas que se proponen.
2. Grave retraso escolar. Este grupo incluye a alumnos que enmascaran con su comportamiento indisciplinado un marcado retraso académico, su dificultad para seguir el ritmo de la clase o en algunos casos el no dominio del idioma. Requieren atención y apoyo académico personalizado y coordinado.
3. Grave retraso escolar, junto a conductas agresivas, provocación verbal, amenazas, intimidación física, desobediencia desafiante, absentismo y violencia sobre las instalaciones escolares. La causa se halla generalmente en la desatención o abandono familiar, en el ambiente marginal frecuentemente relacionado con la delincuencia. Además de la intervención académica, la asistencia social se dirige tanto a ellos como a sus familias, y la intervención trasciende lo académico y disciplinario y contemplaría también la asistencia psiquiátrica.
4. Trastornos de conducta y de la personalidad, que incluyen trastornos psicóticos o antisociales, ciclotímicos y drogodependencias que se manifiestan en conductas agresivas, hiperactivas o violentas.

Este último grupo aporta una causa clínica a este tipo de conductas, es decir, aunque ni mucho menos todas las conductas disruptivas que surjan en el aula van a responder a un perfil psicopatológico, puede que algunas sí se ajusten a criterios de tipo clínico, por lo que conviene tener en cuenta también esta cuestión. Ahora bien, hasta el momento uno de los sistemas más divulgados para clasificar los trastornos comportamentales ha sido el propuesto por la Asociación Americana de Psiquiatría en el DSM-IV-TR (APA, 2002). En él se incluye el subgrupo «trastornos por déficit de atención y comportamiento perturbador», denominado de esta manera por el impacto que el comportamiento tiene en las demás personas. Este subgrupo comprende: 1) el trastorno disocial, 2) el trastorno negativista desafiante y 3) el trastorno por déficit de atención con hiperactividad. Los tres se encuentran tan estrechamente relacionados que durante mucho tiempo se ha considerado que formaban parte de una única entidad clínica, y muchas veces la dificultad se presenta a la hora de establecer la distinción (o el diagnóstico diferencial) entre cada uno de los grupos (véase la tabla 3.2).

Claro que de acuerdo con Félix (2008), la mayoría de niños muestran algunos de los síntomas incluidos en los trastornos y tachados de modo genérico como «mal comportamiento» y sin embargo no presentan ninguna dificultad específica a la hora de relacionarse socialmente, es decir, forman parte del conjunto que denominamos «grupo normativo». Advierte este autor que «hay alumnos que, sin llegar a la gravedad de los trastornos descritos anteriormente, recogidos en el DSM-IV, presentan problemas de comportamiento y disciplina en nuestras aulas que se asemejan en el carácter transgresor o

TABLA 3.2

Comparación de los trastornos disociales, negativistas/desafiantes y de hiperactividad en cuanto a su sintomatología nuclear (Félix, 2008)

Trastorno disocial	Trastorno negativista desafiante	Trastorno por déficit de atención con hiperactividad
— Agresión a personas y animales (fanfarronea, amenaza o intimida, crueldad física, inicia peleas físicas). — Destrucción deliberada de la propiedad (por ejemplo, incendios). — Fraudulencia o robo. — Violaciones graves de las normas (escapadas de casa sin permiso, hacer novillos...).	— Se encoleriza e incurre en rabietas. — Discute con adultos. — Desafía activamente a los adultos o rehúsa cumplir sus demandas. — Molesta deliberadamente a otras personas. — Acusa a otros de sus errores o mal comportamiento. — Es rencoroso, colérico o vengativo.	— Presenta dificultades significativas en la atención sostenida. — Exceso de actividad. Se mueven constantemente en el asiento o mueven en exceso extremidades. — Se muestran muy impulsivos, les cuesta reflexionar antes de actuar. — Dificultad para inhibir respuestas.

perturbador de sus manifestaciones conductuales». Determinar si existen o no necesidades educativas en el manejo comportamental o, por el contrario, constituye una faceta más del comportamiento habitual del alumno es un trabajo importante que debe abordarse desde el contexto educativo de una forma interdisciplinar, recogiendo información precisa y pertinente de padres, tutores, profesores y alumnos. Si no se interviene precozmente, los comportamientos disruptivos pueden desembocar en futuros trastornos.

En esta valoración, estudios como el de Loeber et al. (2009) sugieren tener en cuenta los distintos factores o síntomas más que la clasificación del alumno en alguno de los subgrupos. Así, estos autores estudiaron agrupaciones de síntomas clínicos en alumnas disruptivas —en total 2.451 chicas de entre cinco y ocho años de Pittsburg (EE.UU.) procedentes de familias con bajos ingresos— analizando las valoraciones de sus padres y madres y profesores a través de cuestionarios y entrevistas durante cuatro años —se pretendía observar la estabilidad de las conductas—. Lo sorprendente es que las conductas identificadas por los padres y aquellas señaladas por los profesores coincidieron, manteniéndose estables a lo largo de los cuatro años. Los síntomas más destacados relacionados con la disruptividad se pueden agrupar en torno a: 1) inatención, 2) conductas de oposición, agresión relacional, 3) impulsividad y 4) insensibilidad emocional. Este último factor fue bastante más observado por los padres que por los profesores.

4. Aportaciones para la intervención

Las conductas disruptivas traspasan la frontera entre los conflictos primarios o las situaciones aceptables e incluso comprensibles de indisciplina y aquellas situaciones graves que tratan de impedir la acción educativa por parte de algunos alumnos. Las primeras son fácilmente gestionadas por el profesorado —sobre todo si se tiene experiencia— e incluso podríamos decir que suponen un requisito o exigencia en su tarea docente dada la espontaneidad y la cotidianeidad con las que se manifiestan. En cambio, las conductas disruptivas no son fácilmente manejables ni controlables y su afrontamiento exige una preparación más específica del profesor. Aunque a menudo se espera que el profesor resuelva la disrupción de la misma manera en que hace frente a pequeños conflictos primarios.

La falta de acuerdo entre los profesores acerca de la disciplina lleva a mirar para otro lado y a no asumir que se trata de un problema de centro y no de personas (Uruñuela, 2007). A veces algunos profesores necesitan la ayuda del resto porque sus problemas rebasan el control del aula y, en vez de ser respaldados por la acción conjunta del centro, son criticados y señalados por el resto de compañeros e incluso por la dirección sin que nadie medie en el asunto (Ceballos, 2007, p. 22); esto puede ocurrir además cuando ellos tratan de dar lo mejor de sí mismos (Melero, 2009, p. 144). Este hecho genera en el profesor la percepción de falta de apoyo, de soledad, de incapacidad profesional y de pérdida de autoridad[1], todo lo cual desencadena un estado emocional negativo.

A continuación recogemos algunos aspectos extractados de la literatura para tener en cuenta en la intervención. Lo hacemos al hilo de las siguientes cuestiones: *a*) la vivencia emocional de la disrupción por parte del profesor, *b*) los factores de riesgo de la disrupción y *c*) la estructura afiliativa del aula.

a) *La vivencia emocional de la disrupción por parte del profesor.* Consideramos que la disrupción en el aula tiene un fuerte impacto emocional en el profesor —que a su vez repercute en el comportamiento del alumnado—, y por esta razón conocer mejor qué es lo que piensan y cómo se sienten los profesores ante la disrupción ha de ser un elemento fundamental a tener en cuenta en cualquier intervención.

A modo de ejemplo, Daley, Renyard y Sonuga-Barke (2005), mediante una técnica conocida como FMSS *(Five Minute Speech Sample),* analizaron la respuesta emocional de 21 profesores de secundaria al hablar sobre cada uno de sus alumnos. La información ofrecida por el profesor se codificó en torno a las siguientes categorías: 1) declaración inicial, la primera afirmación que hace del alumno (positiva, neutral o negativa), 2) crítica (número y frecuencia de comentarios negativos), 3) comentarios positivos (número y frecuencia), 4) relación (evidencias de que el maestro se muestra a gusto con el alumno), 5) insatisfacción (presencia o ausencia de comentarios desfavorables sobre el alumno que no llegan a la crítica, por ejemplo, sobre rasgos de su personalidad), 6) sobreimplicación emocional (específicamente se evalúa si se observan conductas sobreprotectoras, detalles excesivos en la información o declaración de sentimientos muy fuertes) y 7) calidez en el tono de voz (si se producen variaciones), en las expresiones espontáneas de afecto y la preocupación. Los autores observaron que los factores más pun-

---

[1] Matizamos el concepto de autoridad bien entendida, esto es, no en el sentido de poder, de limitación o restricción de la propia libertad, sino en el sentido de reconocimiento social, de actitud de apertura y de confianza en aquel que sabe más y me ayuda a madurar, a ser cada vez más autónomo y responsable.

tuados en relación con los alumnos disruptivos fueron un alto nivel de crítica (2) y un bajo nivel de calidez percibida (7). En contra de lo que cabía esperar, no se halló sobreimplicación emocional (6).

Una posible explicación de este hecho la hallamos en Spilt y Koomen (2009), quienes afirman que los docentes tienden a actuar distanciándose emocionalmente para controlar de un modo profesional el conflicto. De cualquier forma, lo que se pone en evidencia es que disminuir las críticas y las muestras de insatisfacción y al contrario aumentar la positividad y la calidez en la relación podrían mejorar las intervenciones educativas. Esto es acorde con otras investigaciones (Lannie y McCurdy, 2007) en las que se demuestra que la utilización de comentarios positivos, elogios y aprobaciones correlaciona con la disminución de comportamientos disruptivos.

Precisamente, Spilt y Koomen (2009) investigaron en una muestra de 90 profesores a través de entrevistas semiestructuradas la relación con cada uno de los alumnos —la media de edad era de casi seis años—, observando las diferencias con aquellos que eran disruptivos. Para estudiar los modelos internos de relación de los profesores, es decir, la representación del conjunto de conocimientos y sentimientos interiorizados que guiaban las expectativas y los comportamientos hacia los alumnos, analizaron entre otras dimensiones el afecto hacia éstos prestando especial atención a las experiencias negativas vividas. Los indicadores que utilizaron fueron 1) el afecto positivo, 2) la ira u hostilidad y 3) la impotencia:

1. La expresión de afecto positivo era similar con los alumnos disruptivos y con los no disruptivos. Luego el afecto positivo del profesor hacia los alumnos parece versar más sobre otros aspectos distintos de la conducta disruptiva.
2. Los niños disruptivos presentaban más conflictos con sus profesores y, como cabía esperar, la expresión de ira y hostilidad por parte del profesor era mayor en aquellas relaciones con alumnos disruptivos —lo que tendía a promover entre ellos relaciones desfavorables—. Sin embargo —y aunque parezca contradictorio—, la exteriorización del conflicto por parte del profesor no implicaba necesariamente un distanciamiento personal entre el profesor y el alumno. De hecho la demanda de atención de estos alumnos era mayor, por lo que los profesores mantenían con ellos más interacciones diarias; en cambio, había otros alumnos que pasaban

más desapercibidos, a los cuales los profesores no prestaban apenas atención y con los cuales mantenían una relación «neutral», sin intercambio alguno de afecto positivo ni negativo. Por tanto, la expresión de enfado, ira y hostilidad tan sólo aumenta el riego de establecer malas relaciones.

3. La percepción de impotencia del profesor se asociaba más a la incapacidad de éste para establecer una relación estrecha con los alumnos que a los actos disruptivos en sí. Cuando el profesor había invertido esfuerzo en forjar una buena relación con el alumno y éste no le correspondía, el coste emocional para el profesor implicaba sentimientos de ineficacia y fracaso, desalentando la búsqueda de nuevas estrategias.

La reflexión del profesor sobre sus emociones negativas puede ser una vía de mejora de la relación con los alumnos y, en consecuencia, de la satisfacción con su propio trabajo pero al mismo tiempo el profesor necesita apoyo, así como conocer un amplio repertorio de estrategias de afrontamiento y gestión de la clase. Así lo ponen de manifiesto Reinke, Lewis-Palmer y Merrell (2008), quienes evaluaron los resultados de un modelo de apoyo y de consulta para el profesorado *(The Classroom Check-up)* que permite identificar qué actuaciones del profesor, formas de comunicarse o gestionar las situaciones favorecen la disrupción en el aula. Para ello se estudia y se evalúa el contexto de la clase para pasar a diseñar y aplicar un conjunto de intervenciones elegidas conjuntamente con el profesor. La principal ventaja de este modelo es que permite al profesor consultar situaciones concretas y reales que él vive en el aula y esto posibilita que el feedback que reciben sea personalizado y, por tanto, muy eficaz porque incide en su capacidad para mejorar de manera inmediata la realidad de su práctica docente.

b) *Los factores de riesgo de la disrupción.* Cuando las conductas disruptivas se siguen produciendo, el excesivo número de faltas y de partes en los centros educativos pone en evidencia la inutilidad de las sanciones. En este sentido puede ser muy útil la adopción de un enfoque preventivo que tenga en cuenta diversos datos y elementos. Carbonell (2009a) afirma que, puesto que los factores que predisponen y desencadenan estas conductas responden a diferentes orígenes, su abordaje debe ser multidisciplinar atendiendo diferentes niveles —individual, familiar, el clima de clase y la estructura social.

Hay ocasiones en las que, a pesar de la valía intachable del profesor, la disrupción acontece y no existe una única explicación que justifique este hecho aunque sí es posible conocer un amplio conjunto de factores muy diversos que aumentan el riesgo de la aparición de conductas disruptivas. Por ejemplo, puede darse el caso de que la materia que imparta el profesor, las actitudes de las familias, la cultura de disciplina del centro, el estilo docente o la fama previa que tenga el profesor condicionen el desarrollo de las clases (Barri, 2006). Asimismo se conoce (Uruñuela, 2007) que segundo y tercer cursos de educación secundaria son los cursos en los que la disrupción es mayor, afecta más a alumnos que a alumnas y es más frecuente en alumnos repetidores que en no repetidores, aparece íntimamente ligada al fracaso escolar, se da con más frecuencia en los meses con mayor carga lectiva —octubre, noviembre y marzo— y también cuando sólo hay un recreo de 30 minutos que cuando hay dos de 20 minutos.

El modelo explicativo de Justicia, Benítez, Pichardo, Fernández, García y Fernández (2006), que ayuda a detectar los factores de riesgo de conductas antisociales, apoya desde una línea preventiva la identificación y modificación de los factores y condiciones que sitúan a los alumnos en riesgo de poner en práctica conductas disruptivas. Entre ellos, existen factores asociados a las características personales de los jóvenes y otros que se refieren al clima escolar, familiar o al grupo de iguales. De la misma manera que la impulsividad, el bajo autocontrol, los problemas de atención, la inflexibilidad, la baja tolerancia a la frustración o la falta de habilidades sociocognitivas favorecen la disruptividad, igualmente se valoran los estilos de crianza en la familia (autoritario, coercitivo, punitivo), el control inconsistente, la baja supervisión parental y también en la escuela la inconsistencia o incoherencia en los valores o la organización y el contexto sociocultural y el grupo de iguales.

c) *La estructura afiliativa del aula.* Se tiende a considerar que los alumnos disruptivos desestabilizan el grupo de clase y por eso las estrategias organizativas propuestas para el afrontamiento de este problema implican con frecuencia la exclusión de estos alumnos del grupo ubicando por ejemplo sus pupitres aislados del resto. A modo de ejemplo, Carbonell (2009a) propone la agrupación por niveles entre otras medidas confirmando en palabras del autor (p. 9) que, si bien no es el mejor recurso de los posibles, sí produce resultados positivos, especialmente en temas de reorientación de los procesos de absentismo, relaciones de convivencia y disciplina, responsabilidad y aprendizaje. Se considera que separar, aislar o excluir revertirá en beneficio del grupo de compañeros. En este sentido, resultan muy interesantes las aportaciones de Fujisawa, Kutsukakey y Hasegawa (2008), quienes resaltan la importancia de prestar atención al alumno disruptivo en relación con el tipo de redes asociativas formadas en clase y al lugar que el alumno disruptivo ocupa en ellas, ya que la separación de éste del resto puede tener consecuencias diferentes.

En concreto se estudiaron dos tipos de redes o estructuras sociales del aula —previamente identificadas tras la codificación de comportamientos de afiliación, prosociales y agresivos respectivamente— cuya presencia puede darse al mismo tiempo en un grupo de clase: 1) la estructura en la que tienen lugar comportamientos afiliativos y prosociales y 2) la estructura en la que tienen lugar comportamientos agresivos y disruptivos entre los alumnos. Se observó qué ocurría con la cohesión del grupo al excluir a los alumnos disruptivos en cada una de ellas. Aunque la muestra la conformaban alumnos de entre tres y cuatro años de edad, las conclusiones a las que se llegó pueden ser útiles para la reflexión en cursos superiores. Cuando el alumno disruptivo ocupa un rol central en una estructura afiliativa, al excluirle la cohesión del grupo disminuye y los comportamientos disruptivos no necesariamente mejoran e incluso pueden empeorar. En este caso, la afiliación del grupo no depende de la presencia o ausencia de comportamientos disruptivos. Por eso, la gestión constructiva y el afrontamiento positivo resultan una mejor vía de intervención. En cambio, cuando el alumno disruptivo ocupa un rol central en una estructura disruptiva, su exclusión sí mejora las conductas disruptivas.

Dinámicas desadaptadas en el grupo de iguales

4

1. Introducción

Este capítulo nos permitirá prevenir el rechazo entre iguales enseñando a los alumnos a no confundir amistad con pertenencia al grupo. El aprendizaje de ser compañero forma parte del desarrollo sociopersonal de nuestros alumnos, al igual que aprender a rechazar moralmente cualquier conducta de presión u hostigamiento hacia alguien que pertenezca al grupo. A lo largo de estas páginas se analizará qué es el rechazo social y cómo erradicarlo, así como qué es el *bullying* como fenómeno de individuos y de grupos, sus tipos, incidencia y estrategias para la prevención tanto desde una intervención directa con los afectados como indirecta a través de programas globales de convivencia.

2. El rechazo social en el grupo

El alumno convive en el centro escolar con un grupo de iguales concreto. Además, dentro del grupo de clase surgen relaciones de amistad. Por tanto, el alumno llega a establecer al mismo tiempo en el aula relaciones más duraderas con algunos amigos e interacciones con el resto de compañeros.

El papel de compañero viene dado por el simple hecho de ser miembro de una clase; en cambio el papel de amigo se reserva para algunas personas. La propia naturaleza de la amistad, que exige aspectos como reciprocidad, atracción mutua —cierta compatibilidad o complementariedad en las características psicológicas—, afecto, ayuda y apertura de la intimidad, explica que ésta no se dé entre todas las personas. No obstante, estos requisitos varían en intensidad en función del grado de amistad —no es lo mismo un conocido que una amistad profunda o íntima—. A veces incluso la frontera entre compañero y cierto grado de amistad se difumina, ya que entre compañeros generalmente se intercambia ayuda, se puede congeniar e incluso compartir aspectos personales y afecto. No obstante, ser compañero y ser amigo en el aula deberían ser aspectos distinguibles pero no excluyentes ni exclusivos, es decir, el hecho de que existan relaciones de amistad entre algunos alumnos no debe limitar la interacción de éstos con otros compañeros, de la misma manera que la interacción con compañeros no excluye que pueda desarrollarse una relación de amistad. Sin embargo, hay alumnos que sólo se relacionan entre sí y no ejercen su papel de compañeros con el resto de la clase al bloquear la comunicación con los que no son sus amigos.

A nuestro modo de ver, aprender a ser compañero es base en cualquier aprendizaje de la convivencia además de ser una fuente importante de desarrollo sociopersonal al ofrecer la oportunidad de poner en práctica habilidades sociales, contrastar puntos de vista, opiniones y gustos diferentes e intercambiar experiencias de la vida, momentos distendidos y divertidos. En definitiva, el hecho de ser compañero y tener compañeros extiende principios morales de tolerancia, igualdad, preocupación por los demás y empatía más allá del círculo íntimo del alumno, lo que reduce los prejuicios, aumenta la confianza y contribuye a mejorar las relaciones interpersonales en el aula.

En cuanto personas, el simple hecho de pertenecer a una clase debería garantizar la aceptación —que no necesariamente amistad— de todos y cada uno de sus miembros. Debería existir un mínimo de disposición a relacionarse con todos, actitud de apertura, empatía, cooperación y solidaridad independientemente del grado de amistad, de las preferencias, la personalidad, la cultura, el físico, las notas, las aficciones o el estilo de vestir. Cuando esto no ocurre, debe llevar a cuestionarnos en qué medida los adultos tenemos la responsabilidad de favorecer y velar porque así suceda, y no sólo por evitar sufrimiento a quien se sienta aislado o rechazado, sino principalmente porque los modos de estar y de relacionarse con los demás se hacen extensibles a la sociedad. Si verdaderamente deseamos y trabajamos porque los alumnos lleguen a ser personas maduras, autónomas, solidarias, que sepan participar, convivir y establecer vínculos sociales en la diversidad, resulta contradictorio no exigirles este aprendizaje en su realidad, más inmediata. Si se ignora la aceptación entre nuestros alumnos, se pasa por alto también la dignidad personal, se cultiva la insensibilización moral y estrechamos el alcance de la sociabilidad y la socialización.

El tema de la aceptación y el rechazo entre iguales normalmente se ha referido al grupo de la clase, ya que en los subgrupos que generalmente se forman en ella es probable que la aceptación se dé por sentada. Estos subgrupos incluyen un conjunto de alumnos con una determinada estructura, funcionamiento, que comparten actividades y normas, pasan tiempo juntos, buscan objetivos comunes y tienden a actuar de manera unitaria. Aunque dentro de estos grupos pueden existir relaciones diádicas de amistad, no todos ellos se definen unos a otros como amigos, y además el grado de participación de cada uno puede ser distinto. Como se sabe, la afiliación y el sentimiento de pertenencia a un grupo («pandilla» o «cuadrilla») son especialmente relevantes en la adolescencia y constituyen un poderoso agente de socialización, aunque la influencia no es siempre positiva.

A veces se producen relaciones asimétricas (Ortega y Del Rey, 2004), cuando las dinámicas de interacción no se basan en la igualdad y en la reciprocidad, que pueden derivar en *bullying* —si se producen de forma continuada y repetida en el tiempo— o en problemas de inadaptación social. En cualquier caso, el efecto socializador positivo de los iguales se trunca, dando lugar a situaciones de riesgo para el desarrollo de los alumnos que se ven implicados en ellas.

Igualmente, cuando un niño o adolescente no es aceptado por un grupo social, su ajuste sociopersonal se encuentra en riesgo. En el contexto del grupo su autoimagen está en juego, y si no se siente aceptado por un número de personas que él valora, la valoración de su propia autoimagen será negativa, no le satisfará, por lo que descenderá su autoestima y esto condiciona una serie de actitudes y repuestas, una manera de situarse en el grupo y los subgrupos negativa. El rechazo implica la falta de consideración del otro como igual, lo cual impide en muchos casos la sintonía afectiva, cognitiva o moral. Al contrario, aquellos alumnos que son aceptados por sus iguales amplían su esfera de relaciones interpersonales y disponen, en consecuencia, de más recursos de apoyo que se asocian con un mayor bienestar y ajuste psicosocial.

No obstante, Estévez, Martínez y Jiménez (2009) llaman la atención sobre las diversas relaciones de poder y las distintas posiciones o tipos sociométricos[1] que los miembros de un grupo ocupan dentro de éste. Los miembros más aceptados por el grupo ocupan posiciones más centrales —populares

[1] Siguiendo la tipología de Coie y Kupersmidt (1983), se contemplan cinco tipos sociométricos: preferidos, rechazados, ignorados, controvertidos y promedio. En García-Bacete (2007) y en Estévez et al. (2009) se encuentra una caracterización de cada uno. Los alumnos rechazados son los más agresivos y aislados y los menos sociables. Los preferidos son los más sociables, los menos aislados y sus tasas de agresividad son tan bajas como las de los ignorados. Gustan a la mayoría del grupo y la popularidad puede atribuirse al prestigio académico o deportivo, a aspectos emocionales o relativos a su relación con el grupo. Los ignorados tienen niveles muy bajos de agresividad, bajos de sociabilidad y entre bajos y medios-bajos en aislamiento. Son poco conocidos, pacíficos e indiferentes. Los controvertidos, como los rechazados, siempre tienen tasas por encima de la media en agresividad y aislamiento, pero son menos sociables que los preferidos. Los promedio son más visibles que los ignorados pero no destacan ni por ser aceptados ni por ser rechazados. No puntúan alto en los rasgos positivos ni tampoco en los negativos.

o promedio—, mientras que aquellos menos aceptados se sitúan en posiciones más periféricas respecto al grupo —ignorados o rechazados.

Precisamente estos últimos presentan mayor riesgo de problemas de conducta y de ajuste en la vida adulta. Luego la simple pertenencia de un alumno a un grupo de amistad en el aula no garantiza una socialización saludable. Estar en un grupo no significa ser un miembro activo, por lo que no se trata tanto de valorar si el alumno está integrado en un grupo como de saber cómo está integrado. Si simplemente se acepta su presencia física o su participación en las actividades pero no se tienen en cuenta su opinión ni sus gustos, su ausencia no llama la atención, no recibe el apoyo que necesita o no se cuenta con él en las dinámicas o decisiones grupales, es evidente que la relación con el grupo puede llegar a ser incluso perjudicial. Por tanto, es altamente interesante prestar atención a los diversos grupos de amistad del aula y contar con información respecto a los estatus sociométricos, la identidad grupal y la diferenciación respecto a otros grupos del aula —por ejemplo, conocer las normas que facilitan la cohesión interna del grupo.

Se afirma que una de las principales causas asociadas al rechazo social en el grupo tanto en la adolescencia (Estévez et al., 2009) como en educación primaria (Monjas, Sureda y García-Bacete, 2008) es la combinación de una elevada participación en actos de tipo antisocial con una baja implicación en conductas prosociales. Se elige como amigos a aquellos compañeros que son simpáticos, agradables y majos, divertidos y graciosos, con los que uno se lo pasa bien y que además poseen habilidades involucradas en la amistad. Concretamente Monjas et al. (2008) constatan en una muestra de 430 alumnos de entre 10 y 11 años que la primera razón de aceptación de los iguales son las características positivas de la otra persona, especialmente su simpatía y amabilidad, la diversión y el disfrute compartido y la amistad. A continuación se encontraron motivos relacionados con el compañerismo —ser buenos compañeros y características y conductas vinculadas con las relaciones entre compañeros, como ayuda, generosidad, compañía, seguridad— y con la «comunalidad» —es decir, con aspectos compartidos, como tener experiencias en común y pasar tiempo juntos, intereses y gustos, duración de la amistad y red social común de familiaridad y vecindad—. Por último, se constató un tercer bloque formado por aspectos tales como «me cae bien», «buen talante», «competencia». Las características físicas sólo aportaron un 1 por 100 de las respuestas. Asimismo, los datos muestran que la percepción de dominancia-superioridad es la razón más frecuente de rechazo entre iguales; concretamente el motivo es «mostrar prepotencia». Después se hallan los motivos «agresión física», «agresión verbal», «inmadurez», «me cae mal» y «pesado, molesto». Por último, la «falta de amistad», «aburrido-retraído» y la «falta de relación».

No obstante, existen alumnos agresivos que son aceptados por sus iguales, por lo que la violencia no puede ser el único factor predictivo de preferencia o exclusión social. Hay aspectos de fondo mucho más ocultos a veces disfrazados que merece la pena esclarecer. Si la investigación constata que los motivos que llevan a la aceptación o al rechazo responden a la reciprocidad, la prosocialidad y las cualidades humanas positivas, por qué no detenernos a pensar qué ocurre en un grupo de alumnos en el que la estimación de los demás no sólo no se rige por valores sino que incluso depende más bien de contravalores —aceptando al que menos estudia, al que más desafía al profesor, al que menos compañerismo demuestra con los demás, al que manifiesta conductas de ocio perniciosas, etc.—. En estos casos la socialización en el grupo se trunca y atrofia y el impacto sobre el desarrollo sociopersonal de sus miembros interfiere en la acción educativa. Cuando esto ocurre, nos parece importante tratar en el aula algunos temas como los siguientes:

- La formación de los grupos, la selección de amistades, los aspectos referidos a la aceptación o al rechazo interpersonal, la influencia mutua dentro del grupo en el que se modela la conducta y se refuerzan tanto conductas positivas como conductas socialmente reprobables.
- Los modos cordiales de relación: simpatía, amabilidad, positividad, sentido del humor, la expresión de alegría, diversión o emociones positivas. En este sentido se puede prestar atención al modo en que un grupo se comunica. A modo de ejemplo, si la ironía, el reproche o hablar mal unos de los otros constituyen la tónica habitual de comunicación, la puerta a los conflictos está abierta. Utilizar el estilo asertivo de relación implica desarrollar conductas de igualdad y respeto interpersonal y por tanto atender a aquellas expresiones de agresividad, prepotencia y dominio, inhibición, retraimiento y pasividad que se manifiesten en el grupo y tratar de fomentar comportamientos amistosos —sinceridad, confianza, demostración de afecto—, prosociales —ayuda, consuelo, cooperación, preocupación por los demás— y comunicativos —saber escuchar.
- Las creencias normativas (Estévez et al., 2009) del grupo. Éstas se definen como cogniciones individuales que implican la aceptación o negación de determinados comportamientos y que regulan las conductas. Por ejemplo, la conducta violenta sólo propiciará rechazo cuando este comportamiento no sea normativo en el grupo de referencia. Si no es así, la conducta violenta no causará ningún quebranto en las relaciones.

3. El *bullying*

3.1. Definición, tipos e incidencia

Cuando la violencia se convierte en la característica que regula las relaciones de unos alumnos con otros, se genera una situación que supone un riesgo físico y psicosocial no sólo para las víctimas, sino también para todos los implicados en estas dinámicas basadas en la agresividad injustificada. Se trata del fenómeno del *bullying* o acoso escolar. Actualmente, y de forma especial a partir de la última década del siglo XX, ha emergido lo que se ha llamado la visibilidad de este problema, también denominado acoso escolar entre iguales o intimidación. De hecho, la mayor cantidad de publicaciones sobre violencia escolar (más del 60 por 100) se ha llevado a cabo entre los años 2008-2009 (Fernández-Baena, Pérez-Fuentes y Palenzuela, 2010). Esto implica que se reconoce dicho fenómeno social como una realidad constatable que perjudica los objetivos de la educación y que exige ser afrontado desde la investigación teórica y la práctica educativa.

El *bullying,* o, como otros autores se han referido a él, «maltrato por abuso de poder entre iguales» (Del Barrio, Almeida, Van der Meulen, Barrios y Gutiérrez, 2003; Díaz-Aguado, 2006), engloba, además de la conducta de rechazo hacia otra persona, conductas agresivas repetitivas de forma injustificada. Se origina a partir de un proceso de victimización que cuenta con los siguientes elementos: 1) pretende infligir daño, 2) hace referencia a desigualdades físicas, sociales o psicológicas, pero siempre en relación con ese grupo, 3) no tiene justificación y 4) se realiza de modo repetitivo. La intención de hacer daño, la repetición en el tiempo de forma continuada o la desigualdad de poder son características que diferencian al *bullying* de hechos ocasionales, como por ejemplo una pelea entre amigos o compañeros. La pelea derivada de un malentendido puede producirse en situación de igualdad y abordarse con el compromiso mutuo de no agredirse más.

Se trata de un fenómeno presente en todos los niveles analizados, siendo los últimos cursos de educación primaria y los primeros de educación secundaria obligatoria los de mayor incidencia (el rango más implicado de edad es entre los 10 años en primaria y 13 años en secundaria). Incluso en educación infantil se observan agresiones injustificadas (Ortega y Monks, 2005) sobre las que es conveniente intervenir, ya que la agresividad en la infancia predice la presencia de comportamientos violentos en la adolescencia y vida adulta (Sánchez, 2009). En lo que respecta a la escuela infantil, el estudio de Alsaker y Vilén (2010) —dentro del proyecto llamado «Caminos hacia la victimización»— sobre una muestra de 1.090 niños de entre cinco y siete años y medio años halló que el 6 por 100 de los niños era victimizado al menos una vez a la semana sin agredir a otros niños (víctimas pasivas), el 11,7 por 100 agredía a algún compañero al menos una vez a la semana, sin ser agredido (agresores), el 7,5 por 100 agredía a otros y era victimizado una vez a la semana (víctimas agresivas) y el 54,8 por 100 se clasificaban como no involucrados. El estudio refleja que el *bullying* a esa edad es muy comparable con el que tiene lugar entre los niños en edad escolar.

Los lugares más habituales son espacios-aulas, seguidos de patios de recreo y los lugares de acceso al centro en secundaria, mientras que en primaria se señalan el patio de recreo en primer lugar, seguido del aula y otros espacios del centro (Cerezo, 2009).

Debido a la imprecisión del lenguaje, conviene matizar que utilizamos los términos «violencia», *bullying*, «maltrato» o «acoso» para referirnos al mismo fenómeno, ya que cuando hablamos de violencia no nos referimos únicamente a la agresión física; en realidad el acoso se considera un tipo de violencia en cuanto incluye gran variedad de conductas violentas físicas, psicológicas, verbales, etc. De hecho a menudo se distingue entre violencia manifiesta y violencia relacional o, como definió Olweus, violencia directa y violencia indirecta. Los problemas de agresión manifiesta han sido los más estudiados, y no tanto la violencia relacional en la medida en que es una conducta agresiva más sutil y menos visible que se dirige a provocar un daño en el círculo de amistades de otra persona o bien en su percepción de pertenencia al grupo (Estévez et al. 2009), aunque puede tener consecuencias tan negativas para el ajuste psicosocial como las derivadas de la violencia manifiesta.

Como explica Carbonell (2009a, p. 104), el acoso escolar se puede presentar de muy distintas maneras:

— Físico: empujones, patadas, agresiones con objetos, etc. Se da con más frecuencia en primaria y secundaria.
— Verbal: es el más habitual, a través de insultos y motes, menosprecio en público y burlas sobre los defectos físicos. Según el Informe del Defensor del Pueblo (2007), el porcentaje de alumnos que declara haber observado tipos de maltrato especifica que la forma de agresión más frecuente es la verbal (insultos, poner motes ofensivos, hablar mal de alguien), que oscila entre el 55,8 por 100 y el 49 por 100, seguida de la exclusión social (señalada por más del 22 por 100 de los encuestados). La agresión física directa como pegar (14,2 por 100), robar cosas (10,5 por 100) y romper las cosas de otros (7,2 por 100) y los chantajes y amenazas entre el 22,7 por 100 y el acoso escolar el 1,3 por 100. En consonancia con estos datos, el estudio de González Pineda et al. (2010) advierte de la importancia de actuar especialmente sobre

la manifestación de violencia en educación secundaria obligatoria por parte del alumnado al constatar que esta manifestación de la violencia en educación secundaria obligatoria es la más habitual entre alumnos y hacia los profesores —mediante insultos y motes con intención de ofender y comportamientos disruptivos— y de los profesores hacia el alumnado —tener manía, tener preferencias, no tratar igual, castigar injustamente.

— Psicológico: consiste en minar la autoestima del alumno y fomentar su sensación de temor.
— Social: pretende excluir o aislar al joven del resto del grupo y compañeros. Es la forma más utilizada por las chicas y por alumnos de últimos cursos. Si bien las formas más habituales son insultos y amenazas, le sigue la violencia física en educación primaria y la exclusión social en educación secundaria obligatoria. Rehuir la mirada a otra persona, no contestarle cuando les dirige la palabra, no relacionarse con él, impedir su participación en actividades lúdicas o en trabajos académicos, coaccionar a sus amigos, no sentarse a su lado, propagar rumores son conductas características de este tipo de maltrato. Incluso muchos acosadores pueden ser o haber sido amigos —incluso con bastante grado de intimidad de los acosados— y en ocasiones alternan períodos de amistad, en los que no se da acoso, con otros de acoso (Barri, 2006). Por ejemplo, cuando acosado y acosador están solos, éste respeta a aquél y podríamos decir que su relación parece completamente normal, pero al encontrarse ambos en un grupo, se vuelve a producir vejación, el desprecio y el sometimiento.
— Sexual: este tipo de acoso en muchas ocasiones no se presenta solo, sino que va acompañado de violencia física y psicológica.
— Racial: cada vez más frecuente en los últimos tiempos, pero con pocos datos fiables aún en el caso de España.
— El *bullying* virtual, electrónico, digital, llamado también ciberacoso o *ciberbullying,* puede ser definido como la intimidación a través del uso de las nuevas tecnologías. Parece que la mayor parte de la intimidación se realiza a través de Internet, y las preferencias de los *cyberbullies* se están dirigiendo hacia nuevas herramientas en la red como Facebook y Tuenti —las redes sociales más usadas por los jóvenes— (Jiménez-Vázquez y García-Rojas, 2010). No obstante, según el tipo de acción que se desarrolle independientemente del medio que se utilice, se han diferenciado las siguientes formas de *ciberbullying* (Willard, 2006): 1) provocación por medio de mensajes electrónicos, 2) hostigamiento mediante envío repetido de mensajes ofensivos, intimidatorios o desagradables, 3) denigración a partir de insultos, mentiras, difusión de rumo-

res que dañan la imagen o el estatus social de la víctima, 4) suplantación de la personalidad, usando las cuentas de acceso o el móvil de la víctima, lo que genera conflictos con sus conocidos o le hace quedar mal ante los demás, 5) violación de la intimidad o juego sucio a través de la difusión de información o imágenes de la víctima sin su consentimiento, 6) exclusión aislando intencionadamente a alguien de un grupo *on line* (chats, foros, listas de amigos, etc.), 7) ciberacoso o envío repetido de mensajes amenazantes o intimidatorios en cualquier momento y a través de cualquier tecnología y 8) ciberamenaza, cuando se genera un material *on line* con el que se amenaza a otra persona. Aunque el conocimiento científico del *ciberbullying* es todavía escaso, se afirma que éste mantiene las características del acoso tradicional aunque existen algunas diferencias significativas que permiten poder asegurar que los riesgos y los efectos se multiplican (Sánchez, 2009; Flores, 2010): 1) las tasas de prevalencia son mayores fuera de la escuela que en su interior; el acoso, se inserta de manera transversal sobre otros entornos, y muy especialmente en el hogar. Esto hace que para la víctima resulte muy difícil crear distancia con el acosado, ya que por ejemplo no ir al colegio o quedarse en casa no le libra de sufrir acoso; 2) resulta más eficaz para el acosador, ya que el número de observadores es mayor y la asincronía de los medios tecnológicos permite la perdurabilidad de la agresión (por ejemplo, un comentario o una foto pueden ser leídos o vistos repetidamente); 3) el carácter anónimo que puede tener la agresión y la ausencia de contacto físico hacen que los acosadores no vean la reacción de la víctima, lo que aumenta la falta de empatía y la sensación de impunidad. Además, la ausencia de contacto físico puede alterar el código moral de las personas y llevarlas a actuar de manera diferente; 4) los adultos no intervienen, no tienen acceso a los medios, y 5) el hostigamiento sociológico puede ir acompañado de prácticas de *bullying* en el entorno académico. En España algunos estudios preliminares (Mora-Merchán, Ortega, Calmaestra y Smith, 2010) realizados han obtenido una implicación directa en el fenómeno, ya sea como agresor o como víctima, de aproximadamente el 25 por 100 (7,4 por 100 como agresores, 10,8 por 100 como víctimas y 8,4 por 100 como agresores y víctimas al mismo tiempo), siendo el número de afectados de forma severa del 3,8 por 100 (1,7 por 100 como agresores, 1,5 por 100 como víctimas y 0,6 por 100 como agresores victimizados).

Por su parte, Piñuel y Oñate (2007) describen ocho modalidades de acoso escolar —1) bloqueo social, 2) hostigamiento, 3) manipulación social o distorsión de la imagen social, 4) coacciones, 5) exclusión social, 6) intimidación, 7) amenazas a la integridad física y 8) agresiones— e indican que se observa una mayor incidencia de los niños respecto a las niñas en todas excepto en una, bloqueo social, esto es, en todas aquellas acciones dirigidas a que el alumno acabe quedándose solo y aislado, «marcado» dentro del grupo social, y se sienta separado y marginado.

Sirva de ejemplo de las diferentes modalidades que adopta el *bullying* la siguiente enumeración de 25 conductas que se especifican en el Informe Cisneros (2005) como comportamientos característicos del acoso escolar: 1) referirse a él con motes, 2) no hablarle, 3) reírse de él cuando se equivoca, 4) insultarle, 5) acusarle de cosas que no ha dicho o no ha hecho, 6) contar mentiras sobre él, 7) meterse con él por su forma de ser, 8) burlarse de su apariencia física, 9) no dejarle jugar en el grupo, 10) hacer gestos de burla o desprecio, 11) chillarle o gritarle, 12) criticarle por todo lo que hace, 13) imitarle para burlarse, 14) odiarle sin razón, 15) cambiar el significado de lo que dice, 16) pegarle collejas, puñetazos y patadas, 17) no dejarle hablar, 18) esconderle cosas, 19) ponerle en ridículo ante los demás, 20) tenerle manía, 21) meterse con él para hacerle llorar, 22) decir a otros que no estén con él o que no le hablen, 23) meterse con él por su forma de hablar, 24) meterse con él por ser diferente y 25) robar sus cosas.

Las variables sexo y edad nos puede llevar a una mejor comprensión del fenómeno matizando que algunos estudios han concluido el mayor uso por parte de los chicos en comparación con las chicas de formas de maltrato físicas y directas, mientras que las chicas tienden a utilizar más las formas indirectas, relacionales o sociales (Ortega y Sánchez, 2010). Esta mayor implicación femenina en formas de victimización indirectas es mucho más frecuente durante la adolescencia y juventud que durante la escolarización primaria. También se observan diferencias evolutivas, ya que a los ocho años, desde el punto de vista de los niños y niñas, el *bullying* tiene que ver con episodios agresivos y repetitivos de tipo físico, episodios que a medida que avanza la edad comienzan a incluir tanto la exclusión social y el rechazo como la agresión verbal. Los datos muestran que a partir de los ocho o nueve años la incidencia de la conducta agresiva comienza a descender, hasta convertirse en algo esporádico o puntual después de los 16 años. Si bien durante este período entre los ocho y los 14 años los casos de maltrato van disminuyendo, es la victimización y no tanto la tendencia a la agresión lo que desciende significativamente.

Además de conocer los diferentes tipos de acoso escolar, la prevalencia del *bullying* en los centros escolares es una de las cuestiones que ha ocupado la atención de muchos estudios. Últimamente incluso se ha reparado especialmente en ellos con el objetivo de conocer cuál es la incidencia real del *bullying* en nuestro país. La visibilidad que ha adquirido el fenómeno e incluso la alarma social creada en momentos puntuales han llevado a cuestionarnos si se ha sobredimensionado el problema o, al contrario, se está minimizado. Los datos reflejan que la violencia grave es un problema serio, relevante, presente en los centros educativos españoles y que requiere aunar máximos esfuerzos en su prevención e intervención pero cuya incidencia es puntual.

Así, el Informe del Defensor del Pueblo (2000) apuntaba que el *bullying* se aprecia en más del 50 por 100 de los centros escolares, con una tasa de víctimas en torno al 7 por 100 y una tasa de agresores próxima al 5 por 100. Se hallan datos muy similares en otros estudios realizados en España: la prevalencia del *bullying* es de 11,6 por 100 —5,7 por 100 víctimas y 5,9 por 100 agresores— en Avilés y Monjas (2005), del 20,1 por 100 —12,5 por 100 víctimas y 7,6 por 100 agresores— en Serrano e Iborra (2005) y del 10,5 por 100 —6,4 por 100 víctimas y 3,4 por 100 agresores— en Ramírez (2006). Las diferencias en las tasas de incidencia no son significativas y tienen que ver con la definición del *bullying* aceptada, las características de la muestra y los instrumentos utilizados. Los datos aportados por el último Informe del Observatorio Escolar (2008) respecto a la prevalencia del acoso entre escolares ponen de manifiesto que sólo el 1,7 por 100 de los alumnos ha sido acosado «muchas veces» durante los últimos dos meses, un 2,1 por 100 «a menudo» y un 11,8 por 100 «a veces».

3.2. El *bullying,* fenómeno de grupo: víctimas, agresores y espectadores

Las investigaciones sobre el *bullying* se han centrado hasta ahora especialmente en la psicología de los agresores (Arsenio y Lemerise, 2001; Cricke y Dodge, 1999; Sutton, Smith y Swetthenham, 2001). Casi la mitad de los artículos publicados en los últimos diez años hacen referencia a la importancia de las causas o variables precursoras de la conducta agresiva y violenta y a las características de personalidad de agresores y víctimas, afirman Fernández-Baena et al. (2010). Sin embargo, cada vez son más los estudios que se orientan hacia el contexto social en el que ocurre dicho fenómeno, reconociendo el ambiente del centro educativo y del aula como un factor crítico a tener en cuenta en la intervención psicopedagógica con alumnos con comportamientos antisociales (Naylor y Cowie, 1999). Debe considerarse la naturaleza grupal de este fenómeno a partir de dos contextos: la relación diádica entre el agresor y la víctima y el contexto grupal en el que se inserta la díada (Salmivalli y Peets, 2010).

Aunque es difícil determinar las causas del acoso escolar, sabemos que es la combinación de las características individuales y situacionales lo que conduce a la génesis de este fenómeno. Por esta razón, y sin negar la existencia de ciertos componentes de la personalidad de la víctima y del agresor en el fenómeno del *bullying* —por ejemplo, la respuesta sumisa o el aislamiento de la víctima puede reforzar o propiciar la conducta del agresor—, consideramos que los perfiles psicológicos[2] son simplemente aproximaciones al conocimiento de los implicados que no siempre se cumplen. Como se constata en Avilés (2009), no hay perfiles puros. Se hace necesario tener en cuenta un entramado de causas y situar el problema en el marco social en que se genera y no sólo centrarse en sus protagonistas directos.

Se pone en evidencia la necesidad de que las investigaciones relacionen los factores escolares, familiares y culturales con las características del individuo (Ramírez, 2006). Así, considerar los posibles factores de riesgo, analizar las dinámicas e interacciones, los procesos sociales y las circunstancias o estudiar los comportamientos agresivos de menor severidad que no llegan a ser intimidatorios podría aportar información de carácter preventivo para futuras intervenciones en la escuela (Sánchez, 2009; Calvo, 2010; Hamarus y Kaikkonen, 2008; Ramírez, 2006).

Se trata simplemente de comprender el fenómeno del *bullying* desde una perspectiva más amplia que el simple esquema víctima-agresor o dominio-sumisión teniendo en cuenta la ecología del grupo de iguales y la perspectiva de otras figuras clave en la intervención: los profesores. Conocer cómo perciben el *bullying* o qué aspectos de formación demandan éstos es fundamental a la hora de intervenir adecuadamente. Por ejemplo, hay que descartar si los profesores poseen falsas creencias, como pensar que la agresión es una fase normal del desarrollo y que las conductas agresivas ayudan a endurecer o madurar al alumno, negar el problema o creer que la víctima merece o provoca la violencia, ya que esto va a obstaculizar cualquier interven-

---

[2] Según diversas investigaciones (Cerezo, 2009), el perfil característico de los agresores responde a chicos algo mayores que la media del grupo al que están adscritos, fuertes físicamente, que suelen exhibir conductas agresivas y violentas con aquellos que consideran débiles y cobardes, se autoevalúan líderes y sinceros, muestran una considerable autoestima y alta asertividad, suelen presentar un nivel medio-alto de psicoticismo, neuroticismo y extraversión y una actitud positiva hacia la agresividad, en sus relaciones sociales ejercen escaso autocontrol, perciben su ambiente familiar con cierto grado de conflicto, el contacto con sus padres es escaso y la actitud hacia la escuela es negativa, por lo que con frecuencia manifiestan conductas desafiantes y bajo rendimiento. Respecto al sujeto víctima, se podría apuntar que la mayoría son chicos, algo menores que sus agresores, considerados débiles física o psicológicamente y cobardes con sus compañeros. Ellos mismos se perciben tímidos, retraídos, con escasa ascendencia social, baja autoestima y alta tendencia al disimulo. Suelen mostrar un nivel considerable de neuroticismo e introversión y escaso autocontrol en sus relaciones sociales. Perciben el ambiente familiar sobreprotector, suelen pasar bastante tiempo en casa y el contacto con sus padres es considerable. Su actitud hacia la escuela es pasiva, aunque pueden tener un historial académico bueno.

ción. Fernández, Berbén y Benítez (2006), tras preguntar a una muestra de 95 profesores en activo, recogieron algunas necesidades concretas: los profesores identifican sobre todo el maltrato entre iguales con actos agresivos de tipo físico y psicológico, se perciben más capacitados para hablar con las víctimas y apoyarlas que para tratar con los agresores, consideran muy complicado hablar con los padres de los agresores y con éstos sin culparles de lo sucedido y los docentes de educación secundaria en comparación con los de educación primaria se sienten menos capacitados para detectar los malos tratos entre iguales.

La investigación e intervención encaminadas a prevenir y erradicar el acoso escolar y centradas en los contextos en los que el alumno está inmerso ponen especial énfasis en analizar las variables de tipo sociométrico, referidas a la percepción que los alumnos tienen de la propia dinámica del *bullying,* así como variables de tipo situacional, relativas a la percepción de la gravedad de las situaciones y de la posible repercusión en la seguridad del centro o el clima escolar. A modo de ejemplo, Ortega y Mora-Merchán (2008), en un estudio de naturaleza sociométrica, abordan los vínculos que se establecen entre los implicados en el *bullying* y resaltan la importancia que tienen las percepciones y atribuciones de esos vínculos en el mantenimiento del esquema dominio-sumisión del *bullying.* La víctima lo es en relación con el grupo no sólo en relación con el acosador. Así, «la debilidad social de la víctima, percibida por el resto de sus compañeros, podría estar alimentando el esquema dominio-sumisión y las atribuciones de supuesta vulnerabilidad e incompetencia social de la víctima» (p. 525).

En este sentido, se ha insistido mucho en que el *bullying* es un fenómeno de grupo (Avilés, 2006; Cerezo, 2006; Díaz-Aguado, 2006) en el que se identifican los siguientes roles: los *asistentes,* que ayudan físicamente al agresor; los *reforzadores,* que incitan a la violencia; los *observadores,* que mantienen una postura pasiva y neutral, y, por último, los *defensores,* que aportan ayuda a las víctimas y hacen frente al agresor.

De hecho, el *bullying* es un proceso dinámico, y la implicación de los observadores se constata en las cinco fases identificadas que dan lugar a su aparición (Rodríguez, 2006): 1) se inician un conjunto de incidentes esporádicos y críticos en los que el acosador va fijando objetivos potenciales; 2) hay más implicados, los observadores entran en el proceso de victimización y la víctima empieza a sentirse afectada aunque ignore o soporte la situación; 3) la víctima se ubica como tal y comienza el deterioro psicológico al sentirse culpable de la situación; 4) se produce la exclusión social del acosado; 5) aparecen manifestaciones somáticas y psicológicas de mayor gravedad en la víctima que pueden desembocar en depresión o síndrome de estrés postraumático.

En este proceso tanto las víctimas y los agresores como los espectadores están aprendiendo algo, y no precisamente lo más adecuado. La repercusión es negativa para todo el grupo, dice Carbonell (2009a, p. 104), dado el carácter interdependiente de las relaciones sociales. De ahí deriva la gran importancia de tener en cuenta el contexto de los alumnos, sobre todo en el punto álgido entre los nueve y los 15 años de edad, detectándose como cursos y edades de riesgo más elevado los que coinciden con segundo y tercero de la ESO, de 13 a 15 años (Díaz-Aguado, 2006).

A continuación, abordamos detenidamente: *a*) el grupo de víctimas, *b*) agresores y *c*) espectadores:

a) *El* bullying *como fenómeno de grupo: las víctimas.* En el acoso escolar la víctima se halla en situación de vulnerabilidad pero no es intrínsicamente diferente de los demás, sino en relación con los otros, es decir, son los otros los que determinan esa diferencia. El *bullying* es el fracaso de no celebrar esa diferencia. Es clave la idea de que la víctima es tal en términos relativos y nunca absolutos. Por eso es importante subrayar el proceso de victimización que tiene lugar en el tiempo, es decir, no es que la víctima se encuentre desde un principio en situación de desventaja. Si ésta no era vulnerable, se le convierte intencionadamente en vulnerable a través de actos que se repiten con frecuencia durante un período de tiempo. De hecho, tal como indican los datos del Informe del Observatorio Escolar (2008), la condición personal más destacada tanto por las víctimas como por los agresores para ser acosado o acosar respectivamente es tener envidia (34,11 por 100), seguida de estar aislado, sin amigos (29,56 por 100), ser más gordo (26,88 por 100), no defenderse (34,05 por 100) y sacar buenas notas (22,58 por 100).

Claro que, como indica Barri (2006), en ese proceso de victimización siempre hay una primera tentativa de acoso que, si no es resuelta de forma satisfactoria, dará alas al acosador y pondrá al acosado en un plano de indefensión, que a su vez, al ser percibida por aquél, le permitirá incrementar su ataque. La inseguridad, la ansiedad, la falta de asertividad, la dificultad de comunicación y la baja autoestima incrementan el riesgo de que se produzca esta tentativa de acoso o bien de que ésta no se resuelva adecuadamente, pero conviene resaltar que ninguno de estos factores es una condición para que se dé el *bullying* y a veces aparecen como consecuencia del acoso.

Otros efectos del acoso —enumerados por Sánchez (2009)— son el déficit de autoestima y de la confianza en uno mismo, autoimagen negativa, baja motivación de logro, problemas psicosomáticos, síntomas depresivos, fracaso y dificultades escolares —su rendimiento decrece generalmente y puede generarse miedo a la escuela (fobia escolar)—, alto nivel de ansiedad e incluso intentos o pensamientos de suicidio. Además, en estos alumnos aparece un sentimiento de indefensión e incluso de culpabilización (Ortega y Mora-Merchán, 2005) ante las situaciones de abuso que sufren, ya que no consiguen comprender ni encontrar las causas ni las posibles soluciones ante las injustificadas agresiones de sus compañeros. Incluso pueden generar tal punto de indefensión, vergüenza y miedo que díficilmente se lo cuentan a alguien, aunque tampoco saben bien a quién, ya que se sienten amenazadas por el conjunto del ambiente escolar. De hecho, aunque se han estudiado diferentes perfiles de víctimas, hay un rasgo común a todas ellas: carecer del apoyo del profesorado y de los compañeros.

Principalmente se distinguen tres perfiles de víctimas: la víctima provocativa, la víctima pasiva y la víctima agresora:

— Por un lado, la víctima provocativa (Sánchez, 2009) manifiesta una necesidad psicológica de no ser ignorada y prefiere el maltrato a la ausencia de interacción con sus iguales. Por un lado, las víctimas activas-provocativas suelen ser alumnos que tienen problemas de concentración y tienden a comportarse de forma irritante a su alrededor. Los siguientes aspectos individuales aumentan la probabilidad de ser víctima provocadora: un déficit significativo en la forma de regular sus emociones, la impulsividad, mostrarse irritable y hostil, sentirse fácilmente provocada por otros alumnos o implicarse en intercambios emocionalmente fuertes con sus iguales en los que resulta perdedor y da muestras de cólera, frustración y angustia emocional mal modulada.
— Por otro lado, la víctima pasiva es aquella que no responde al ataque ni al insulto, actitud que se va a ver favorecida si ésta cuenta con los siguientes factores personales: poca asertividad y baja autoestima, puntuaciones altas en neuroticismo, ansiedad e introversión, *locus* externo, inhibición, inseguridad, hipersensibilidad y dependencia o reacciones negativas como llorar, pánico o no saber pedir ayuda ante situaciones estresantes.
— Una tercer tipo de víctima es aquella que es víctima y agresora a la vez (Avilés, 2009), es decir, alumnos que han sido intimidados bastantes veces y al mismo tiempo han participado en intimidaciones a compañeros. Debido a la expe-

riencia de ser maltratados, estos alumnos acaban atribuyendo intenciones hostiles a sus iguales, perciben amenazas y provocaciones y sienten frustración, por lo que buscan metas de venganza en las interacciones sociales y agresividad reactiva. Estas víctimas responden violentamente cuando son atacadas o insultadas.

Existen notables diferencias entre los distintos tipos de víctimas, pero Avilés (2009), al estudiar en una muestra de 2.169 alumnos de entre 10-20 años variables específicas de intimidación, halló un factor común a todos ellos: la carencia de soluciones, es decir, la falta de estrategias adecuadas de afrontamiento cuando se presenta el problema. Las víctimas agresivas responden con violencia, a las víctimas ocasionales —es decir, los alumnos que han sido intimidados pocas veces— les diferencia del resto la alta puntuación en minimización que le atribuyen al *bullying* cuando sucede, y a las víctimas sistemáticas —aquellas que han sido intimidadas bastantes veces— las distingue el afrontamiento resignado e impotente, la parálisis, la evitación, el sufrimiento o el lamento ante la agresión.

Esto pone de manifiesto la tarea urgente de trabajar personalizadamente con las víctimas el aprendizaje de respuestas asertivas de autoafirmación y defensa razonable según los propios derechos y la práctica de la respuesta verbal y no verbal ante el abuso a través de técnicas de comunicación eficaz, la mirada de los ojos, el dominio de la respiración y la posición corporal. No obstante, sin la existencia de apoyo social y la adopción de medidas que incidan en las redes interpersonales del grupo de iguales, las estructuras organizativas o la participación de la comunidad del centro, no se va a crear ese clima de confianza tan necesario para que las víctimas —independientemente de su perfil— experimenten la motivación necesaria para convivir, el disfrute y los efectos positivos que conlleva el saludable desarrollo de la socialización.

b) *El* bullying *como fenómeno de grupo: los agresores*. Los agresores aprenden que pueden conseguir aquello que se proponen a través del uso del poder y la imposición de sus deseos sin tener en cuenta a los otros. Cuando estos alumnos se mantienen en el papel de agresores durante mucho tiempo, corren el riesgo de verse implicados en conductas antisociales e incluso delictivas (Ortega y Mora-Merchán, 2005), se vuelven insensibles ante el sufrimiento del otro, poco tolerantes a la frustración y apáticos y disminuye su capacidad de comprensión moral (Sánchez, 2009).

Los estudios que han tratado de aportar luz sobre la naturaleza de este fenómeno han sido de gran interés; sin embargo, no existe un acuerdo sobre las causas que llevan a los agresores a actuar con violencia. Algunos autores (Crick y Dodge, 1999) afirman que el *bullying* está empíricamente asociado con una baja puntuación de los agresores en las tareas relacionadas con la teoría de la mente, es decir, con la capacidad que permite atribuir estados mentales que incluyen creencias, deseos, intenciones —tanto respecto a uno mismo como a los demás— y usar dicho conocimiento para anticipar y entender el comportamiento. Asimismo, estos autores mantienen que los agresores reflejan un pobre procesamiento de la información social y una relativa inhabilidad para evaluar socialmente cuestiones y dar respuestas socialmente competentes.

Otros autores (Sutton, Smith y Swettenham, 1999), aunque aceptan la importancia de dichas investigaciones, creen que, al estar centradas en el modelo del déficit, desestiman las características de los contextos sociales en los que los alumnos agresores operan. Un alumno agresor requiere habilidades sofisticadas para manipular psicológicamente tanto a las víctimas como a un amplio grupo de iguales, quienes podrían rechazar o aceptar los actos de violencia. Por tanto, según estos autores, un adecuado desarrollo cognitivo social, así como una adecuada capacidad para atribuir estados mentales, puede desembocar tanto en un comportamiento prosocial superior como en un uso inadecuado, como ocurre en el caso de los agresores. Es más, un desarrollo mayor de la teoría de la mente podría suponer una ventaja para los alumnos agresores al permitirles conocer no sólo lo que otros piensan, sino también lo que otros están pensando sobre esos pensamientos («él está asustado y además sabe que yo estoy viendo que está asustado»). Parece por tanto que la teoría de la mente no puede ser la única explicación sobre la naturaleza del *bullying* (Arsenio y Lemerise, 2001).

De cualquier forma, es evidente que no hay una única explicación del problema, y además existen al mismo tiempo acosadores proactivos y acosadores reactivos. Los agresores proactivos son aquellos que enmascaran su actitud intimidante al poseer buenas habilidades sociales y popularidad en el grupo como estrategia eficaz para conseguir lo que desean. Los agresores reactivos intimidan y acosan a otros directamente debido a su falta de autoestima y de confianza para conseguir un rol y estatus dentro del grupo y atraer a otros, cometen más errores en el procesamiento de la información o acosan al ser acosados.

Esta diferencia entre los términos «agresor reactivo» y «agresor proactivo» se ha utilizado para comprender la psicología del *bullying*. Por un lado, el ataque del agresor reactivo está motivado por la ira, emoción que se activa debido a un suceso que provoca aversión, como por ejemplo impedir la consecución de una meta, una amenaza o una humillación. Por otro lado, la agresión proactiva está dirigida a alcanzar recompensas sociales, según Ronald (2010), el poder y la asociación entre los copartícipes. El poder derivado de observar la sumisión de la víctima —mediante signos como lágrimas, miedo o ansiedad— se ha considerado una recompensa principal. Al mismo tiempo, otro beneficio para los agresores reside en la interacción entre los copartícipes, ya que, al exponer su antipatía común por la víctima, refuerzan su asociación o sentimiento de pertenencia entre ellos.

Se ha buscado una explicación al comportamiento del alumno agresor desde diversas teorías (Sánchez, 2009). Desde la teoría psicobiológica se afirma que es la presencia de anomalías, patologías o disfunciones orgánicas (baja actividad del lóbulo frontal, escasa activación del comportamiento violento, baja inteligencia, trastorno de atención con hiperactividad, etc.) lo que explica el comportamiento violento. En cambio, otras teorías destacan otros factores predominantes: un alto nivel de psicoticismo (teoría de la personalidad), la exposición a modelos agresivos (teoría del aprendizaje social), insatisfacción de ciertas necesidades evolutivas como la seguridad, la dependencia de otros (teoría del desarrollo evolutivo) y el aprendizaje del comportamiento violento a través de procesos de condicionamiento (teoría del aprendizaje).

A continuación, recogemos algunas investigaciones que han tratado de explicar el comportamiento de los agresores desde el desarrollo del nivel cognitivo, la moralidad y las emociones:

— *Punto de vista del desarrollo cognitivo*. Según Crick y Dodge (1999), los alumnos *reactivos* son agresivos por sus propias percepciones de la intención de los demás, es decir, tienden a atribuir más intenciones hostiles a sus iguales y es esta distorsión en la percepción de las situaciones de los otros lo que les lleva a responder agresivamente. Por ejemplo, si les golpea un balón detrás de la cabeza, probablemente no pensarán que se trata de un accidente, sino que es una broma de mal gusto de sus compañeros y reaccionarán de modo agresivo hacia ellos. Por otro lado, a los alumnos agresivos *proactivos* no parece preocuparles las intenciones de quienes inician acciones negativas contra ellos. Sin embargo, utilizan la agresividad para avanzar en sus propias metas a expensas de los demás, por lo que se requiere un análisis más complejo desde el punto de vista moral. Así, el intento de suplir la falta de procesamiento sociocognitivo en alumnos agresivos *reactivos* puede ser útil, pero intentar mejorar las tendencias empáticas de los agresivos *proactivos* centrándose en el procesamiento no será efectivo.

Centrándonos en el alumno reactivo (insistimos en que el procesamiento sociocognitivo del alumno proactivo lo abordamos en el apartado de la moral), Estévez et al. (2009) aportan un conjunto de variables cognitivas (tabla 4.1) que pueden dar sentido a la actuación del agresor cuando ocupa el estatus sociométrico de rechazado.

Debido a una manera de autopercibirse distorsionada, los alumnos agresivos —incluso cuando existe rechazo por parte de los demás— tienden a sobrevalorar su competencia social y a mantener la consistencia en estas percepciones rechazando la información que contradiga dicha autopercepción. No es de extrañar por tanto que en estos alumnos se aprecie una tendencia a no ser conscientes de la existencia de problemas con los iguales o a no reconocer las causas por las que desagradan a sus compañeros.

No obstante, esta relación entre el autoconcepto[3] y la violencia escolar no es tan evidente, puesto que también se ha constatado lo

TABLA 4.1
Variables sociocognitivas del acosador
(Estévez et al., 2009)

Variables cognitivas en el agresor
— Autopercepciones distorsionadas. — Déficit en el procesamiento de la información. — Carencia de habilidades sociales. — Falta de conciencia sobre la existencia de problemas con los iguales. — Expectativas negativas de éxito social.

[3] Conocimiento o representación cognitiva que cada individuo posee con relación a sus características personales, atributos y limitaciones. Así, mientras que el autoconcepto se correspondería con la imagen que cada uno tiene de sí mismo, sin la necesidad de someterse a comparación con otras personas, la autoestima se equipara con el juicio personal sobre la propia valía expresado en las actitudes que un individuo mantiene hacia dichas características, atribuciones y limitaciones.

contrario, es decir, la exhibición de conductas de acoso puede deberse a un autoconcepto académico y social más negativo, de modo que la agresión se emplea en este caso con objeto de compensar dicha autopercepción negativa. Esta réplica en la literatura científica puede deberse, según De la Torre, García, Villa y Casanova (2008), a no tener en cuenta la multidimensionalidad del autoconcepto ni tampoco la distinción entre agresores proactivos y agresores reactivos. Por ello estos autores estudiaron en una muestra de 345 alumnos de entre 14 y 18 años la posible existencia de diferencias significativas entre los cuatro grupos implicados en el maltrato —agresor proactivo, agresor reactivo, observadores y víctima— y diferentes dominios del autoconcepto —social, académico, familiar y emocional—. Precisamente el grupo de agresores proactivos informó de unas representaciones más adaptadas en la dimensión social y emocional. Estos alumnos se valoran positivamente y son en muchas ocasiones populares entre sus compañeros e incluso queridos y apoyados por ellos; en cambio, los alumnos agresivos reactivos obtuvieron puntuaciones bajas en todas las dimensiones abordadas.

Por otro lado, los déficit en el procesamiento de la información pueden explicar que en situaciones con alto grado de ambigüedad los alumnos agresivos reactivos y rechazados interpreten mayor intención de hostilidad en sus iguales, generen respuestas más agresivas, ineficaces y menos precisas en situaciones sociales concretas y muestren menor competencia en la ejecución de la respuesta seleccionada. Asimismo, la carencia de habilidades sociales les dificulta comportarse adecuadamente y las expectativas negativas de éxito social les llevan a anticipar el rechazo del grupo y en consecuencia a iniciar ciertas conductas desviadas.

— *Desde el punto de vista del desarrollo moral*. Los estudios teóricos y empíricos sobre las relaciones entre la agresión y el desarrollo moral parecen coincidir en resaltar la intención de victimización, poniendo de relieve una ausencia de interiorización de valores en los alumnos agresivos (Cricke y Dodge, 1999). No se debe entender esto como una falta de valores en el alumno. Si bien no se puede comprender el *bullying* sin hacer referencia a cuestiones morales que implican la justicia y el bienestar del otro o la conducta de perjudicar a otros en beneficio personal, solucionar el abuso de poder, el deseo de intimidar y dominar e incluso la pura «diversión» no pasa únicamente por educar en valores. De hecho existen alumnos que pueden ejercer conductas de acoso y cuyos procesos de evaluación moral no difieren de los de los demás en absoluto. Es necesario por tanto explicar esta atrofia de la moral desde otros mecanismos tales como 1) los déficit en el procesamiento social de la información y emocional, 2) psicopatologías o 3) el desarrollo de la identidad social.

1. *Los déficit en el procesamiento social de la información y emocional en el alumno agresor.* Como ya se ha expuesto, los alumnos agresivos *reactivos* pueden tener dificultad para comprender los estados mentales de los otros, lo que explica su impulsividad, el uso de estrategias ineficaces y el comportamiento violento, que a su vez aumentan el riesgo de ser rechazados y perseguidos. En cambio, hay *bullies* sociables, asertivos, líderes y populares, lo que hace pensar que las habilidades empáticas permiten anticipar mejor los pensamientos y acciones de los otros y así manipular de forma más eficiente. La empatía coloca a los agresivos proactivos en una posición superior que les permite engañar a los otros o seleccionar y potenciar sus debilidades.

   En este sentido, del estudio de Brighi y Genta (2010) se pueden destacar hasta cuatro argumentos para explicar la respuesta moral en el comportamiento agresivo:

   — Los agresores realizan correctamente todo el procesamiento de la información social de manera muy precisa pero les falta la empatía para integrar dicha información en sus interacciones.
   — Los agresores presentan una acusada tendencia egocéntrica y la incapacidad de adoptar la perspectiva de otras personas. Según esta postura, la principal distorsión cognitiva es la tendencia egocéntrica, en la que las actitudes y los valores giran en torno a las preocupaciones personales del alumno. Además, esta distorsión cognitiva la refuerzan una serie de distorsiones cognitivas secundarias que se suelen utilizar para justificar la conducta que perjudica a otras personas, como suponer lo peor (tendencia atributiva hostil que lleva a interpretar los hechos ambiguos como si fueran hostiles a uno).

— Los agresores emplean más mecanismos de desconexión moral, es decir, utilizan más mecanismos internos de autorregulación que median entre la conducta y las normas morales internas y que obstaculizan los dispositivos de control internos al hacer enjuiciamiento moral, como por ejemplo culpar a otros en vez de a uno mismo o minimizar las consecuencias de la propia actuación reduciendo al mínimo los sentimientos de culpa y arrepentimiento.

— Las diferencias observadas en los actos de agresión podrían atribuirse a disparidades en la visión del mundo, los valores, los sistemas de creencias de una determinada cultura y especialmente a las diversas formas de concebir la relación del individuo con la comunidad más amplia. Así, los índices de agresión están relacionados de forma directa con las dimensiones del individualismo —los agresores muestran una preferencia más acusada hacia valores como el éxito, la libertad de hacer lo que se desea y la realización de ambiciones personales— y, de forma inversa, con los valores colectivos.

Gasser y Keller (2009) estudiaron si la empatía del agresor no se corresponde necesariamente con la motivación moral de cuidar a los otros. Para ello identificaron grupos de agresores proactivos, agresores reactivos y alumnos no involucrados. Evaluaron en todos ellos los niveles generales de empatía y competencias morales para comparar la relación entre ambas medidas en cada uno de los grupos. Como cabía esperar, hallaron en una muestra de 212 alumnos de entre siete y ocho años puntuaciones significativamente inferiores en la empatía del grupo de agresivos reactivos. En cambio el grupo de los agresivos proactivos era más heterogéneo, ya que se observaron puntuaciones inferiores, normales y superiores en la empatía pero las referentes al conocimiento de las reglas o normas morales —lo que está bien o mal— y la creencia falsa eran superiores y muy similares a las del grupo de alumnos no involucrado. Mientras que en los alumnos no agresivos y no involucrados en las dinámicas del *bullying* el conocimiento moral y la motivación moral tendían a converger, en los alumnos agresivos proactivos el conocimiento moral y la motivación moral tienden a diverger.

Parece por tanto que los propios motivos o intereses que llevan a actuar minimizan la reacción que les produce el sufrimiento de sus víctimas. Los motivos, metas u objetivos (intención) de una acción han de ser morales. Cuando esto no es así y se actúa con mala intención —por ejemplo, un alumno desea que otro se sienta mal sin ningún motivo y a pesar de que sabe que provocar ese daño está mal lo hace—, cabe esperar que, una vez realizada la acción, éste experimente emociones morales de vergüenza o culpa y no de orgullo o indiferencia. La evaluación moral nos dispone a sentir unas u otras emociones, está influida por factores motivacionales —es decir, por motivos que nos llevan a realizar una acción—. Esto reafirma la idea de que los agresores no empatizan afectivamente con los sentimientos y las consecuencias que el maltrato tiene para la víctima y por tanto el paradigma del «victimizador feliz» *(happy victimizer)* en cuanto fenómeno emocional en el que las emociones positivas superan a las negativas y por tanto las emociones de distanciamiento moral superan a las de responsabilidad. Este estado emocional pone en evidencia la falta de compromiso moral, lo que otorga poder a los agresores, refuerza su estatus en el grupo e inhibe los deseos de terminar con el maltrato.

Estudiar esta desvinculación moral que tiene lugar fue el propósito de Caurcel y Almeida (2008), que concluyen que los adolescentes perciben a los agresores como victimizadores felices. En una muestra de 1.237 alumnos de entre 11 y 16 años, los autores analizaron qué emociones morales se atribuyen a los agresores, víctimas y espectadores y si personalmente se identificarían con dichas emociones o se desvincularían de ellas si fueran agresores, víctimas y espectadores respectivamente. Para ello se utilizó el Bull-S, para identificar la situación de cada alumno en el grupo, y el Scan-Bullying, que consiste en preguntar, a través de una narración gráfica, cómo se siente cada uno de estos grupos y cómo se sentirían si pertenecieran a otro de los grupos. Las emociones que los adolescentes más atribuyeron a los agresores fueron orgullo (79,6 por 100) —justificando esta emoción por sus consecuencias positivas sociales, afectivas o psicológicas como por ejemplo «me siento fuerte»— e indiferencia (50,7 por 100) —atribuyéndola a la diversión: el agresor percibe en el maltrato un juego o diversión—. Sin embargo, cuando se pidió a los participantes que asumieran la postura del agresor, la atribución de orgullo e indiferencia disminuyó significativamente, lo que puede demostrar una actitud de rechazo hacia este tipo de comportamientos.

2. *Psicopatologías*. Sánchez (2009) apunta que en algunos casos de *bullying* el agresor puede tener una personalidad psicopática, pero que en la gran mayoría de los casos se trata de conductas inculcadas por aprendizaje vicario a través de modelos de enseñanza. Lo cierto es que en el estudio de Cerezo (2001) se identificaron, sobre una muestra de 315 alumnos de entre 10 y 15 años, 36 alumnos acosadores y 17 víctimas. Las pruebas de personalidad aplicadas —cuestionario de personalidad EPQ-J Eysenck, el de autoestima de Ronseberg y la batería de socialización de BAS-3— revelaron diferencias significativas: altas puntuaciones en psicoticismo, sinceridad y liderazgo en los agresores, y autocontrol y ansiedad en las víctimas, destacando el psicoticismo como dimensión discriminante entre ambos grupos.
3. *El desarrollo de la identidad social*. Se ha demostrado que aquellos adolescentes que anhelan un estatus de reputación alto (reputación ideal), es decir, una identidad social que les sirve para integrarse en el grupo y ser respetados y valorados, es más probable que hagan uso de la violencia relacional como herramienta para conseguir este objetivo (Moreno, Estévez, Murgui y Musitu, 2009). Igualmente, aquellos con estatus popular pueden utilizar la violencia relacional para mejorar o mantener su reputación en el grupo de iguales. Por el contrario, estos autores comprobaron en una muestra de 1.139 alumnos de entre 11-16 años que aquellos que no desean mejorar su reputación ni encuentran amenazada su posición en el grupo de iguales (reputación percibida) observan menos beneficios en la utilización de la violen-

> cia relacional. Por tanto, junto a aspectos concretos vinculados a la violencia relacional, como el sentimiento de soledad, la insatisfacción general con la vida o la baja autoestima, habría que considerar si existe un desajuste entre la reputación ideal o la imagen que se quiere proyectar y la identidad social o la reputación percibida. Este desajuste puede explicar la violencia y pone de manifiesto la necesidad de atender a la prevención del desarrollo de identidades sociales adolescentes fundamentadas en la motivación de presentarse ante los demás como individuos poderosos, rebeldes y no conformistas en busca de popularidad y liderazgo. Esto nos sugiere que en una posible intervención puede ser interesante ayudar al agresor a buscar formas positivas de adquirir estatus en el grupo de iguales.

Claro que esto nos lleva a hacernos una pregunta: ¿por qué ese anhelo de reputación social? En relación con esto, Díaz-Aguado (2006) indica un conjunto de aspectos que pueden caracterizar a los acosadores y que se asocian a una mayor identificación con el modelo social basado en el dominio-sumisión, como es la tendencia a abusar de la fuerza, las dificultades para cumplir normas, las malas relaciones con el profesorado y con otras figuras de autoridad y la utilización de una serie de conceptos como los de chivato y cobarde que les llevan a tomarse la violencia por su cuenta. Sánchez (2009), por su parte, resalta la necesidad de reconocimiento social que presenta el acosador, esto es, la necesidad de que los demás le hagan caso. Al tratarse de una persona que no se valora a sí misma (dice la autora, p. 53), y a la que posiblemente las personas que tiene cerca tampoco valoran o no lo hacen en la medida en que él cree merecerse, busca el reconocimiento social por cauces inapropiados. Utiliza sus habilidades para manipular y dominar, a veces sutilmente y otras con gran violencia psicológica, infundiendo miedo en los demás. Quizá esa necesidad no puede cubrirla por otras vías.

En la tabla 4.2 recogemos un resumen de las variables señaladas.

— *Desde el punto de vista del desarrollo emocional*. Existe la creencia generalizada de que la agresión proactiva puede estar ligada a fallos de la empatía. Sin embargo, según algunas investigaciones (Crack y Dodge, 1999), los alumnos

TABLA 4.2

Síntesis de aspectos que explican la amoralidad del acosador

Variables que explican la relación entre el agresor y la moral
— Falta de empatía. — Tendencia egocéntrica. — Individualismo. — Mecanismos de desconexión moral. — Divergencia entre conocimiento moral y motivación moral. — Psicopatologías. — Necesidad o búsqueda de reconocimiento social.

agresivos proactivos no difieren de otros grupos en el entendimiento y en la comprensión de las emociones, sino más bien en el componente afectivo, esto es, en sentir las emociones del otro (la simpatía).

Eisenberg et al. (1999) proponen un modelo en el que los niveles de emocionalidad y la regulación emocional interaccionan para producir diferentes tipos de funcionamiento social. Han constatado que una persona con una intensidad emocional entre moderada y baja, en combinación con un moderado uso del autocontrol emocional, arroja mayores índices de prosocialidad, así como un óptimo ajuste social. Este modelo ha permitido realizar predicciones también en relación con los alumnos agresivos reactivos y agresivos proactivos (tabla 4.3). En primer lugar, consideran que los alumnos agresivos reactivos poseen altos niveles de emocionalidad y una baja regulación emocional. Consecuentemente, es probable que sean fácilmente provocados, pues están menos capacitados para usar constructivamente estrategias de regulación emocional y tienen una tendencia mayor a actuar a través del enfado o la agresión. El alto nivel de sufrimiento personal experimentado por estos alumnos también puede interferir en la respuesta prosocial y la simpatía, así como en las habilidades de procesamiento de la información social.

Por otro lado, la proactividad agresiva está ligada a un bajo nivel de regulación emocional pero combinado con un bajo nivel de intensidad emocional. Dado este perfil, estas personas pueden ser menos tendentes a la reactividad y sus comportamientos agresivos pueden ser debidos al deseo de un final concreto. Además, se aso-

TABLA 4.3

Predicción de agresor proactivo y agresor reactivo según el modelo de Eisenberg et al. (1999)

		Regulación emocional	
		Baja	**Alta**
Intensidad emocional	**Baja**	Agresor proactivo	
	Alta	Agresor reactivo	

cia un bajo nivel de simpatía o sufrimiento personal en respuesta a la reacción emocional de los otros que llevaría a una mayor influencia inhibidora en la respuesta agresiva.

Al respecto Díaz-Aguado (2006) indica una baja tolerancia a la frustración y escasa capacidad de autocrítica como posibles características de los acosadores o el uso de la violencia como una forma destructiva de compensar exclusiones o fracasos anteriores.

c) *El* bullying *como fenómeno de grupo: los espectadores.* Los espectadores son aquellos que ven pero no dicen nada, por lo que aprenden a mantenerse al margen de los problemas ajenos, a ser insolidarios y pasivos ante las injusticias, en muchos de los casos por miedo a que las agresiones se dirijan hacia ellos mismos. Mantienen, en definitiva, lo que se ha denominado la «ley del silencio», por lo que a los adultos les resulta muy difícil conocer este tipo de situaciones. Luchar contra el individualismo que apoya estos razonamientos, movilizar a estos alumnos, que son la mayoría, hacerlos más sensibles moralmente y más activos pueden ser acciones clave para la interrupción de estas conductas violentas.

No obstante, aunque el principal problema se halle en la ausencia de apoyo y por tanto en la falta de un sentido comunitario en el grupo de iguales, puede haber otro tipo de factores que pasen desapercibidos y que indirectamente estén favoreciendo la continuidad de estas dinámicas. Por ejemplo, puede ocurrir que un niño o adolescente categorizado como vulnerable o víctima logre pequeños cambios en su comportamiento pero que sus iguales no los perciban, no respondan a ellos adecuadamente o simplemente mantengan la misma actitud (Estévez et al., 2009).

Entre los espectadores se pueden encontrar diferentes roles. Por un lado, los asistentes y los reforzadores son figuras directamente coimplicadas en el escenario del *bullying* junto al agresor. Por otro lado, merece especial atención la figura de los observadores, ya que existe una tendencia en las investigaciones a afirmar que la mayoría de éstos desaprueban el *bullying* y, es más, que a una proporción de este grupo le gustaría ayudar a los compañeros que sufren de forma voluntaria (Cowie y Fernández, 2006; Naylor y Cowie, 1999; Shulman, 2002). Sin embargo, no llegan a prestar su ayuda a los compañeros por diferentes motivos: a menudo se encuentran inseguros o confusos sobre lo que deberían decir o hacer para intervenir, bien porque carecen de habilidades sociales para ser capaces de ofrecer un apoyo útil, bien porque existen miedos o presiones más fuertes para no ofrecer ayuda, y experimentan autoprotección al ponerse de parte del agresor pues no están dispuestos a correr un riesgo emocional, o no tienen la suficiente confianza para actuar, o se sienten avergonzados por la situación o desean mejorar su propio estatus social pareciéndose más a la persona que tiene poder y distanciándose de la víctima con bajo estatus. Lo más importante para conseguir erradicar el *bullying* es conseguir que estos alumnos se impliquen.

A pesar de todo, hay quien toma partido a favor de las víctimas, y en este sentido se han identificado varias características individuales que aumentan la probabilidad de defender a los compañeros victimizados (Salmivalli y Peets, 2010): la empatía afectiva (la capacidad para sentir y no sólo entender de forma indirecta el estado emocional de otra persona), la autoeficacia percibida (pensar que es fácil apoyar y defender a la víctima), la posición social (los niños que son muy apreciados por otros tienen más confianza dada su posición en el grupo y están más dispuestos a adoptar conductas defensoras) y la relación personal con el agresor o la víctima (los niños que mantienen buena relación con la víctima pueden ser más proclives a apoyarla). En cualquier caso, es importante transmitir al grupo de clase que el apoyo a los compañeros no necesariamente debe asociarse a actos heroicos de enfrentamiento a los agresores, sino que pueden posicionarse también mediante actuaciones pequeñas, como expresar su comprensión y solidaridad a quien sufre los abusos, así como ofrecerle su amistad.

Este fenómeno difícilmente puede ser desligado del contexto del grupo de iguales y de sus características estructurales, en torno a las cuales emergen y se consolidan papeles y patrones de interacción y relación social. El deseo del agresor de obtener una alta consideración o estatus social dentro del grupo sólo puede lograrse en el seno de éste ya que es el que asigna dicho estatus a su miembro (Salmivalli y Peets, 2010). Por tanto, los espectadores influyen de forma importante en el *bullying*.

Una de las características del *bullying* es que se mantiene debido a la ignorancia o pasividad de las personas que rodean a los agresores y a las víctimas sin intervenir directamente (Díaz-Aguado, 2006). Llegados a este punto, cabe preguntarnos: ¿en qué medida el apoyo transcurre a través de normas socialmente aceptadas y validadas con importantes implicaciones morales? ¿Dónde se sustenta la impunidad de los acosadores? En este sentido son interesantes los resultados del estudio de Caurcel y Almeida (2008), en el que los alumnos atribuyen —en situaciones hipotéticas de maltrato escolar— a los espectadores indiferencia (47,5 por 100), pero también culpa (40,6 por 100) y vergüenza (43,7 por 100). Por un lado, la indiferencia hace que la víctima y el agresor perciban aprobación social de los hechos. Esto naturaliza o normaliza el acto de maltrato dejando a la víctima más desprotegida y apoyando indirectamente el tipo de comportamiento de los agresores. Por otro lado, la culpa y la vergüenza revelan el papel importante que desempeñan los espectadores en la perpetuación del fenómeno. Sólo si experimentan estas emociones van a poder internalizar la responsabilidad y experimentar la motivación que les lleve a actuar de una manera prosocial.

En cambio, cuando a estas personas se les pregunta directamente por sus actitudes ante el acoso escolar, un 80,2 por 100 rechazan la violencia (en concreto, un 36,3 por 100 intenta cortar la situación cuando está implicado un amigo, un 31,8 por 100 lo hace aunque no exista ese vínculo y un 12,1 por 100 no hace nada pero cree que debería impedirla). El 13,9 por 100 actúa con indiferencia ante la violencia, argumentado que no les parece mal lo que hacen los agresores (3 por 100) o que no es su problema (10,9 por 100) (Observatorio Escolar, 2008).

Los alumnos que no participan directamente en la violencia pero conviven con ella sin hacer nada para evitarla pueden aumentar la falta de sensibilidad, la apatía y la insolidaridad respecto a los problemas de los demás. El término «desconexión moral» es un concepto acuñado por Bandura en su teoría del desarrollo moral para referirse a todas aquellas argumentaciones o justificaciones que el ser humano se da a sí mismo para liberarse de su responsabilidad personal y de su falta de consideración por la otra persona cuando se comporta de manera opuesta a los valores morales socialmente aceptados. Diluir la propia responsabilidad, atribuir la culpabilidad a terceros, no percibir sentimientos ni dolor en la persona que está sufriendo o comparar el propio comportamiento con otros que hayan sido peores son algunos de los argumentos que los escolares pueden utilizar en su día a día.

Los mecanismos de desconexión moral son propios del espectador pasivo, es decir, aquel que ante aquellas situaciones injustas que presencia se mantiene al margen y no hace nada por evitar que siga ocurriendo. Analizar la existencia de dichos mecanismos para pasar a ser conscientes de ellos y desenmascarar los principios en los que se sustentan (egocentrismo, individualismo, intransigencia, insolidaridad) es una tarea muy recomendable para construir un clima de convivencia positivo en los centros educativos. De hecho, actualmente es uno de los principales focos de intervención educativa en los programas de mejora de la convivencia y prevención de la violencia.

3.3. Estrategia de prevención del *bullying:* el sistema de ayuda entre iguales

Centrar la atención en el contexto y en el grupo de iguales ha de servir para promover acciones que mejoren las relaciones interpersonales basadas en la reciprocidad, aumenten las interacciones cooperativas y movilicen activamente a los alumnos pasivos. Se trata en definitiva de establecer las condiciones para que germine el apoyo social entre los alumnos que de manera muy especial necesitan aquellos que sufren acoso escolar para salir de esa situación. No obstante, no se pretende olvidar que estas personas pueden ser especialmente vulnerables, ansiosas, tímidas, pasivas, con baja autoestima o con problemas de internalización, y que ya sea como causa o como consecuencia de un proceso de victimización, necesitan ayuda psicopedagógica. Igualmente necesitarán ayuda aquellos alumnos agresores que posiblemente presenten índices altos de impulsividad, extraversión o neuroticismo (López de Dicastillo et al., 2008).

Los sistemas de apoyo entre iguales, conocidos en el ámbito anglosajón como *peer support systems,* se consideran una metodología o un conjunto de sistemas de ayuda entre alumnos de más o menos la misma edad. Tienen como fin la creación de redes sociales de apoyo para hacer frente a posibles problemas de convivencia en centros educativos y a la vez desarrollar habilidades y fomentar valores morales que mejoren la convivencia.

Desde la investigación educativa se han obtenido evidencias de que estos sistemas de apoyo entre iguales ayudan a crear ambientes escolares en los que las relaciones personales son valoradas y se caracterizan por el respeto mutuo y la cooperación, logrando una mayor cohesión entre los alumnos (Aguirre et al., 2005; Binaburo y Muñoz, 2007; Cartwright, 2005; Cowie y Wallace, 2000; Cowie et al., 2002; Cowie y Fernández, 2006; Cowie, Hutson, Dawn y Carrie, 2008; Fernández, Villoslada y Funes, 2002; Houlston, Smith y Jessel, 2009; Houlston y Smith, 2009; James, Smith y Radford, 2010; Jares, 2006; Naylor y Cowie, 1999; Ortega y Del Rey, 2003, 2004; Ortega, Mínguez y Saura, 2003; Ortega y Mora-Merchán, 2005; Ortega, 2006; Smith et al., 2002; Tórrego, 2003; 2006; Viñas, 2004).

Hay dos aspectos nucleares que caracterizan a estos sistemas.

Por un lado, el papel del apoyo social en las relaciones interpersonales. Estos sistemas se orientan hacia la creación de estructuras de apoyo social en el centro educativo y especialmente en el grupo-clase. Se parte de la idea de que lograr una mayor integración en un grupo facilitará una convivencia de mayor calidad. Como señala Judson (2000, citado en Jares, 2006), contar con estructuras participativas, democráticas y cooperativas dentro de un aula hace más fácil que un conflicto se resuelva de forma positiva, ya que se desencadena un sistema generador de confianza, de colaboración y de apoyo mutuo. El fin es crear un ambiente propicio para la resolución cooperativa de posibles conflictos, lo que Tórrego (2006) ha llamado un marco protector. Sin embargo, dejar que el apoyo surja de forma espontánea entre los alumnos puede no ocurrir y, por eso, es necesario prestarle atención y poner en marcha los mecanismos que lo faciliten. Los alumnos estarán más predispuestos a ofrecer ayuda a sus compañeros que sufren si existe un sistema que marque las pautas para operar (Cowie y Wallace, 2000).

El segundo aspecto nuclear es el hecho de que la ayuda se presta entre personas de la misma edad. A través de las interacciones diarias, los iguales tienen oportunidades para establecer relaciones interpersonales con sus compañeros fomentando un sentido de pertenencia al grupo. Igualmente, estas relaciones proporcionan un contexto mutuo de apoyo en el que ellos pueden compartir sus preocupaciones, explorar situaciones y expresar sus sentimientos.

Hay un aspecto fundamental que merece ser comentado, y es la influencia de los profesores en la creación de dichos sistemas. Es en la experiencia personal, profesional, cultural y social del profesor donde radica su autoridad y se halla también su responsabilidad (Auberni, 2007). Responsabilidad de poner los medios para crear las condiciones propicias que posibiliten su puesta en marcha y, finalmente, de emprender las actuaciones adecuadas para gestionarlo con profesionalidad y llevarlo a buen fin. El tutor, por tanto, desempeña un papel relevante como facilitador y promotor de los sistemas de ayuda entre iguales (Tórrego, 2003).

A estos sistemas se les ha atribuido una gran finalidad como estrategia de prevención del *bullying* en los colegios (Cartwright, 2005; Cowie et al., 2008) ya que conectan directamente con los alumnos «testigos» del *bullying* y se ofrecen como vías para que éstos puedan actuar proactivamente y así prevenir la escalada de conflictos. Tanto los alumnos «defensores» como los «observadores» pueden desempeñar un papel importante en la formación de redes de apoyo que actúan tanto con los iguales en riesgo de victimización como con aquellas víctimas ya excluidas o rechazadas por su grupo (Naylor y Cowie, 1999). De modo que todos los participantes, no sólo aquellos directamente involucrados, adquieren una experiencia positiva de ciudadanía activa (Cowie y Wallece, 2000).

Otro dato que, desde la investigación, apoya esta idea es que los estudiantes, cuando tienen un conflicto, acuden en primer lugar a la figura del compañero. Según un estudio de Terry y Gerber (1997) en el que preguntaron a quién pedirían ayuda si se encontrasen en conflicto a una muestra de 165 estudiantes de secundaria, el 67 por 100 afirmaron que a un amigo, frente a un 12 por 100 que elegiría a otra persona o lo solucionaría solo y únicamente un 1 por 100 que acudiría al profesor.

En cuanto a las opiniones del alumnado —en el último estudio del Observatorio Escolar de la Violencia (2008)— respecto a qué medidas pueden ser más eficaces para erradicar el acoso, destacan las cuatro siguientes: «que toda la clase apoye al estudiante agredido sin dejarle solo» (el 67,3 por 100 lo considera eficaz), «educando en la igualdad y el respeto mutuo para que nadie agreda al que es diferente» (el 63,6 por 100), «con el trabajo cooperativo, por equipos, para que la clase esté más unida» (el 61,3 por 100) y «poniéndonos todos de acuerdo en normas para acabar con la violencia en el centro» (el 60,5 por 100). Asimismo, llama la atención que un 94,8 por 100 de los profesores opina que el alumnado puede contar con ellos para resolver un conflicto de forma justa, frente a sólo un 56,4 por 100 de los alumnos que coincide con ellos. Aunque un 60 por 100 de los docentes cree que el profesorado es una referencia importante para el alumnado, sólo un 40,7 por 100 de éste lo cree así.

Por lo tanto, se hace evidente la potencialidad educativa de los sistemas de ayuda entre iguales como cauces para prevenir el *bullying* cultivando el apoyo social de los compañeros. Si bien la violencia entre escolares se caracteriza por un desequilibrio de poder que da lugar a relaciones regidas bajo un esquema de dominio-sumisión, los sistemas de ayuda entre iguales se caracterizan por la reciprocidad de las relaciones, la interdependencia y las interacciones cooperativas. Cuando existen relaciones en un único sentido, se instala en el grupo un desorden moral que altera la convivencia del aula y o del centro escolar (Jenney y Snell, 2006; Ramírez, 2006; Ortega y Del Rey, 2004). Se van elaborando significados acerca de lo que hay que creer y opinar si se quiere ser aceptado por el grupo, presentándose como lo correcto cuando en realidad es moralmente injusto.

El estudio de Benítez, Almeida y Justicia (2007) así lo pone de manifiesto. Estos autores evaluaron la aplicación del programa «La Liga de Alumnos Amigos», cuya finalidad es que los alumnos adquieran habilidades comunicativas y de ayuda necesarias para establecer relaciones interpersonales positivas y apoyar cuando sea preciso a otros compañeros en situaciones de riesgo académico, personal o familiar. Se creó una red de apoyo socioemocional entre estudiantes y se constató en una muestra de 168 alumnos de entre 12-15 años en una escuela de secundaria de Braga (Portugal) la mejora significativa de las habilidades sociales y, en concreto, de la empatía, la asertividad y la resolución de problemas en aquellos alumnos que habían recibido formación. Estos resultados son acordes con otras evaluaciones llevadas a cabo en el Reino Unido (Houlston et al., 2009; Houlston y Smith, 2009).

Las metodologías de ayuda entre iguales ayudan a experimentar la reciprocidad, es decir, el involucramiento de una persona con otra y también la experiencia de dar ayuda y de recibirla cuando se necesita.

Un ejemplo de cómo es necesario trabajar las relaciones interpersonales de los alumnos para hacer frente a la violencia escolar se refleja en el «Informe Europeo Proposal for an Action Plan to Combat Violence in School» (Finnis Centre for Health promotion, 2002). Finlandia es uno de los países con menor estadística de violencia escolar y disrupción en las aulas. En dicho informe se deja claro que para poder luchar contra la violencia escolar es necesario contar con instrumentos de mejora de las relaciones. Esto ya se viene haciendo en contextos de salud y de desarrollo social más abiertos al modelo de análisis comunitario en los que el bienestar se va buscando más en la mejora de la vida de relación interpersonal que en la intervención directa en el problema.

Una propuesta de prevención del *bullying* trabajando las relaciones interpersonales la lleva a cabo Avilés (2006). Este autor, tras estudiar a fondo el fenómeno del *bullying,* propone un conjunto de actuaciones para intervenir desde el centro educativo sobre diferentes niveles: desde el plan de convivencia y la respuesta organizativa y la inserción curricular hasta el trabajo con el grupo-aula o la intervención específica con algunos alumnos. Nos interesa ahora centrar la atención sobre el grupo-aula, para el cual este autor propone a grandes rasgos atender a los siguientes cuatro aspectos y aconseja un conjunto de actuaciones que han resultado relevantes en las intervenciones:

- El uso de técnicas sociométricas para conocer lo que sucede en las redes sociales del grupo.
- Fomentar la cultura grupal generando sentimientos de pertenencia, favoreciendo la autonomía y la responsabilidad y, en definitiva, haciendo conscientes a los espectadores del *bullying* de que ellos tienen mucho que decir sobre este tema. Una opción puede ser el uso de técnicas de trabajo como la metodología asamblearia.

— La metodología del rol permite trabajar aspectos interpersonales que están presentes en una situación de conflicto, por ejemplo al dialogar sobre cómo ven unos y otros distintas situaciones ficticias, cómo las interpretan, qué argumentos utilizan, por qué y qué es lo que se siente o se sentiría en esas circunstancias.
— Otra forma que ha resultado eficaz es según este autor el hecho de que sea el propio grupo-aula el que establezca las normas *antibullying* y gestione su cumplimiento y transgresión.
— Por último, la creación de estructuras de apoyo social mediante diferentes metodologías como el uso de círculos de calidad, momentos para debatir problemas del grupo, empleo de comisiones de alumnado para gestionar problemas dentro de su seno o funciones de mediación o de tutorización o ayuda entre iguales que transmiten al alumnado la idea de que el grupo puede hacerse responsable de buscar soluciones propias a problemas.

Por último, se expondrá una propuesta de Ortega y Del Rey (2004) de intervención sobre el *bullying* utilizando el apoyo del grupo. En la línea de romper el patrón dominio-sumisión que caracteriza el *bullying,* esta autora aconseja contar con el apoyo de los alumnos más populares del aula. Contar con la amistad o el apoyo de alumnos populares y respetados entre los compañeros de la clase previene y limita la implicación en situaciones de violencia dentro y fuera del aula y permite a los alumnos darse cuenta de que pueden disfrutar de relaciones sociales con otros iguales sin que exista violencia.

Si se pone el énfasis en la creación de estructuras sociales y en la promoción de la cultura grupal que éstos promueven —y teniendo en cuenta los beneficios sociopersonales que acarrean—, no cabe duda de que además de la prevención del *bullying* se puede asignar a estos sistemas un papel importante en la creación del buen clima escolar y en el impulso del desarrollo sociopersonal de los alumnos.

El apoyo social es una línea de trabajo que cada vez se aplica más en diferentes situaciones, no sólo en el ámbito educativo. Como afirma Ramírez (2006), determinadas actitudes deben ser tratadas en grupo porque es en los grupos donde se forman. Además de resolver los conflictos, existe una idea de fondo del que parten estos sistemas, y es que el adecuado desarrollo personal del alumno necesita del grupo en el que interactuar y en el que aprender a partir de las experiencias que se generan en él. Como señala Auberni (2007), mediante las relaciones sociales se aprende a:

— «Ser» (mediante el propio descubrimiento, y la aceptación, valoración y apreciación de los demás).

— «Saber estar» (al adquirir habilidades sociales para colaborar y trabajar en equipo).
— «Saber ser» (debido a la aceptación de responsabilidades y la capacidad de adaptación a los cambios).

Consideramos que la actuación de alumnos ayudantes en el aula constituye en sí misma un factor decisivo en la evolución del propio grupo por lo que respecta a sus valores y su cohesión. El motivo estriba fundamentalmente en que los sistemas de ayuda entre iguales contribuyen a crear un clima de aceptación y de solidaridad que a su vez fomenta otras acciones prosociales y la mejora de las relaciones interpersonales, hecho que redunda en un incremento de la competencia social.

Durante las últimas décadas se han desarrollado diferentes métodos de apoyo entre iguales (Cowie y Fernández, 2006; Fernández et al., 2002; Jackson y Veeneman, 2002; Jenney y Snell, 2006; Naylor y Cowie, 1999; Tórrego, 2003; Smith et al., 2002) que varían según las necesidades de las escuelas, los grupos de edad o el modo en que se llevan a cabo.

No obstante, existen unas características comunes a todos ellos independientemente de la forma que adopten en la práctica (Naylor y Cowie, 1999; Cowie y Wallace, 2000):

— Los adultos mantienen funciones de apoyo y supervisión mientras que la acción directa de ayuda recae sobre los propios alumnos, al considerarse que éstos tienen la capacidad para asumir una función valiosa de apoyo en relación con compañeros que están en dificultades.
— Las intervenciones se llevan a cabo fuera del aula y dependen del centro educativo en la medida en que éste disponga de los recursos necesarios y se comprometa a promover el sistema de apoyo entre compañeros. De hecho, la mayoría de estos sistemas exige una formación especializada tanto del profesorado como de los alumnos.
— Hay un propósito común en todos estos métodos de abrir cauces de comunicación para facilitar la superación de situaciones difíciles adoptando un carácter no punitivo que no pretende culpar ni imponer soluciones.

Una clasificación ampliamente extendida es la utilizada por Cowie (2000). Esta autora establece dos grupos para diferenciar aquellos métodos orientados a proporcionar apoyo emocional de aquellos otros que adquieren un matiz más educativo en cuanto que la relación que se establece entre el alumno que brinda la ayuda y el que es ayudado se asemeja más a una relación docente-discente.

Con el fin de poder considerar el abanico de posibilidades que esta metodología ofrece y contextualizar en ella la mediación, se resalta a continuación lo esencial de cada método siguiendo la clasificación de Cowie (Cowie y Wallace, 2000; Cowie et al., 2002; Cowie y Fernández, 2006).

a) Metodologías encaminadas a ofrecer apoyo emocional. Según esta autora, la intervención basada en el modelo de *counselling*, la mediación escolar y el método *befriending* conformaría el grupo de metodologías encaminadas a ofrecer apoyo emocional.

a.1) *Intervenciones basadas en el modelo de* counselling. Estas intervenciones están basadas en los principios del modelo *re-evaluation counselling* de Harvey Jackin's y el de asesoramiento centrado en la persona de Carl Rogers. Se llevan a cabo a través de un sistema muy estructurado y formal de registros. Un profesional prepara mediante una formación muy concreta a aquellos alumnos que prestarán su ayuda a compañeros y a la vez modela y supervisa todo el proceso. Es por todo ello la forma más compleja de preparación y puesta en práctica. Aunque no existe un acuerdo común, algunos autores apuntan a que los servicios de *counselling* entre alumnos evolucionaron hacia esquemas de *befriending* o *buddying*, que se explicarán más adelante, en cuanto éstos implican habilidades de escucha activa y un enfoque centrado en la persona pero adoptan una aproximación más informal en su puesta en práctica (Cowie et al., 2008).

a.2) *La mediación entre iguales como resolución de conflictos*. La mediación —metodología en la que se ahonda en el capítulo 2 del presente libro— es un proceso de diálogo estructurado, voluntario, confidencial y colaborativo que permite a las partes implicadas en un conflicto interpersonal llegar por sí mismas a un acuerdo satisfactorio para ambas. El mediador, desde una postura imparcial, facilita dicho proceso al conocer las etapas que se deben seguir y poseer las habilidades necesarias de resolución de conflictos.

La mediación fomenta la corresponsabilidad y la autorregulación de los conflictos en los centros escolares desde una perspectiva global en la que la búsqueda de un mejor clima de relaciones pasa por afrontar de forma constructiva y cooperativa todo tipo de conflicto que se pueda dar en un centro escolar entre los diferentes colectivos que componen su comunidad.

*a.*3) Befriending *(«los compañeros amigos»).* Mediante este método alumnos voluntarios mayores o de la misma edad reciben entrenamiento en habilidades interpersonales para ofrecer apoyo y amistad a aquellos compañeros que han de hacer frente a problemas emocionales y sociales, como por ejemplo experimentar victimización, soledad o exclusión social, tener dificultades para hacer amigos, haber sufrido una pérdida o un acontecimiento traumático en la vida o simplemente ser nuevos en el colegio.

Este método se caracteriza por la informalidad. Los alumnos que han recibido formación prestan su ayuda en las interacciones diarias con los iguales mediante gestos cotidianos con los compañeros en riesgo, como jugar o hablar en el recreo, en las entradas y salidas de clase, durante las comidas o en las actividades de grupo.

En ocasiones esta ayuda no requiere ni siquiera entrenamiento y se lleva a cabo a través de juegos, que, introduciendo las pertinentes adaptaciones e independientemente de la edad del grupo, son una excelente oportunidad para crear situaciones en las que los iguales interaccionen; también mediante actividades extracurriculares o recreativas, como la creación de clubes a los que pueden acudir los alumnos después del colegio y en los que los estudiantes ofrecen compañerismo y actividades de estudio y de ocio a sus iguales.

Estos sistemas no deberían ser exigidos ni asociados a cualquier programa de incentivos, como, por ejemplo, recompensas o consecuencias negativas. En ocasiones han sido vistos como algo artificial o construido sobre una «amistad profesionalizada» y no natural. En otras ocasiones se construyen sobre el deseo innato de las personas de ayudar y apoyarse unos a otros, ya que es ahí donde radica la voluntariedad de los alumnos ayudantes.

McElearney, Roosmale-Cocq y Stephenson (2008) constataron el cambio de comportamiento en relación con la violencia escolar y la promoción de la amistad que se produjo en los alumnos participantes en una experiencia de *befriending* llevada a cabo en un centro educativo de primaria en Irlanda. Se formó a alumnos de 10 y 11 años para que apoyaran a alumnos de entre cinco y ocho años. Estos autores describen minuciosamente el proceso de planificación, selección, entrenamiento de alumnos participantes y evaluación. Consideran factores clave en el éxito del programa la planificación de la experiencia y el enfoque global adoptado.

b) Metodologías que se caracterizan por su analogía con la relación profesor-alumno. En este grupo se inscriben, retomando a Cowie, los métodos del alumno tutor *(peer tutoring),* el alumno educador *(peer education)* y el alumno mentor *(peer mentoring).*

b.1) *El alumno tutor* (peer tutoring). El objetivo de este método es mejorar la habilidad académica de un compañero, de forma que se provee al alumno tutor de materiales estructurados para mejorar el aprendizaje de su tutorando. Es particularmente exitoso para ayudar a alumnos con dificultades especiales, por ejemplo en lectura o matemáticas. Existen consistencias empíricas de que se producen beneficios cognitivos y sociales y en general se desarrolla una mayor toma de conciencia del proceso de aprendizaje.

Un ejemplo de una experiencia de *peer tutoring* llevada a cabo se encuentra en Greenwood, Arreaga-Mayer, Utley, Gavin y Terry (2001). Estos autores recogen un proyecto, el *Class-Wide Peer Tutoring Learning System (WPT-LMS)*, desarrollado a fin de mejorar la enseñanza-aprendizaje del inglés de alumnos étnica y lingüísticamente diversos en un centro de primaria (de seis a 11 años) en Reino Unido. Los resultados indicaron que en un período de entre 15-21 semanas se percibió un progreso considerable en el dominio de los contenidos curriculares de la materia, así como una mayor satisfacción del profesorado y de los alumnos que repercutía en otros aspectos del funcionamiento del aula. En este proyecto participaron cinco profesores y 117 estudiantes —la mayoría de ellos con un bajo nivel cultural.

b.2) *El alumno educador* (peer education). La característica fundamental de este método es la transmisión de conocimientos o de habilidades e información de un alumno o un grupo de alumnos entrenado en un tema específico con el objetivo de que los demás aprendan de esa área. Con frecuencia, los alumnos educadores trabajan de modo informal para ayudar al grupo de iguales a compartir áreas de preocupación, superar ideas erróneas o prejuicios sobre un tema, o facilitar el intercambio de información. Generalmente se abordan temas sociales, y especialmente temas de educación para la salud como fumar, drogas, bebida y conducción, pandas, comportamiento sexual y alimentación.

Los alumnos educadores tienen más o menos la misma edad que aquellos para quienes trabajan; no obstante, algunos programas pueden involucrar a estudiantes mayores. Los alumnos educadores son entrenados para proporcionar un recurso de ayuda actualizado, crítico y real. Asimismo, son supervisados regularmente para actualizar el conocimiento y resolver dificultades que vayan surgiendo sobre la práctica, ya que, además de ayudar a otros, aprenden ellos mismos.

b.3) *El alumno mentor* (peer mentoring). En este método los alumnos de mayor edad son entrenados para ofrecer guía y modelos de conducta a otros alumnos más jóvenes a través de un contacto individual cara a cara. El tiempo que comparten estos alumnos se emplea en juegos estructurados, ayuda con los deberes y la posibilidad de hablar abiertamente sobre sentimientos y preocupaciones. Los alumnos mentores actúan sobre todo como modelos, potenciando la colaboración entre los alumnos y ofreciendo consejos apropiados. En definitiva, los alumnos mentores apoyan, guían y asisten. Esta metodología está siendo adoptada incrementalmente en otras organizaciones más allá de los centros educativos para mejorar la eficiencia y las relaciones de trabajo. De hecho, es ampliamente usada con los profesores que inician su carrera docente.

Los métodos descritos anteriormente no requieren el mismo grado de estructuración y, por tanto, no exigen el mismo esfuerzo e implicación en su puesta en marcha. Por esta razón, otros autores clasifican estos métodos en tres grupos siguiendo un continuo que va desde un mayor nivel de informalidad hasta un mayor nivel de formalidad (Fernández et al., 2002; Naylor y Cowie, 1999; Jenney y Snell, 2006).

En primer lugar, un grupo recoge aquellas formas de apoyo basadas en las relaciones naturales y la amistad que se lleva a cabo de manera informal, generalmente con el objetivo de promover el desarrollo sociopersonal, facilitar el apoyo entre compañeros y potenciar una influencia positiva en el clima emocional del centro en su conjunto. Se incluye en este grupo el *befriending*, aunque generalmente se recogen actividades que no requieren una formación específica.

En segundo lugar, otro grupo recoge aquellas metodologías encaminadas a la resolución de conflictos interpersonales. Se incluye la mediación como una herramienta orientada a la resolución constructiva de conflictos y también la Hora del Círculo *(Circle Time)* y el Círculo de Amigos *(Circle of Friends),* que se explican más adelante ya que cabe hacer un matiz respecto a estos dos últimos métodos en cuanto implican la actuación y dirección de un adulto de una forma más significativa.

Por último, y en tercer lugar, aquellos sistemas de apoyo basados en el modelo de *counselling.* Como ya se ha explicado, se trata de aquellos sistemas en los que algunos alumnos entrenados y siempre bajo la supervisión de un adulto brindan orientación a compañeros con necesidad de comunicar su malestar personal. Dentro de este grupo se incluye el alumno tutor *(peer tutoring)* y el alumno mentor *(peer mentoring),* ya descritos anteriormente.

Existen otras metodologías que se incluyen a veces dentro de los sistemas de apoyo entre iguales y que, sin embargo, están al margen de cualquier clasificación. Se trata de aquellos métodos que como apunta Tórrego (2003) requieren una labor tutorial específica y se trabajan con el grupo de alumnos. Nos referimos al trabajo cooperativo, la Hora del Círculo *(Circle Time),* el Círculo de Amigos *(Circle of Friends),* el método Pikas y la asamblea. Todos ellos se describen a continuación:

— *El trabajo cooperativo en grupo.* En el trabajo cooperativo se enseña a los alumnos habilidades de colaboración a través de actividades estructuradas, incluyendo aquellas que les ayudan a tratar con los conflictos. Los alumnos pueden experimentar diferentes roles dentro del grupo de forma que la tarea encomendada sólo puede tener éxito si llevan a cabo su función en el grupo. Hay diversas formas de adoptar este enfoque que incluyen juegos cooperativos, *rol playing*, dramas, grupos de discusión, etc. En cualquier caso, las evidencias indican que aumentan el agrado y la amistad por los otros y proporcionan un ambiente de confianza. Cuando se experimentan dificultades, estos métodos facilitan un contexto en el que los alumnos pueden desarrollar un sentido más positivo de sí mismos y habilidades de comunicación efectivas.

— *La Hora del Círculo (Circle Time).* La Hora del Círculo tiene lugar cuando los alumnos y su profesor se sientan en un círculo para participar en juegos y actividades diseñados específicamente para incrementar el nivel de conciencia de uno mismo y de los otros, la autoestima, la cooperación, la confianza y la escucha activa. Proporciona un foro de discusión de temas importantes, incluyendo las relaciones entre los compañeros, los principios democráticos, la amistad, la justicia y la libertad individual. La atmósfera positiva que se genera en el círculo se propaga usualmente a otras áreas de actividad de la clase. Se considera relevante para tratar problemas de amistad o de victimización, ya que puede convertirse en un foro donde los miembros del grupo son capaces de expresar sus necesidades, negociar cambios y mediar en disputas. Se lleva a cabo semanalmente.

Recientemente, Miller y Moran (2007) utilizaron la metodología *Circle Time* en una de sus investigaciones y advirtieron su relación positiva con la autoestima de los alumnos. El objeto de esta investigación —en la que participaron 519 alumnos de primaria y 21 profesores— fue comprobar si la autoestima de los estudiantes estaba relacionada con algunas técnicas empleadas por el profesor en clase. Para ello se utilizaron dos enfoques: por un lado, se empleó la técnica del *Circle Time* enfocada a la creación de un clima de cuidado en el aula. Por otro lado, se usaron diversas técnicas orientadas al aumento de la eficacia del aprendizaje académico. Se concluyó que, efectivamente, los dos enfoques correlacionaban con un aumento de la autoestima en los alumnos, aunque cada uno incidía en una dimensión diferente. Así, la técnica del *Circle Time* ayudaba a desarrollar en los alumnos un sentido de valor propio *(self-worth)* mientras que las técnicas enfocadas al logro de objetivos curriculares fomentaban un sentido de competencia *(self-competence).*

— *El Círculo de Amigos (Circle of Friends).* A veces llamado también «grupo de amistad» (*friendship group*) o *buddy system*, el Círculo de Amigos proporciona la oportunidad para ver desde un amplio conjunto de perspectivas a un alumno que está experimentando dificultades interpersonales. Inspirado en el «modelo de círculos concéntricos» de Newton y Wilson, este método sigue los siguientes pasos establecidos:

En primer lugar, un trabajo previo y preparatorio con el alumno y sus padres. En segundo lugar, un profesional se reúne con el grupo-aula al que pertenece el alumno en particular y le invita a reflexionar sobre el rol de la amistad y a hablar del alumno en cuestión, resaltando cualidades positivas de él y elaborando una lista entre todos con algunos de los aspectos que les resulta difícil tratar con él. El objetivo es pararse a pensar en cómo podrían solventarse y en qué cosas se podrían hacer para ayudarle. En este punto de inflexión es muy importante afirmar las características positivas antes de entrar en las áreas de dificultad. El tercer paso es formar un grupo de voluntarios de entre seis y ocho alumnos que constituirán propiamente el círculo de amigos. Por último, la cuarta tarea es elaborar estrategias de apoyo para lograr cambios en su comportamiento. Se considera a este método creativo e innovador, dado lo ingeniosos que demuestran ser algunos alumnos para sacar adelante situaciones difíciles.

Este procedimiento es efectivo para aquellos alumnos que muestran un comportamiento agresivo o aislado, quienes van a incorporarse como nuevos miembros de la clase y han sido excluidos en su colegio previo o aquellos que están experimentando dificultades de aprendizaje.

— *El método de Pikas.* El método de Pikas, desarrollado por Anatole Pikas en 1989, está dirigido a la disuasión de comportamientos acosadores en grupos de alumnos que intimidan, amenazan y agreden a compañeros de clase. Trabaja por tanto también con el grupo de alumnos, pero siempre que el tamaño del grupo sea reducido. El profesor mantiene entrevistas cortas e individuales con los implicados, en primer lugar con el o los alumnos agresores con el fin de ir logrando con cada uno de ellos acuerdos de compromiso, ayuda o actuación adecuada con el alumno acosado. Posteriormente trabaja con este último. Es importante la supervisión posterior de los acuerdos, así como realizar una reunión grupal final para lograr un compromiso común.

— *La asamblea.* Es una buena técnica para trabajar el intercambio de informaciones o reflexiones, la toma de decisiones para llevar a cabo un proyecto y la resolución de conflictos grupales. Dependiendo de una finalidad u otra, la forma de proceder para su desarrollo será diferente. En cualquier caso, hay unos pasos comunes a los diferentes tipos de asamblea: la presentación del tema, la formación de grupos para favorecer que todos participen, la puesta en común de sugerencias de cada grupo, la toma de decisiones por consenso y, por último, la planificación de los pasos que hay que dar para llevar a cabo las decisiones. Conviene tener en cuenta que la asamblea es desaconsejable cuando se trata de conflictos en los que no está implicada una parte del grupo-clase, y para que funcione adecuadamente es necesario un entrenamiento por parte del facilitador en el manejo de habilidades y técnicas para llevar a cabo con eficacia el proceso y la preparación del grupo, que ha de aprender las condiciones para una buena participación.

Todos los métodos descritos de ayuda entre iguales varían ampliamente según las escuelas y los grupos de edad en que son implantados, de modo que se producen ajustes en la selección de los sistemas más adecuados. De esta forma, en los ciclos de educación primaria los proyectos de ayuda entre iguales generalmente van dirigidos a la identificación y al apoyo de los alumnos que se encuentran a menudo solos en el patio del recreo. Por esta razón, predomina el entrenamiento de los alumnos ayudantes en las fórmulas de compañeros amigos o compañeros de juegos. En educación secundaria, se trabajan los métodos de resolución de conflictos interpersonales, como la mediación entre iguales. Asimismo es idónea en esta edad la utilización del método del alumno tutor, el alumno educador o mentor o los contactos individuales con alumnos con dificultades de adaptación (Cowie y Wallace, 2000). Cowie y Fernández (2006) aconsejan no utilizar la mediación entre iguales con alumnos menores de nueve años, ya que puede no resultar efectiva. Respecto al modelo de *counselling,* se puede decir que constituye la forma más compleja de preparación y de puesta en práctica y que, en realidad, sólo es viable con alumnos de enseñanza secundaria.

Tener en cuenta este conjunto de métodos permite al centro educativo disponer de un amplio conjunto de instrumentos para resolver conflictos cotidianos.

3.4. Los programas globales de convivencia para la prevención de la violencia escolar

De un modo general, Rogers (2007, p. 28) pone de manifiesto que la investigación sobre el *bullying* ha demostrado que aquellos centros educativos con niveles bajos de intimidación entre compañeros tenían un claro compromiso con planteamientos globales en los objetivos, los valores que perseguían y las prácticas desarrolladas. Asimismo, una reciente investigación (Roland, 2010, p. 22) ha analizado 22 centros de primaria de Noruega en lo referente a la calidad de la gestión de los directores y la cooperación y el consenso entre el personal del centro. Los resultados señalan que una escuela con un elevado nivel de *bullying* suele padecer una dirección ineficaz y escasa cooperación y consenso entre su personal, mientras que una en la que este tipo de comportamiento apenas se produce suele obtener buenas valoraciones en estas variables. Otro elemento de interés es que dichas variables estaban relacionadas entre sí, lo que significa que un centro tiende a obtener una calificación alta o baja en todas ellas.

Se ha resaltado el vínculo entre el *bullying* y clima escolar observando aquellos factores escolares —tanto materiales y organizativos como humanos— que se encuentran ligados a la agresión y la victimización (Derbaieux y Blaya, 2010): el estilo pedagógico, la vida en equipo y el sentido de comunidad, los valores compartidos por los adultos y sus expectativas positivas en el éxito de los alumnos, la realización de actividades en común, mantener un alto nivel de identificación con el centro, las relaciones entre adultos y las cualidades de liderazgo del director.

En este sentido, y a modo de ejemplo, recogemos el modelo global de prevención de la violencia escolar, el Proyecto Vista (Cowie y Dawn, 2007). Por otro lado, recogemos como programas de prevención de la violencia escolar el *Second Step Program* (Frey, Hirschstein y Guzzo, 2000) y el programa *Be-Prox,* para afrontar el *bullying* en la escuela infantil (Alsaker y Vilen, 2010), el Programa Zero contra el *bullying* (Ronald, 2010) y el Programa Wisk para el desarrollo de habilidades sociales en la escuela (Spielt, Strohmeier y Atria, 2010).

— *Proyecto Vista.* Es un proyecto de amplia difusión en Europa que adopta un marco global para la violencia escolar [www.vista-europe.org] (Cowie y Dawn, 2006). En este proyecto trabajan investigadores de seis países europeos —Reino Unido, Bélgica, Bulgaria, Irlanda, Noruega y España— que han elaborado un programa de actividades para ser utilizado en las escuelas de toda Europa. Este programa —aunque centrado en la prevención y reducción de la violencia escolar— ilustra cómo se aplica a través de diferentes módulos y sus unidades correspondientes un modelo global en la escuela (véase la tabla 4.4).

TABLA 4.4
Módulos y unidades del Proyecto Vista (elaborado a partir de Cowie, 2007)

Módulos	Unidades del Programa Vista
A) Definiciones, contexto y concepto de la violencia escolar	A1) Se elabora de una definición de violencia escolar que abarque las distintas formas de conductas violentas que se dan dentro de la escuela. A2) y A3) Se proporciona información actualizada sobre la incidencia de la violencia escolar y sus posibles causas y sobre las intervenciones encaminadas a reducirla o prevenirla.
B) Aplicación de un marco global a la violencia escolar	B1) Se presenta un «marco ecológico» para la prevención y reducción de la violencia escolar bajo la forma de «pirámide de prevención». B2) Se ofrecen estrategias para dirigir un proceso de cambio en la prevención y reducción de la violencia escolar.

TABLA 4.4 *(continuación)*

Módulos	Unidades del Programa Vista
	B3) Se estudia el papel clave que el personal directivo, el profesorado, los padres, los jóvenes y la comunidad escolar en su conjunto desempeñan. B4) Se estudian el papel y las estrategias de los padres a la hora de enfrentarse a las conductas violentas o de acoso en colaboración con el colegio. B5) Se ocupa del papel que el personal del centro desempeña en la aplicación de un marco global y proporciona una guía sobre cómo trabajar eficazmente dentro del aula para promover la actitud prosocial.
C) Derechos y responsabilidades	C1) Se centra en la enseñanza y el aprendizaje de los principios morales que promuevan la conducta ética y legal entre los jóvenes. C2) Se familiariza a los participantes con los conceptos básicos de delincuencia juvenil, del delito y del castigo y se ofrece un enfoque reparador para la prevención de la violencia.
D) Dirección y evaluación del cambio	D1) Se presenta una guía práctica con ejercicios y actividades para programar un cambio o mejora en el centro. D2) Se ofrecen ideas y herramientas para llevar a cabo un análisis de las necesidades en el centro. D3) Se estudia la política a nivel nacional y local en torno al tema.
E) Práctica preventiva e integradora	E1) Se presentan técnicas esenciales para la creación de un sistema de apoyo entre iguales que incluya la formación de mediadores. E2) Se explora el aprendizaje cooperativo como estrategia. E3) Se centra en el desarrollo del conocimiento emocional. E4) Se refiere a los principios, ideas y valores de los enfoques reparadores en las escuelas y acoge un plan de acción escolar.

— Second Step: *un programa de prevención de la violencia escolar.* El programa ha sido ampliamente usado desde 1986 en Estados Unidos y Canadá y se ha adaptado en Australia, Alemania, Nueva Zelanda, Noruega, Reino Unido, Dinamarca y Japón. Este programa de prevención primaria fue diseñado para disuadir la violencia escolar y promover la competencia social desde educación infantil hasta los 15 años. El currículo se organiza en torno a tres áreas de competencia socioemocional: 1) la empatía, 2) el autocontrol y 3) la gestión de la ira. Se ha identificado que la ausencia de estos tres aspectos es clave en la aparición de problemas de comportamiento y en el establecimiento de relaciones interpersonales de baja calidad.

De esta forma, el programa integra la enseñanza de estas tres competencias con otras habilidades específicas, como por ejemplo la resistencia a la presión del grupo. En la tabla 4.5 se recogen las unidades del programa.

Los profesores enseñan las lecciones en su aula. En educación infantil, las lecciones se estructuran en torno a tarjetas con fotografías que representan diversas situaciones sociales. En el reverso de la tarjeta se incluyen conceptos clave para el profesor, objetivos e incluso se sugiere un guión para el diálogo. Los profesores leen una historia que acompaña a cada fotografía y guían al grupo en un diálogo posterior. El programa también ofrece grabaciones en vídeo y carteles para colgar en el aula y en la escuela. Para los alumnos más mayores se pone más énfasis en las actitudes y en las creencias hacia la agresión. Los diálogos en la clase se centran en dilemas sociales. Las lecciones se estructuran más en torno a la proyección de vídeos que hacen hincapié en habilidades específicas de comportamiento y en las motivaciones hacia esas actitudes.

El entrenamiento para los docentes consiste en un taller de un día de duración para los profesores que van a aplicar directamente el programa y un taller de media jornada para el resto del personal. El entrenamiento se centra en dos aspectos críticos: conocer las lecciones para el desarrollo de las habilidades en los alumnos y mejorar el clima social en el que esperamos que dichas habilidades se utilicen, de forma que el propio contexto apoye el uso de las habilidades socioemocionales. En los manuales se destacan como dos estrategias clave para el profesor a la hora de facilitar el aprendizaje en las actividades la discusión grupal y el *role playing*. En las

TABLA 4.5

Lecciones del Programa Second Step
(traducido de Frey et al., 2000, p. 3)

Empatía	Autocontrol	Gestión de la ira
Introducción Indentificar sentimientos En busca de más pistas Similitudes y diferencias Cambiar los sentimientos Predecir los sentimientos Comunicar los sentimientos	Introducción Identificar el problema Elegir la solución Evaluar la solución ¿Está funcionando? Ignorar distracciones Interrumpir educadamente Desear algo que no es tuyo	Introducción Desencadenantes de la ira Calmarse Autohabla Reflexión Mantenerse fuera de la pelea Hacer frente a insultos y burlas

discusiones grupales se alienta a los estudiantes a hablar sobre los sentimientos y los diferentes puntos de vista y discutir sobre posibles consecuencias y obstáculos a la aplicación de sus ideas. En el caso de los más pequeños, la discusión grupal también invita a los alumnos a relacionar los sucesos en la tarjeta de fotos con sus propias experiencias en la vida. A través de los *role playings* —que permiten ensayar habilidades concretas mediante situaciones hipotéticas— los profesores pueden ofrecer feedback y entrenar las dificultades personales en algunas áreas.

La generalización de las habilidades socioemocionales es la finalidad última de cualquier programa de prevención. Por ello el programa sugiere algunas prácticas para promover la generalización: *a*) modelar los comportamientos apropiados; *b*) proporcionar feedback, y *c*) crear oportunidades para la toma de decisiones de los alumnos. Se hace hincapié en que los profesores reflexionen sobre cómo usan en su vida las diferentes habilidades ya que deben estar constantemente en alerta para captar las oportunidades en las que pueden modelar utilizando las diferentes habilidades. Asimismo, mostrar aceptación, respeto y preocupación por cada estudiante es una forma de modelar. Además, los profesores pueden proporcionar feedback recordando los comportamientos adecuados y animando a participar y a tomar decisiones en situaciones propicias para aplicar las habilidades aprendidas.

Por último, el programa presta atención a la importancia de promover un contexto escolar de apoyo a dichas prácticas. En este sentido, se ofrece asesoramiento al colegio para identificar sus necesidades y un plan global de puesta en marcha exitoso. Los directores pueden apoyar el programa hablando sobre él en reuniones de personal, mediante la observación de clases durante la evaluación de los maestros y reuniéndose una vez al mes para interesarse y discutir sobre lo que funciona y lo que es problemático en la aplicación. También favoreciendo la visibilidad del programa por medio de carteles, asambleas, boletines de noticias y eventos especiales. Además, el programa *Second Step* incluye una guía para las familias y materiales para trabajar con ellos los objetivos.

— *El Programa* Be-Prox. Es un modelo de intervención desarrollado en Berna (Suiza) y dirigido a prevenir y paliar los efectos de las conductas propias del *bullying* en los primeros años de la escuela. Este programa, que ha sido desarrollado desde hace diez años, adopta un enfoque sistémico, se orienta a la introducción de valores positivos fundamentales para una interacción saludable y se basa en la transmisión de conocimientos, asesoramiento y en el apoyo a los docentes. El programa consta de los siguientes módulos (tabla 4.6):

TABLA 4.6

Módulos y descripción del Programa Be-Prox
(adaptado de Alsaker y Vilén, 2010)

Módulo	Descripción
Módulo 1. Sensibilización	Objetivo: sensibilizar a los educadores sobre el *bullying*. Contenido: se presentan aspectos concretos de la victimización y se subraya la diferencia entre *bullying* y conflicto transitorio. Tarea: se les pide a los maestros que observen su clase y rellenen unos cuestionarios sobre cada niño.
Módulo 2. Hablar de ello	Objetivo: dialogar sobre las actitudes de los maestros hacia los niños involucrados en el *bullying*, las diversas maneras de abordarlo en clase y el compromiso con los valores que se contraponen a dichas conductas. Contenido: los valores y los derechos del niño. Tarea: debatir sobre el *bullying* y la victimización con todos los niños.
Módulo 3. Código de conducta	Objetivo: reflexionar sobre la moral en el *bullying*. Contenido: se debate la importancia de fijar normas, límites y estructuras que faciliten la convivencia y la implicación de los alumnos no involucrados. Tarea: los profesores elaboran el «contrato» en colaboración con los niños, esto es, un conjunto de acciones concretas para prevenir o hacer frente al *bullying*.
Módulo 4. Emprender la acción	Objetivo: lograr la conducta coherente por parte del educador. Contenido: uso de principios de aprendizaje básicos y debatir sobre la existencia de sanciones positivas y negativas. Tarea: emplear sanciones positivas y negativas, recordarles «el contrato» a los niños cuando sea necesario, reforzar las conductas positivas.
Módulo 5. Mejora de recursos	Objetivo: aplicar material adecuado para enseñar a los niños la empatía y la importancia de brindarse apoyo y ayuda. Contenido: las técnicas comunicativas, la empatía y las actividades positivas. Tarea: buscar, elaborar o adaptar material de enseñanza adecuado para la prevención del *bullying*.
Módulo 6. Consolidación	Objetivo: reflexionar sobre el trabajo que se ha realizado. Contenido: discutir sus actitudes hacia la agresión, hacia las víctimas. Tarea: formular un plan u objetivos de acción para su trabajo durante el siguiente curso lectivo.

— *El Programa Zero contra el* bullying. El programa, elaborado en el Centre for Behavioural Research de la Universidad de Stavanger

(Noruega), tiene un marcado perfil preventivo. Este programa subraya la responsabilidad del director y del personal del centro y también de los alumnos y sus padres. Para ello elabora material informativo, se implica al consejo de delegados de alumnos y de padres y el tutor habla sobre la convivencia en el aula en las entrevistas con los padres. El programa desarrolla dos líneas de actuación principales.

- La prevención centrada en el *bullying.* De manera estructurada, el profesor tutor de la clase dedica quince minutos cada semana a hablar con los alumnos de forma explícita sobre este problema.
- La intervención directa en la estructura social del *bullying.* El tutor habla en privado con la víctima y de inmediato se pone en contacto con sus padres. Después de dos o tres entrevistas con la víctima, se organizan reuniones con cada uno de los agresores de manera individual informándoles de la gravedad de su comportamiento. Finalmente se realiza una reunión con todos los agresores y se intenta llegar a un compromiso de cambio de conducta. Se informa a los padres y al director y se reúne de nuevo a todos los agresores pasadas unas semanas.

— El *Programa Wisk* para el desarrollo de las habilidades sociales se realizó en la Facultad de Psicología de la Universidad de Viena. Desde él se pone especial énfasis en el desarrollo de estrategias y técnicas que se aplican en el aula promoviendo el respeto de los derechos y obligaciones, el principio de participación (la violencia escolar no es una cuestión limitada al agresor y la víctima) y la ampliación y aumento de los recursos para la intervención (se aspira a que todos los alumnos aprendan a manejarse en las situaciones de conflicto). Aunque el programa plantea todo un conjunto de acciones y estrategias en un marco holístico (tabla 4.7), en concreto consta de 13 unidades de dos horas de clase de duración aproximadamente que se dividen en tres fases:

1. Fase de impulso y dinámica de grupo: los docentes se familiarizan con los alumnos y se reflexiona sobre las motivaciones individuales que llevan a comportarse de una determinada manera y las normas o reglas que rigen la conducta del grupo.
2. Fase de reflexión: se debate y se define el tipo de acciones que van a emprender en la fase 3.
3. Fase de acciones a adoptar: se llevan a cabo las actividades que han de ser de utilidad para el grupo en su conjunto y se elaboran normas de conducta y actividades para el futuro.

TABLA 4.7

El Programa Disk (Spielt, Strohmeier y Atria, 2010)

Escuela	Padres	Aulas	Escolares
Formación de un equipo de docentes responsables.	Informar a los padres sobre las reglas, acciones a nivel de toda la escuela y proyectos por aulas.	Determinar las reglas que rigen en la clase.	Hablar con las víctimas.
Aprobar un reglamento escolar.	Involucrar a los padres en actividades de la escuela en su conjunto.	Imponer autoridad en la escuela; la clase debe discurrir según unas reglas claras y unos procedimientos reglados.	Conversaciones en profundidad con los individuos violentos.
Formación continuada en la escuela.	Conversaciones en profundidad.	Transversalidad del tema, que ha de aparecer en distintas asignaturas.	Terapia de grupo individual o en grupos reducidos.
Diseñar un plan de acción para toda la escuela.		Desarrollar habilidades sociales.	
Informar a todos los participantes: padres, docentes y alumnos.		Dedicar horas a autorizar el proyecto en clase.	
Organizar mejor la vigilancia en el patio.			
Proceder enérgicamente en los casos más graves.			

PARTE SEGUNDA

La mediación escolar en los centros educativos

Introducción

Hoy en día es posible encontrar experiencias de mediación escolar en muchos países. La mayor parte de ellas se focalizan en Estados Unidos, Canadá, Reino Unido, Australia y Nueva Zelanda (Naylor y Cowie, 1999). En Europa, la mayoría de los programas reproducen los modelos estadounidenses. Si bien consta que en Francia, Bélgica, Inglaterra, Irlanda, Noruega y Suecia se trabaja por la paz y la no violencia a partir de los conflictos cotidianos, es una labor que apenas se encuentra en sus inicios, y existe una gran dispersión e irregularidad en las distintas propuestas (Boqué, 2007). En España se están desarrollando cada vez más experiencias de mediación escolar en los centros educativos y éste se ha convertido en uno de los campos preferentemente abordados en las actividades de perfeccionamiento del profesorado dentro del área de la convivencia.

La mediación escolar es por tanto una realidad en constante expansión que atrae la atención de los centros educativos y despierta la curiosidad de los profesionales de la educación ante lo novedoso de su contenido, el rápido incremento de su utilización y las supuestas ventajas educativas que presenta. La creciente popularidad de este fenómeno y la dimensión que está adquiriendo actualmente pueden crear cierta confusión a la hora de distinguir lo que es mediación escolar de lo que son prácticas que se le asemejan o de ser conscientes del sentido que tiene.

Desde una perspectiva educativa, el interés de la mediación no puede estar puesto sólo en la erradicación de los conflictos, ya que el hecho de que éstos desaparezcan no garantiza un buen clima escolar ni el desarrollo personal de los alumnos. La mediación amplía sus posibilidades si se plantea con el deseo de lograr un desarrollo socioafectivo en las personas implicadas, así como efectos a largo plazo en la cultura del centro en cuanto permite materializar en la práctica un conjunto de principios educativos.

Son diversos los motivos que pueden llevar a un centro educativo a interesarse por introducir la mediación escolar en sus proyectos educativos: desde un elevado nivel de conflictividad y un clima escolar inadecuado que preocupa al profesorado y que hace muy difícil la convivencia e incluso el mismo proceso de enseñanza-aprendizaje hasta el desarrollo de un plan para la mejora de la convivencia que incluye la mediación escolar, o el deseo de conseguir una distinción de calidad. A modo de ejemplo, la práctica de la mediación escolar podría insertarse en el marco de algún modelo de calidad y excelencia educativa.

No existe una sola forma de introducir un servicio o un programa de mediación en un centro educativo. De acuerdo con Tórrego (2001, tomado de Calvo et al., p. 45), es fundamental tener en cuenta la necesidad de desarrollar modelos que sean coherentes con la realidad del centro y vías tanto formales como informales de comunicación entre los miembros de la comunidad educativa. Esta idea es apoyada por Boqué (2007, p. 62) cuando afirma que respetar la autonomía de los centros hace del todo improcedente presentar un programa de mediación escolar basado en una propuesta única y hermenéutica. Al contrario, se debe partir de un modelo abierto que posibilite infinidad de concreciones y que permita a cada centro decidir cómo quiere incorporar la mediación, cuándo desea iniciar la formación, qué nivel de implicación le resulta más conveniente, cuánto tiempo quiere dedicar a ello o qué lugar le corresponderá dentro del currículo. De modo que tanto un programa como un servicio de mediación se han de adaptar a las necesidades del centro educativo, y a las especialidades que requiere cada etapa educativa.

Precisamente en relación con las etapas educativas, no existe un acuerdo explícito respecto a la edad que se considera adecuada para la participación en los procedimientos de mediación. Cowie y Fernández (2006) indican que antes de los nueve años no resultaría efectivo utilizar este sistema. Boqué (2007), en su programa comprehensivo, que abarca desde los seis hasta los 16 años, no es hasta los ocho años cuando se ensaya la mediación entre compañeros, aunque durante los años anteriores los alumnos pueden aprender de la labor que llevan a cabo los mediadores. Los estándares recomendados por la ACR (2007) —Association for Conflict Resolution— para la práctica de la mediación entre iguales se sitúan en cualquier momento a lo largo de los 12 grados del sistema americano, que abarca la edad comprendida entre los seis y los 16 años —la escuela primaria (del *K-1* al *K-6*) y la escuela secundaria (del *K-6* al *K-12*)—. En cualquier caso, es evidente que cada etapa educativa requerirá un nivel de profundización en los contenidos diferente y adaptado al desarrollo evolutivo.

El planteamiento de la mediación escolar como método de resolución de conflictos puede ser variado. De esta forma, no es lo mismo que la mediación se realice por adultos o que sean los mismos alumnos quienes la lleven a cabo. Asimismo, los contenidos que configuran la formación en mediación escolar y en resolución de conflictos se pueden distribuir de manera diferente. Por ejemplo se puede aplicar un programa a toda la escuela o sólo a un conjunto de alumnos o profesores.

En la literatura —sobre todo estadounidense— abundan los manuales con diversos recursos para la puesta en práctica de la mediación (guiones, fichas para la difusión de la mediación en el centro o para la evaluación de las sesiones, cartas para comunicaciones a los padres, actividades, hojas para la firma de acuerdos, pasos para el desarrollo de los procedimientos, etc.) (por ejemplo, Bliss, 2008; Hopkins, 2007; Gilhooley y Scheuch, 2000;

Rue, 2001; Sellman, 2008; Tindall, 2008). Estos manuales tratan de facilitar todo lo posible la puesta en marcha de la mediación escolar, y en este sentido son muy útiles para adaptar materiales, pero en ningún caso sustituyen la labor necesaria de reflexión y trabajo en equipo que exige integrarla, desde un proyecto de centro. De otra forma, sin contar con la implicación de toda la comunidad educativa, su integración será superficial y probablemente no influirá tan positivamente en el entorno. Tórrego (2006) se ha referido a esta idea como una forma de abordar la mediación escolar desde un modelo integrado en las actividades de enseñanza-aprendizaje y en la cultura organizativa. No obstante, no siempre es posible desarrollar un servicio de mediación institucionalizado en el centro, ya que se trata de una tarea compleja que requiere un gran compromiso por parte de los miembros de la comunidad educativa y que cuenta casi siempre con cierta resistencia inicial.

A lo largo de los siguientes capítulos ahondamos en el concepto de mediación, en sus virtualidades educativas y en el gran reto de saber implantarla en los centros educativos.

5 Una aproximación al concepto, finalidad y modelos de la mediación escolar

1. Introducción

En este capítulo estudiaremos el concepto de mediación escolar y su configuración en torno a tres elementos claves (el conflicto, las personas implicadas y el proceso de comunicación) y a cuatro principios fundamentales (la voluntariedad, la colaboración, la confidencialidad y la imparcialidad). Con el fin de aprender cómo se realiza un proceso de mediación, nos detendremos en el análisis de las distintas fases de un proceso de mediación y en las particularidades de su puesta en marcha según sea la mediación de adultos (es el profesorado el que media en los conflictos) o entre iguales (son los alumnos los que median entre sus compañeros).

Además del concepto, podremos ahondar en el fenómeno de la mediación y su profunda incidencia en la cultura escolar ya que éste está indiscutiblemente ligado a un paradigma que no es otro que el de la paz y a un modelo transformativo que garantiza un proceso de cambio de las personas y de los ambientes. En este sentido nos detendremos en el modelo transformativo, ya que no sólo es considerado el modelo más adecuado para el ámbito escolar sino el que nos permite encauzar la investigación en torno a los cambios que la mediación genera en la persona.

2. Concepto de mediación escolar

La mediación es hoy en día una realidad de la que no existe una única definición. Se ha desarrollado en diferentes ámbitos —penal, familiar, laboral y escolar— y se ha nutrido de enfoques variados, lo que ha dado lugar a una metodología diversa. Boqué (2007, p. 23) afirma que «la dificultad en lograr una definición de mediación mayoritariamente aceptada radica en cómo captar un fenómeno con vitalidad propia».

No obstante, la esencia de la mediación es la misma en cualquiera de sus ámbitos de aplicación. Para Farré (2006, p. 119), la mediación:

> «es un proceso de resolución de conflictos privado, confidencial y voluntario, que permite que las partes implicadas puedan comunicarse entre sí, expresando, entre otros, sus puntos de vista, argumentos, intereses, necesidades o expectativas y llegando, en su caso, a acuerdos mutuamente consentidos, acompañadas por un tercero imparcial, la persona mediadora, quien actúa como facilitadora del acuerdo y que vela por su legítimo funcionamiento, creando así un espacio de diálogo en el que prevalezcan la equidad comunicativa, la seguridad, la libertad y la igualdad entre las partes».

Farré (2006) apunta que esta definición es susceptible de ser empleada en variedad de espacios de convivencia —el familiar, el empresarial, el comunitario o el socioescolar—. A su vez, Jares (2006, p. 111) define la mediación en el ámbito escolar como:

> «un procedimiento de resolución de conflictos que consiste en la intervención de una tercera parte, ajena e imparcial al conflicto, aceptada por los disputantes y sin poder de decisión sobre los mismos, con el objetivo de facilitar que las partes en litigio lleguen por sí mismas a un acuerdo por medio del diálogo».

Puy Muñoz (2007) analizó diecisiete definiciones de mediación, recogidas de autores[1] procedentes de diferentes campos profesionales y de obras publicadas en distintas décadas, así como en países diversos —Estados Unidos, México, Argentina y España—. Tras un análisis comparativo concluyó que a excepción de un par de autores todos los demás realizaron una definición genérica de mediación. No obstante, esta autora identificó dos tipos de definiciones genéricas: descriptivas y realistas (véase la tabla 5.1).

Por un lado, las definiciones descriptivas se formaban siempre con los siguientes seis elementos: la mediación es 1) un procedimiento, 2) que resuelve un conflicto entre dos partes, 3) con un acuerdo justo y legal, 4) obtenido de un diálogo mantenido de forma voluntaria, 5) y moderado por un mediador imparcial, 6) provisto de autoridad moral y privado de potestad coercitiva.

---

[1] Las definiciones procedían de los siguientes autores: Folberg y Taylor, 1984; Moore, 1986; Six, 1990; Grover et al., 1996; Suares, 1996; Picker, 1998; Zeigler, 1998; Rozemblum, 1998; Díez y Tapia, 1999; Silvia Fernández, 2001; Boqué, 2002; Vinyamata, 2003, Calcaterra, 2003; Ramírez Sineiro, 2004; Márquez Algara, 2004, Bandieri, 2004; Elías, 2005.

Por otro lado, las definiciones realistas pretendían lograr una definición esencial de la mediación y encontrar de esta forma su significado más profundo. También se identificaban seis elementos: la mediación es 1) un proceso transformativo, 2) de comunicación circular, 3) que coloca a las personas descentradas en su centro, 4) y ordena el flujo de los conflictos que las enfrentan, 5) al hallazgo de la misma cosa justa, 6) evitando la recaída en la espiral de la venganza.

Al prestar atención a diferentes definiciones de mediación —tomadas del ámbito escolar—, se comprueba, como destaca Tórrego (2003, 2006), que lo común a éstas es la consideración de la mediación como un proceso en el cual los protagonistas de un conflicto lo transforman por sí mismos con la intervención de una tercera parte, elegida o aceptada por ellos, que contribuye a ello desde la imparcialidad y la confidencialidad y desde su competencia como mediador:

> «La mediación es la intervención, profesional o profesionalizada, de un tercero experto en el conflicto que mantienen dos partes que no logran, por sí solas, ponerse de acuerdo en los aspectos mínimos necesarios para restaurar una comunicación. Sin embargo, no es imprescindible que esta intervención concluya con el logro del amor o la amistad íntima —que será bienvenida si así sucede— sino, simplemente, con el reconocimiento de la responsabilidad individual de cada uno en el conflicto y con el acuerdo sobre cómo actuar para

TABLA 5.1

Elementos comunes en definiciones de mediación descriptivas y realistas según Puy Muñoz (2007)

Elementos comunes en las definiciones descriptivas de mediación	Elementos comunes en las definiciones realistas de mediación
1. Es un procedimiento.	1. Es un proceso transformativo.
2. Que resuelve un conflicto entre dos partes.	2. De comunicación circular.
3. Con un acuerdo justo y legal.	3. Que coloca a las partes descentradas en su centro.
4. Obtenido de un diálogo mantenido de forma voluntaria.	4. Y ordena el flujo de los conflictos que las enfrentan.
5. Y moderado por un mediador imparcial.	5. Al hallazgo de la misma cosa justa.
6. Provisto de autoridad moral y privado de potestad coercitiva.	6. Evitando la recaída en la espiral de la venganza.

eliminar la situación de crisis con el menor daño psicológico, social o moral para ambos protagonistas y sus repercusiones a terceros afectados» (Ortega y Del Rey, 2003, p. 93).

«La mediación es un proceso de diálogo que se realiza entre las partes implicadas con la presencia de un tercero imparcial que no debe influir en la resolución del conflicto pero que facilita el entendimiento entre las partes. El poder recae en el diálogo entre las partes» (Munné y Mac-Cragh, 2006, p. 13).

«Es un procedimiento en el cual un tercero neutral, que no tiene facultades de decisión, ayuda a las partes a resolver sus conflictos. El mediador favorece el comportamiento de colaboración entre las partes y les ayuda a encontrar soluciones ventajosas para todos, a partir del control de la información. En este caso, quienes resuelven son las partes» (San Martín, 2003, p. 52).

«La mediación es un proceso de comunicación entre partes en conflicto con la ayuda de una o varias personas imparciales que procuran que las partes se escuchen en un espacio de libertad y seguridad para que comprendan el conflicto que viven y puedan llegar por sí mismas a un acuerdo que les permita recomponer una buena relación, no necesariamente la misma relación previa al conflicto, encarar el conflicto desde actitudes constructivas y actuar preventivamente de cara a mejorar las relaciones con los demás y a la búsqueda de la gestión positiva de los conflictos que puedan surgir en el futuro» (Binaburo y Muñoz, 2007, p. 143).

Todas las definiciones anteriores quedan articuladas en torno a tres aspectos: el conflicto, las personas implicadas y el proceso de comunicación que se establece entre ellas. Precisamente estos tres aspectos son señalados por Boqué (2003) como los elementos fundamentales de la mediación. Una breve descripción de cada uno de ellos —haciendo a la vez continuas referencias al ámbito escolar— ayudará a diferenciar mejor entre lo que es y no es mediación escolar.

1. El primer elemento que configura la definición de mediación —y, por tanto, la mediación escolar— es el *conflicto*. Evidentemente sin la existencia de un conflicto no puede tener lugar la mediación. Sin embargo, no todos los conflictos son susceptibles de resolverse con mediación, aunque sí es el caso de los interpersonales. Estos conflictos se pueden deber a un cruce de intereses, a que los objetivos o las prioridades se perciben de forma diferente, se ha deteriorado la relación, las opiniones son contrapuestas o se compite por determinados recursos. Conviene resaltar que es fundamental que dichos conflictos no impliquen violencia. En general, todos los autores están de acuerdo en que no se recomienda la mediación cuando hay un desequilibrio de poder sustancial entre las partes o bien una teme

a la otra o no se fía de ella. Esto ocurre, como indican Jones y Bodtker (2000), en hechos muy serios, como son los casos de violencia física con o sin uso de armas, de consumo de drogas, acoso sexual o bien cuando alguno de los implicados revela incapacidad psíquica o emocional para controlar los hechos.

Por tanto, la mediación escolar no está indicada en casos de violencia escolar, al menos en sus fases iniciales. Abordar los conflictos con violencia interpersonal requiere procesos metodológicos distintos de la mediación escolar. Es importante subrayar esta idea cuando actualmente, y de forma especial a partir de la última década del siglo XX, ha emergido la visibilidad del problema del acoso escolar entre iguales, también llamado *bullying* o intimidación, reconociendo a este fenómeno social como una realidad constatable que perjudica los objetivos de la educación y que exige ser afrontado desde la investigación teórica y la práctica educativa. Sin obviar la gran importancia de intervenir en estos casos, conviene tener en cuenta que la mediación escolar no es el procedimiento adecuado para combatir este problema, aunque sí podría aportar algo en la línea de la prevención.

La mediación escolar es un proceso de ayuda en una situación de reciprocidad psicológica que la violencia descarta (Ortega y Del Rey, 2003, p. 105). Por esta razón, el alumno agresor podría incluso aumentar su dominio sobre la víctima, que podría verse obligada a utilizar herramientas de defensa de las que probablemente carece. Como señala esta autora, esto no quiere decir que entre dos personas que hayan vivido una experiencia de violencia interpersonal nunca se pueda mediar, ya que si se hubiera conseguido detener la agresividad entre ambos y las dos partes desearan acudir a mediación sí podría iniciarse un proceso.

2. El segundo elemento de la mediación son *las personas implicadas en el conflicto*. La participación de éstas en un proceso de mediación requiere que se hagan cargo del conflicto y asuman su parte de responsabilidad. De los cuatro principios fundamentales de la mediación —voluntariedad, colaboración, confidencialidad e imparcialidad— (Farré, 2006; Munné y Mac-Cragh, 2006; San Martín, 2003), los dos primeros se refieren precisamente a las partes implicadas. De modo que el primer paso necesario para iniciar el proceso de la mediación es la aceptación de estos dos principios, lo que implica una decisión voluntaria y un compromiso de diálogo.

Otra de las personas que interviene en la mediación es la figura del mediador. Boqué (2007, p. 24) señala que los mediadores tienen el poder de educar, que no es otro que el de acompañar a los verdaderos protagonistas del conflicto en la exploración de la situación, contribuyendo a que se den cuenta de lo que necesitan y a que planteen vías de salida. Munné y Mac-Cragh (2006) establecen una metáfora al comparar la ayuda externa del mediador con unas gafas que permiten obtener la distancia correcta ante una situación para leerla adecuadamente y evitar bloquearse.

El mediador escolar es una persona del centro educativo —personas del equipo directivo, del claustro de profesores, alumnos, padres o personal no docente, miembros del equipo de asesoramiento psicopedagógico—, aunque podría darse el caso de contar con mediadores externos a la comunidad educativa. En cualquier caso, esta persona es respetada y aceptada por las partes y ha recibido una formación fruto de la cual domina el proceso de la mediación y ha adquirido las habilidades necesarias para facilitarlo.

Los dos principios ligados a la figura del mediador son la confidencialidad y la imparcialidad. Desde la confidencialidad el mediador se compromete a proteger la intimidad de las personas enfrentadas sin estar implicado en el conflicto ni influido por la resolución a la que lleguen las partes. A su vez, desde la imparcialidad el mediador respeta la igualdad de derechos entre las partes, sin tomar partido ni a favor de una ni de otra ni discriminar ni privilegiar a ninguna de las partes, respetando sus voluntades y sin poder imponer sus criterios o puntos de vista. El mediador solamente interviene aportando criterios de realidad en torno a ideas que se están dialogando, pero no propone las suyas propias ni opina sobre qué puede ser más aconsejable. En ningún caso los mediadores juzgan lo que se dice.

3. El tercer y último elemento es el *proceso de comunicación* que tiene lugar a través de un conjunto de fases. Aunque se utilizan diferentes nombres para referirse a ellas, son cinco las fases comúnmente aceptadas del proceso de mediación (Binaburo y Muñoz, 2007; Boqué, 2003; Beltrán, 2007; Cohen, 2005; Romera, 2006; Rozemblum de Horowitz, 2007; Tórrego, 2003). Como se muestra en la figura 5.1, son fases interrelacionadas entre sí.

Previamente a esas cinco fases, se debe contemplar una *fase de premediación* en la que se dialoga con las partes por separado y se les explica el proceso a seguir respondiendo a sus preguntas acerca de la mediación y solicitando su consentimiento para recurrir a ella (Calvo, García-Correa y

Rodríguez-Marrero, 2004, p. 39). Aunque la decisión de acudir a mediación es voluntaria, cualquier miembro de la comunidad educativa puede sugerir la utilización de este servicio. No obstante, es el coordinador del equipo de mediación quien en última instancia valora la pertinencia o no de recurrir a ella con relación al conflicto planteado, selecciona al mediador adecuado y confirma una cita con la que se iniciará el proceso formal de la mediación.

Comienza entonces la *fase de apertura* del proceso, que pretende lograr la predisposición de las personas implicadas hacia la cooperación y la participación activa generando confianza hacia ellas mismas y hacia la mediación. El mediador hará que las partes se sientan cómodas y acogidas, intentando aumentar su compromiso hacia el procedimiento. En este primer contacto se explican la estructura del proceso, sus reglas básicas, su valor y sus principios, así como el papel del mediador o los mediadores.

Una vez que se han aceptado las normas iniciales, los protagonistas del conflicto, uno después del otro, cuentan al mediador cuáles son sus sentimientos y puntos de vista sobre la situación que les atañe —es la *fase del discurso inicial de las partes*—. El mediador muestra empatía y escucha activamente, haciendo algunas preguntas con el objetivo de comprender mejor a la persona que habla. Asimismo, intenta captar cúales son los puntos desde los que explorar el conflicto y establecer lo que se ha llamado una agenda de trabajo. Si se considera necesario, el mediador puede proponer un *caucus*[2] para profundizar mejor en algún punto.

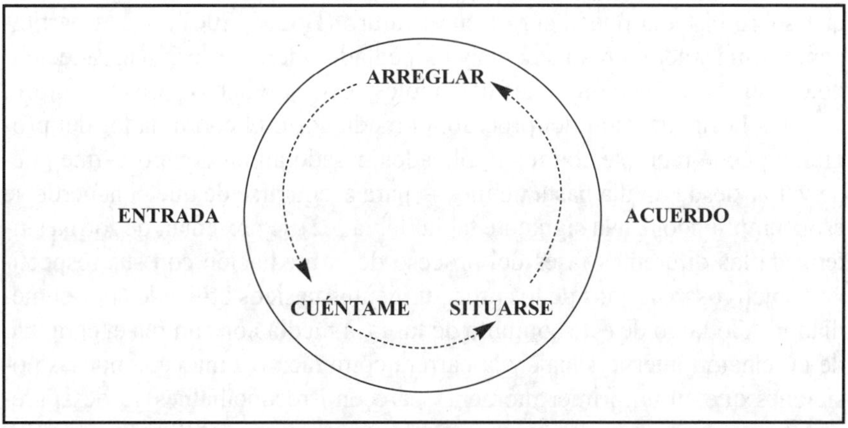

Figura 5.1.—Esquema general del proceso de mediación según Boqué (2003, p. 79).

[2] Los *caucus* son sesiones individuales con cada una de las partes que permiten a los mediadores explorar algún tema con más profundidad, y a las partes modificar posiciones y compartir información privada. Los *caucus* también pueden tener lugar entre los propios mediadores sin ninguna de las partes presente.

El siguiente paso consiste en ubicarse y en poder definir la situación conjuntamente con el objetivo de averiguar qué aspectos se quieren modificar. De forma que durante esta *fase de intercambio* se invita a las personas implicadas a hablar sobre cada uno de los asuntos con el fin de facilitar un diálogo positivo entre ellas e identificar mejor sus intereses.

A continuación se trabaja para arreglar las cuestiones que los protagonistas señalan como relevantes, avanzando así hacia el consenso —es la *fase de búsqueda y evaluación de soluciones*—. En este momento las personas implicadas se comunican entre sí, preocupándose tanto por sus intereses como por los del otro. Es momento de generar diversas soluciones, evaluar cada una de las opciones y elegir aquella que satisfaga más plenamente los intereses de las partes.

Finalmente, tiene lugar la *fase del acuerdo,* en la que se intenta llegar a un consenso sobre la solución del conflicto. Los protagonistas del conflicto deciden cómo quieren transformar la situación y asumen compromisos para lograrlo. Merece la pena guardar constancia del proceso redactando un documento escrito o bien anotándolo en un cuaderno. Firmar un acuerdo tras el proceso de mediación es uno de los puntos en los que no existe un acuerdo. Algunos lo consideran absurdo, ya que creen que supone desconfiar de las partes y se difumina su responsabilidad. Sin embargo, otros lo consideran una forma de dar rigor y formalismo al trabajo realizado. En este sentido, la firma de un acuerdo puede ser gratificante para los participantes y además puede ser un recordatorio del plan de acción ante cualquier duda que sobre el tema pueda surgir en el futuro (Boqué, 2007). Cada participante firma y adquiere una copia y el mediador cierra la sesión agradeciéndoles su participación y ofreciéndoles sus servicios para el futuro.

Tras la finalización del proceso, el mediador o el coordinador del programa puede reunirse con los implicados pasado algún tiempo —que puede variar desde un día hasta un mes— para asegurarse de que el acuerdo se está cumpliendo. En la siguiente tabla (tabla 5.2) se presentan de forma sintetizada las diferentes fases del proceso de la mediación con sus respectivos objetivos y algunos de los procedimientos básicos utilizados por el mediador. A lo largo de este conjunto de fases la mediación cambia el contexto de la relación interpersonal, y la barrera comunicativa marcada por las posiciones que en un primer momento parecen irreconciliables va desapareciendo al crearse nuevos escenarios de interrelación (Villaescusa, 2010).

El término «mediación» va acompañado frecuentemente por dos adjetivos: colaborativa y alternativa. Conocer qué significan ambos y qué los diferencia permite comprender mejor el concepto de mediación. Por un lado, el adjetivo «colaborativa» se relaciona más con el modo de afrontar el conflicto y hace alusión a los llamados acuerdos integrados gano-ganas *(win-win),* que pretenden maximizar el beneficio de ambas partes. Por otro lado, la segunda aproximación remite a los procesos de resolución alternativa de conflictos (*RAC*).

La mediación[3] se define como un método alternativo porque en su origen se desarrolló al margen de los procesos formales de impartir justicia (Boqué, 2003, p. 24). Es por esto por lo que tantas veces la mediación escolar aparece ligada al adjetivo «alternativa», como ocurre en la siguiente afirmación: «la mediación escolar es un sistema alternativo de resolución de conflictos» (Beltrán, 2007, p. 90). El término «resolución alternativa de conflictos» (*RAC*) fue acuñado en la década de los ochenta por abogados estadounidenses y profesionales de negocios para representar un conjunto de técnicas alternativas a las tradicionales para resolver los litigios en la comunidad de negocios, generalmente al margen de los tribunales o mediante medios no judiciales (Cowie y Wallace, 2000).

TABLA 5.2

Fases del proceso de la mediación (adaptada de Beltrán, 2007, y Binaburo y Muñoz, 2007)

Fase	Objetivos	Procedimiento
La entrada o apertura *(¿quién y cómo?)*	— Crear un ambiente positivo, de aceptación y respeto que permita afrontar el conflicto.	— Explicación del proceso, sus ventajas y las reglas básicas y confirmación de que existe un deseo voluntario de iniciar el proceso.
El discurso inicial de las partes («cuéntame»: *¿qué ha pasado?*)	— Explorar el problema ayudando a cada uno de los protagonistas del conflicto a definirlo tal y como lo ven, de modo que puedan entender mejor al otro.	— Preguntar a cada uno de ellos qué es lo que ocurrió y cómo le ha afectado. — Reconocer verdades, preocupaciones, sentimientos, percepciones y responsabilidades. — Escucha activa y utilización del parafraseo, el reflejo y el resumen.

[3] Comprender el origen de la mediación escolar, su desarrollo y sus fines y modelos requiere entender el origen, el desarrollo y los fines y modelos de la mediación como método de resolución de conflictos. Por esta razón, aun estando el presente trabajo centrado en el ámbito escolar, será necesario realizar continuas referencias al concepto de mediación.

TABLA 5.2 *(continuación)*

Fase	Objetivos	Procedimiento
El intercambio («situarse»: *¿dónde estamos?*)	— Consensuar con las partes los aspectos más importantes del intercambio para que éste pueda ser desbloqueado.	— Estructurar, resumir y ponerse en el lugar del otro.
La búsqueda y evaluación de soluciones («arreglar»: *¿cómo salimos?*)	— Tratar los aspectos del conflicto y buscar vías de solución de un modo abierto, explorar lo que cada parte está dispuesta a hacer y lo que le pide a la otra, dirigiendo el diálogo en términos de intereses.	— Plantear, evaluar y seleccionar la solución más satisfactoria para los implicados.
El acuerdo *(¿quién hace qué y cuándo?)*	— Ayudar a las partes en conflicto a desarrollar una solución justa y realista que sea aceptada por ambas.	— Establecer las condiciones de la aplicación de la solución: quién hace qué, cómo, cuándo y dónde. — Elaborar y firmar un acuerdo o plan de acción.

Desde entonces hasta ahora se han configurado dos líneas de intervención en conflictos en el marco de los procedimientos judiciales: la heterocomposición y la autocomposición (Redorta, 2004; González, 2007). Por un lado, la heterocomposición se caracteriza porque es un tercero, bien sea un juez, bien un árbitro, quien tiene la potestad de tomar una decisión respecto a cómo resolver un conflicto y de ejecutar lo decidido. Por otro lado, en la autocomposición, la intervención del tercero se limita a aproximar a las partes para favorecer el acuerdo ya que éste no tiene capacidad decisoria. Las figuras que componen la vía autocompositiva son precisamente las técnicas que configuran la resolución alternativa de conflictos *(RAC),* y se explican brevemente a continuación (González, 2007; Munné y Mac-Cragh, 2007):

— La negociación: en ésta no interviene un tercero, ya que son las mismas partes, o, lo que es más frecuente, sus representantes legales, quienes tratan de llegar a un acuerdo. Si lo consiguen, lo hacen ante los tribunales a través de la transacción judicialmente homologada.
— La conciliación: en ésta las partes implicadas solicitan la intervención de un tercero con el fin de evitar la iniciación de un pleito o poner fin a uno ya comenzado. El conciliador colabora con las par-

tes para que alcancen un acuerdo y, a diferencia del mediador, éste puede realizar propuestas de solución que las partes pueden aceptar o no aceptar.

— La mediación: aquí el mediador tiene una formación específica en mediación y utiliza determinadas técnicas para ayudar a reestablecer el diálogo y la comunicación entre las partes de modo que éstas puedan llegar a un acuerdo.

A veces se utilizan estas técnicas en el ámbito educativo como formas de proceder para gestionar la conflictividad escolar. A modo de ejemplo, Munné y Mac-Cragh (2006) representan gráficamente dichas metodologías ordenadas en función de si en la decisión del acuerdo prevalece el poder de la norma preestablecida o la decisión desde el poder del diálogo (véase la figura 5.2). De esta forma, es en la sanción escolar donde todo el poder recae en el Reglamento de Régimen Interno del centro educativo y es en la negociación donde no existe la presencia de un tercero y todo el poder recae en el diálogo entre las partes.

La mediación —y, por tanto, la mediación escolar— está inevitablemente asociada al conflicto. Por esta razón, la fundamentación teórica de la mediación se halla en la disciplina de resolución de conflictos. Sus campos de aplicación son muy amplios —desde los conflictos con uno mismo hasta los conflictos internacionales, pasando por los conflictos familiares, comunitarios, laborales, escolares o sociales—, y se nutre a su vez de conocimientos procedentes de diversas disciplinas como la psicología, la educación, la sociología y la antropología (Binaburo y Muñoz, 2007).

Figura 5.2.—Procedimientos de resolución de conflictos (Munné y Mac-Gragh, 2006, p. 13).

En las definiciones de mediación escolar se observa cómo ésta se entiende indistintamente como técnica, método, procedimiento, proceso, herramienta, instrumento o intervención. Además, estos términos parecen utilizarse sin un criterio preestablecido. En cualquier caso, lo que tienen en común todos ellos es que otorgan a la mediación un carácter de medio respecto a una meta o un fin. De esta forma, conocer qué sentido se le atribuye a la mediación escolar posibilita alcanzar una visión más completa del concepto.

3. Mediación escolar y cultura de paz

La mediación escolar está al servicio de la convivencia pacífica. De modo que, independientemente del enfoque que adopte un programa de mediación escolar o de los objetivos en los que éste ponga mayor énfasis —sea la mejora del clima escolar, sea el desarrollo de la competencia social, sea el aprendizaje de resolución de conflictos, sea la educación para la paz—, la práctica de la mediación escolar está enmarcada en el paradigma de la paz. Comprender por qué esto es así implica detenerse a conocer qué es el paradigma de la paz y cómo surgió, ya que la mediación escolar nació ligada a él (Alzate, 2007; Binaburo y Muñoz, 2007; Boqué, 2007; Cohen, 2005; De Diego y Guillén, 2008; Rabasa, 2005).

El paradigma de la paz recoge una visión de la realidad en relación con un conjunto de principios y valores, como el respeto a los derechos humanos, la democracia y la tolerancia, la promoción del desarrollo o la educación para la paz. Además, incorpora como un concepto clave la transformación de conflictos. Con la palabra «transformación» se resalta el desarrollo de las capacidades personales y el reconocimiento de las otras partes enfrentadas como dos elementos básicos para la regulación de los conflictos.

A veces existe en los centros educativos un deseo explícito de educar para la paz y de esta forma se enseñan los procedimientos de la mediación escolar como un componente más de los programas destinados a este fin (Johnson y Johnson, 2005; Nation, 2003). En otras ocasiones, la mediación escolar se introduce en los centros educativos en el marco innovador de un programa de educación en resolución de conflictos y mejora de la convivencia (Alzate, 2005a, 2005b, 2007; Binaburo y Muñoz, 2007; Trianes y Fernández-Figarés, 2001; Tórrego, 2003, 2006; Vallés, 2007; Viñas, 2004) poniendo el énfasis en el desarrollo socioafectivo de los alumnos. Sin embargo, tanto desde la educación para la paz como desde la educación en resolución de conflictos la mediación escolar pretende crear una cultura de paz en la comunidad educativa y por extensión en la sociedad.

De hecho, tanto el fin de la educación para la paz como el fin de la educación en resolución de conflictos (ERC) apuntan en la misma dirección. Alzate (2005b) señala que el verdadero fin de los profesionales de la educación en resolución de conflictos (ECR) es la contribución desde la educación a la consecución de una transformación de la sociedad. Precisamente el mismo fin atribuye Jares (2006) a la educación para la paz al considerar a ésta un instrumento de transformación social mediante el cual se trabaja sobre las personas para que éstas actúen fuera del marco educativo.

Asimismo, a través del desarrollo de la competencia social y emocional se educa también para la paz en la medida en que permite aprender a convivir mejor en la sociedad y previene posibles comportamientos destructivos:

> «perseguimos educar para la paz y para una convivencia no violenta desarrollando y promoviendo competencia social y emocional. Creemos que pueden prevenirse los comportamientos violentos de grupos e instancias sociales en nuestra sociedad democrática formando ciudadanos en la educación secundaria obligatoria, enseñándoles recursos cognitivos y emocionales, habilidades para hacer amigos, asertividad para establecer su opinión contra corriente, estrategias para afrontar críticamente la información y las tendencias sociales proclives a la violencia, a la exclusión de otros, al racismo y al individualismo (Trianes y Fernández-Figarés, 2001, p. 14).

Como ya se ha expuesto, comprender el motivo por el que la mediación escolar está ligada al paradigma de la paz requiere inevitablemente remitirse al origen de éste y desde ahí comprender cómo surgió la mediación escolar y se forjó la educación para la paz y la educación en resolución de conflictos (ERC).

Se puede afirmar que el paradigma de la paz surgió fruto de un conjunto de circunstancias históricas. En la sociedad estadounidense de los años 1960 y 1970 estaba muy presente el conflicto[4]. El contrapeso de esta situación fue la creación de las Naciones Unidas (ONU) y el surgimiento de diferentes mo-

[4] De hecho, sus miembros vivían atemorizados por el miedo a que una guerra nuclear arrasara el planeta ya que durante la Guerra Fría las dos superpotencias —la Unión Soviética y los Estados Unidos— habían iniciado una carrera armamentística para lograr bombas más potentes y destructivas. Esta situación se agravó con la lucha de los afroamericanos contra la discriminación y la segregación, el asunto Watergate o la exaltada oposición a la guerra de Vietnam. Esto sembró cierta inquietud social. Un ejemplo de ello es la conocida contracultura de los años sesenta, el movimiento *hippie,* caracterizado por un modo de vida comunitario bajo su lema «paz y amor» *(peace and love).*

vimientos por la paz. Destaca un importante movimiento de diplomacia ciudadana por los derechos civiles (Civil Rights Movement) que llevó a amplios sectores de la sociedad estadounidense a cuestionar los métodos tradicionales autoritarios y punitivos del tratamiento del conflicto en ámbitos como el familiar, el escolar, el político, el empresarial, el judicial o el internacional y que proporcionó la base social e ideológica para el desarrollo posterior de los métodos de resolución alternativa de conflictos (RAC) (Farré, 2006).

Precisamente el origen de la mediación quedó muy ligado a los movimientos pacifistas y al estudio de los conflictos como una respuesta a la inquietud social que recibió un fuerte impulso en esta época. De esta forma, el trasfondo social fue clave en el origen de la mediación. Efectivamente en este contexto surgió la creación de los primeros centros de justicia vecinal —o mediación comunitaria—, cuyo objetivo era ofrecer una alternativa a los ciudadanos con el fin de poder dirimir sus litigios sin tener que acudir a los juzgados.

Dado el éxito de la mediación comunitaria, la mediación se expandió a otros ámbitos. Algunos grupos de religiosos (entre los que se cita muchas veces a los cuáqueros), miembros de diferentes movimientos por la paz y mediadores que habían sido formados en los centros comunitarios para mediar en disputas interpersonales o comunitarias percibieron la necesidad de ampliar dicha formación a niños y jóvenes. Por ello, buscaron el apoyo de escuelas y algunos profesores para incorporar la educación en resolución de conflictos a las aulas. En este despliegue de la mediación escolar tendría lugar una transferencia a la escuela que quedaría marcada por un deseo de paz mundial.

Se fue forjando así la educación en resolución de conflictos junto al desarrollo de estudios sobre el tema, programas y asociaciones que pusieron al servicio de profesionales materiales, asesoramiento, formación acerca de la resolución de conflictos y en concreto de la mediación en la escuela. Aunque han proliferado durante las últimas décadas, se podrían destacar algunas que en su momento contribuyeron a la formalización de estos campos y actualmente son fuente de referencia para muchos profesionales. Se puede comprobar la relación de cada una de ellas con las circunstancias históricas señaladas más arriba:

— Children's creative response to conflict program *(CCRC)* (1972). Comenzó a introducirse en el sistema escolar público de Nueva York como una forma de adaptar la resolución de conflictos de adultos a los niños. Dado el éxito que tuvo, se expandió a otros sistemas públicos de Estados Unidos y desde 1982 ha operado como una organización no lucrativa que ofrece talleres y cursos en Canadá a los profesores, padres, cuidadores y a los propios alumnos [http://www.ccrc-crc.ca].

— Educators for Social Responsability (ESR), formada en 1981 por padres y educadores que buscaban en la educación el antídoto que ayudara a prevenir la guerra nuclear y posibles conflictos nacionales e internacionales del futuro [www.esrnational.org].

— National Association for Mediation of Education (NAME) se creó en 1984, fruto de una reunión entre mediadores comunitarios y escuelas interesadas en introducir programas de resolución de conflictos. En 1995 NAME acabó fusionándose para convertirse en Conflict Resolution Education Network (CREnet), la conocida red educativa para la resolución de conflictos. Poco después, en 2001 completó su fusión con SPIDR (Society of Professionals in Dispute Resolution) y AFM (Academy of Family Mediators), dando lugar a la conocida ACR (Association for Conflict Resolution), centro de recursos informativos, asistencia técnica y entrenamiento en el campo de resolución de conflictos [http://www.acrnet.org].

Entre los programas de resolución de conflictos de mayor solera se encuentran los siguientes —algunos de ellos incluían la mediación escolar—:

— *Teaching Students to be Peacemakers Programs* (1972). Este programa, desarrollado en la Universidad de Minnesota, es parte de una organización más amplia que usa el contexto cooperativo y la controversia académica para enseñar a todos los estudiantes a negociar sus conflictos y a mediar en los conflictos de sus compañeros.

— *Conflict Resolution Resources for School and Youth,* fundado en 1982 por lo que es hoy el *Community Board Program* de San Francisco en California, considera las habilidades para manejar conflictos parte esencial de una sociedad democrática.

— *Resolving Conflict Creative Program* (1985), desde la *Educators for Social Responsability* (ESR), es un programa curricular de resolución de conflictos que en 1987 añadió un componente de mediación al programa.

— *School Mediator Alternative Resolution Team* (SMART), un programa de mediación entre iguales que comenzó a aplicarse en 1983 en las escuelas de Nueva York.

— *Colorado School Mediation Project* (CMSMP) es una organización no lucrativa regional que desde 1987 trabaja con educadores, administradores, organizaciones y colegios en el diseño, implementación y evaluación de programas de educación de conflictos [http://www.csmp.org/].

En España destaca la labor iniciada a partir de 1993 por el Centro de Investigación por la Paz Gernika Gogoratuz en el País Vasco. En 1996 la mediación escolar se inició en Cataluña, donde tomó fuerza a partir del 2000 gracias al impulso de la administración educativa. En la Comunidad de Madrid se llevaron a cabo experiencias piloto en 1997, en Andalucía la mediación se extendió a partir de 2005 en el marco de los proyectos «Escuela: espacios de paz» y, hoy en día, en todas las comunidades autónomas se pueden encontrar experiencias de mediación escolar.

El paradigma de la paz continúa presente en nuestra sociedad[5]. Muestra de ello fue el año 2000, declarado por la ONU «Año Internacional de la Cultura de la Paz», o la década del 2001 al 2010, declarada también por la ONU «Decenio Internacional de una cultura de paz y no violencia para los niños del mundo», en la que se reconoce la importante función que desempeña la educación en lo que respecta a forjar una cultura de paz. Precisamente la educación para la paz surgió dentro de este paradigma como un modo de contribuir desde los centros escolares a abordar cuestiones relacionadas con temas de paz y de conflicto que afectan cada vez más a la vida cotidiana de los ciudadanos y por tanto a la conciencia de los escolares (Hicks, 1993).

En concreto en España, la LOGSE (1990) supuso un reconocimiento jurídico de la educación para la paz que la LOE (2006) ha mantenido[6]. En ambas leyes se plasma como uno de los fines hacia el que se orienta el sistema educativo español. Además, la educación para la paz constituye des-

---

[5] En España la creación de cátedras, institutos o asociaciones es un buen ejemplo. Algunos de ellos incluyen como área de trabajo el ámbito escolar: la Asociación Española de Investigación para la Paz (http://aipaz.blogspot.com/), el Instituto de la Paz y los Conflictos de la Universidad de Granada (http://www.ugr.es/~eirene/main.html), el Centro de Investigación por la Paz Gernika Gogorautz (http://www.gernikagogoratuz.org/), el Centro Universitario de Transformación de Conflictos GEUZ (http://www.geuz.es/), la Cátedra UNESCO de Filosofía por la Paz de la Universidad Jaime I en Castellón (http://www.cufp.uji.es/espanol/), Cátedra UNESCO sobre la Paz y Derechos Humanos de la Universidad Autónoma de Barcelona (www.pangea.org/unescopau), la Delegación Española en Almería de la Asociación Mundial por la Escuela Instrumento de Paz (EIP) (www.eip-cifedhop.org).

[6] La Ley Orgánica de Calidad Educativa (LOCE) no utiliza los términos «paz», ni «educación para la paz», pero en ella sí subyacen valores y actuaciones acordes con una educación para la paz, como queda reflejado en el siguiente principio de calidad del sistema educativo español: «la capacidad de transmitir valores que favorezcan la libertad personal, la responsabilidad social, la cohesión y mejora de la sociedades, y la igualdad de derechos entre sexos, que ayuden a superar cualquier tipo de discriminación, así como la práctica de la solidaridad, mediante el impulso a la participación cívica de los alumnos en actividades de voluntariado» (capítulo 1, artículo 1).

de la LOGSE (1990) uno de los ocho temas transversales propuestos con implicaciones en todas las áreas de conocimiento, aunque generalmente se ha trabajado a través de la educación en valores.

> «La formación para la paz, la cooperación y la solidaridad entre los pueblos» (LOGSE, título preliminar, capítulo 1, artículo 1).
>
> «La formación para la paz, el respeto de los derechos humanos, la vida en común, la cohesión social, la cooperación y la solidaridad entre los pueblos, así como la adquisición de valores que propicien el respeto hacia los seres vivos y el medio ambiente, en particular el valor de los espacios forestales y el desarrollo sostenible» (LOE, título preliminar, capítulo 1, artículo 2).

Además, es posible encontrar en autores españoles continuas referencias de la mediación escolar al servicio de una educación para la paz (tabla 5.3), e incluso en alguna ocasión se plantea desde ella (Cascón, 2000).

Cascón (2000) trabaja el conflicto desde la educación para la paz en tres niveles correlativos —provención, negociación, mediación— y uno paralelo —acción «no violenta»—. En las primeras edades, se trabaja en la línea de lo que este autor llama provención, es decir, promoviendo las condiciones adecuadas para que no exista el conflicto a través de la creación

TABLA 5.3

Referencias de la mediación escolar al servicio de una educación para la paz en autores del ámbito español (Boqué, 2003, 2007; Calvo et al., 2004; Funes, 2000)

(Boqué, 2007)	*«La mediación sale al encuentro de esa paz común [...] y los educadores son agentes de paz a través del conflicto por un mundo más justo»* (p. 35).
	«La mediación se instala en alguna frontera subjetiva propiciando que cada participante se adentre en el territorio del otro descubriendo la vecindad que les acerca y educando en el cultivo de la paz» (p. 37).
	«Se percibe la mediación escolar como un proceso pacífico y pacificador, generador de paz, que no sólo comporta un pronunciamiento sino una serie de prácticas que, en el futuro, podrían convertirse en un hábito cultural de paz» (p. 53).
(Calvo et al., 2004)	*«Es imprescindible que la formación en procedimientos de mediación escolar se haga desde la educación para la paz»* (p. 37).
(Funes, 2000)	*«La mediación escolar es un método que al adoptarlo en la cotidianeidad permite educar para la paz a través de las actuaciones de todos los días y promueve una cultura de paz»* (p. 96).

de un ambiente de aprecio y confianza en el grupo, fomentando la comunicación y trabajando la cooperación. Después, en los años posteriores se avanza en la línea de la negociación y la mediación, reservando para aquellas situaciones de fuerte desequilibrio de poder entre estudiantes lo que él llama los métodos de acción «no violenta» encaminados a desarrollar la asertividad para no usar la fuerza y la agresividad.

Harris (2000) [citado en Boqué, 2007, p. 35] considera que la comunidad educativa puede mantener tres posiciones: *paecekeeping, peacemaking* y *peacebuilding*. La primera, *peacekeeping*, hace hincapié en el control y en una política disciplinaria estricta al presuponer que la conflictividad en los centros es atribuible a un pequeño grupo de alumnos que hay que controlar. La segunda, *peacemaking,* defiende que es necesario ofrecer herramientas y oportunidades a todo el alumnado para prevenir situaciones violentas y, por consiguiente, promueve programas de mediación, prevención y solución de conflictos. La tercera, *peacebuilding*, es la más proactiva e intenta implicar a toda la comunidad en la construcción de un mundo más justo mediante la práctica de la no violencia activa y el cultivo de una cultura de paz incorporando los programas de mediación escolar y de resolución de conflictos.

En definitiva, los procedimientos de mediación escolar se consideran instrumentos al servicio de la paz social (Alzate, 2007), y en este sentido se puede afirmar que la mediación escolar es una aportación cultural a las sociedades del presente (Boqué, 2003, 2007).

4. El modelo transformativo de la mediación, marco de la mediación escolar

Son tres las escuelas de mediación más representativas que, desde disciplinas diferentes, se han desarrollado con el paso del tiempo: la escuela tradicional-lineal de Harvard, la escuela circular-narrativa y la escuela transformativa. El planteamiento inicial de mediación se ha visto así ampliado y mejorado. Como se muestra en la tabla 5.4, estas escuelas han dado lugar a tres modelos de mediación. Cada uno de ellos se centra en un objetivo distinto y da protagonismo a elementos diferentes. Como señalan De Diego y Guillén (2008), cada uno de los modelos configura un marco de actuación del mediador distinto y hace que los mediadores entiendan el proceso de diferente manera y por tanto no tengan los mismos objetivos o articulen diferentes estrategias o tácticas.

TABLA 5.4

Modelos de mediación (Boqué, 2003, p. 70)

Escuela	**Tradicional-lineal de Harward**	**Circular-narrativa**	**Transformativa**
Modelo	Solución de problemas	Comunicativo	Transformativo
Objetivo	Obtención del acuerdo	Renovación de narrativas	Crecimiento personal
Elemento central	Conflicto	Proceso	Protagonistas

Según Munné y Mac-Cragh (2006), la diferencia básica entre las tres escuelas reside en la concepción que cada una tiene del conflicto. Así, en la tradicional-lineal de Harvard, el conflicto se define como un desacuerdo y es algo que hay que eliminar. En este modelo el acuerdo es fundamental. En la escuela circular-narrativa el conflicto es un proceso mental que depende del punto de vista que se adopte, lo que hace posible reconducir y crear nuevos procesos mentales a través de la comunicación dentro del sistema. La clave en este modelo es mejorar las relaciones, y los acuerdos son circunstanciales. Por su parte, en la escuela transformativa el conflicto es un hecho inherente al ser humano. En este modelo es fundamental adquirir habilidades de tratamiento de conflictos. Así pues, partiendo de la concepción del conflicto, cada escuela elabora su propia metodología. En el primer caso se trata de una metodología centrada en el acuerdo; en el segundo, de una metodología centrada en la reflexión y en el sistema de comunicación, y en el tercero, de una metodología basada en la transformación del conflicto y las relaciones.

Junto a estas tres escuelas aparece en algunas ocasiones el modelo tópico (Otero, 2007). Aristóteles fue uno de los grandes representantes del pensamiento tópico, del que este modelo aplica la idea de subordinación del bien particular al bien común. La mediación tópica se asemeja a una disputa dialéctica en la que el mediador toma un papel fundamental a la hora de localizar y utilizar aquellos aspectos comunes acerca de la concepción de lo justo y de lo injusto del conflicto que afecta a las partes *(topoi)*. La idea de fondo es que para armonizar lo justo con las pretensiones de ambas partes, que consideran cada una de sus posturas la «justa», es preciso acudir necesariamente a otro bien: el orden. Orden que funciona en este caso como un ente superior al que se subordinan los intereses particulares. A partir de los elementos aceptados como justos por ambas partes será posible llegar a un acuerdo.

A continuación se presenta una breve síntesis de las tres escuelas siguiendo a varios autores (De Armas Hernández, 2003; De Diego y Guillén, 2008; Folger y Busch, 2005; Munné y Mac-Cragh, 2006; San Martín, 2003; Otero, 2007) que las han estudiado.

En primer lugar, la escuela tradicional de Harvard fue pionera en el desarrollo de técnicas para llevar a cabo el proceso de la mediación (Munné y Mac-Cragh, 2006; Otero, 2007). Se desarrolló a partir de un proyecto elaborado por la Facultad de Derecho de la Universidad de Harvard *(Harvard Negotiation Project)* y que fue creado para la negociación bilateral en política internacional, aunque más tarde se extendió al ámbito de la economía y el derecho.

Los representantes de esta escuela son Fisher y Ury (1991) y Rafia y Vidal (citado en Munné y Mac-Cragh, 2006, p. 68). Esta escuela es conocida también como el modelo de solución de problemas, modelo directivo, *content mediation* o *agreement-centered* o *labor model* (Boqué, 2003).

La mediación desde este modelo es entendida como una técnica de negociación asistida por terceros. De hecho, utiliza las mismas dinámicas de la negociación. Es por tanto una mediación directiva en la que las partes confrontadas únicamente colaboran para alcanzar un acuerdo con el que se sientan en alguna medida satisfechas. No se contemplan las causas del conflicto ni se intenta modificar la relación entre las partes.

El modelo de Harvard es un modelo de inspiración utilitarista que ha sido acusado de prescindir de lo que la persona siente para concentrarse exclusivamente en lo que desea alcanzar y en lo que está dispuesta a perder para lograrlo. Así, el éxito se mide por la cantidad y la calidad de los acuerdos alcanzados. Es un modelo especialmente indicado para mediar en el campo de las relaciones jurídicas de ámbito comercial o de política internacional.

En segundo lugar, desde la escuela circular-narrativa se desarrolló el modelo comunicativo, también llamado modelo no directivo, *relationship-centered* y, en ocasiones, terapéutico. Este modelo, representado por Coob (1997), Suares (1996) y Chambert (citado en Munné y Mac-Cragh, 2006, p. 68), proviene de la psicología. Centra su trabajo en la comunicación y en la interacción de las partes y no tanto en la solución, al considerar que al mejorar la relación entre las partes el conflicto se aminora y cede.

Se critica que no se persigue un acuerdo aunando intereses, ni tampoco la realización de la justicia o la protección de los derechos. Se trata únicamente de valorar la historia del conflicto y alcanzar lo que se ha llamado una narración alternativa entre las partes que pueda servir de base al acuerdo. Se centra en las causas psicológicas y emocionales a la hora de buscar una salida al conflicto. Consecuentemente, es un modelo terapéutico cuya aplicación está muy extendida en el campo de las relaciones familiares y de hecho se ha considerado una extensión de la terapia familiar.

En tercer lugar, la escuela transformativa dio lugar al modelo transformativo. Este modelo proviene de la sociología, la teoría humanista en psicología y los planteamientos críticos y de transformación social, y sus defensores más conocidos son Folguer y Bush (2005), Léderach (2005) y Farré (2006). Lo propio de este modelo es la transformación del conflicto, que se realiza sobre dos ejes fundamentales: el empoderamiento *(empowerment)* y el reconocimiento *(recognition)*. El empoderamiento *(empowerment)* incide en el desarrollo sociopersonal que se produce como consecuencia del descubrimiento de las propias habilidades y cuya consecuencia es la revalorización de la persona a través de su crecimiento moral. Por otro lado, el reconocimiento *(recognition)* prepara a las personas para experimentar preocupación por los otros, especialmente por aquellos que presentan intereses distintos de los propios.

> «La mediación abre los ojos a una realidad compleja; a entender que las cosas no son nítidas ni iguales para todos; a pensar que se pueden cambiar las percepciones sin dejar de ser uno mismo y rehacer las expectativas iniciales e individuales por expectativas conjuntas» (Folger y Busch, tomado de Munné y Mac-Cragh, 2006).

Este modelo tiene la ventaja de retomar la idea de comunidad y de búsqueda del bien común anteponiéndolo al particular. Por sus características concretas, este modelo está especialmente indicado para conflictos sociales en los que sea necesario acentuar las ideas de comunidad y de bien común de la sociedad, frente al interés particular de cada individuo, así como en conflictos de sociedades multiculturales o multirraciales.

> «Procesos como la mediación pueden tener efectos transformadores muy valiosos para las partes y para la sociedad en general, pueden provocar cambios sociales» (Folger y Busch, 2005).

Algunos autores (San Martín, 2003; García y López, 2007) reconocen que el modelo transformativo es el más apropiado para el ámbito escolar. Este modelo se preocupa por el crecimiento de las personas y se contrapone al individualismo al destacar el reconocimiento y la revalorización de uno mismo y de los otros, por lo que encaja con el carácter formativo e integral de la escuela.

Asimismo, la mediación escolar tiene un carácter transformativo en el alumnado que va afectando positiva y progresivamente a la convivencia. Gracias a ella se concibe el conflicto de diferente manera, e implica una nueva forma de relacionarse que además puede repercutir en otros ambientes. La mediación escolar tiene así la capacidad de influir positivamente en el entorno, y en este sentido se afirma que promueve cultura al sustituir la cultura de confrontación y de litigio por el consenso, el diálogo y la colaboración (Boqué, 2003).

Munné y Mac-Cragh (2006) ahondan en el concepto de cultura de mediación y han identificado diez principios de dicha cultura (tabla 5.5). Los cuatro primeros aluden a un trabajo personal —orientado hacia uno mismo—, y el resto requiere un trabajo interpersonal —orientado hacia la comprensión de los otros y del entorno.

La cultura de mediación desde estos diez principios deja de ser un término abstracto, y de esta forma se hace explícita la relación de los valores que subyacen en dicha cultura y que permiten transformar las relaciones de conflicto.

> «Para que la cultura de mediación se instaure en nuestras sociedades las personas mediadoras, sea cual fuere su ámbito de acción, deberán acercarse a la ciudadanía desde el rigor que comporta el dominio de unas técnicas, el conocimiento profundo de un arte y la autenticidad de una ética universal. Es, pues, en el cruce de estas tres coordenadas donde un proceso mediador cristaliza propiciando el cambio social que, átomo a átomo, conduce hacia una existencia no violenta» (Boqué, 2003, p. 117).

TABLA 5.5
Principios de la cultura de la mediación
(Munné y Mac-Gragh, 2006, p. 86)

Trabajo personal	1. La responsabilización de los propios actos y de sus consecuencias. 2. La búsqueda de los propios deseos, necesidades y valores. 3. La humildad de admitir que muchas veces se necesita ayuda externa para poder solucionar las propias dificultades. 4. La capacidad para aprender de los momentos críticos.
Trabajo interpersonal	5. El reconocimiento de los momentos de crisis y de los conflictos como algo inherente a la persona. 6. La comprensión del sufrimiento que producen los conflictos. 7. La potenciación de la creatividad sobre una base de realidad. 8. La creencia en las propias posibilidades y en las del otro. 9. La necesidad de privacidad en los momentos difíciles. 10. El respeto por los demás y la comprensión de los deseos, necesidades y valores del otro, aun cuando disten de los propios.

Virtualidades educativas de la mediación escolar

6

1. Introducción

En este capítulo vamos a tratar de justificar por qué la mediación es una metodología que va más allá de la intervención en la resolución del conflicto, resaltando la capacidad de ésta para incidir en el desarrollo sociopersonal y moral de los alumnos.

Por esta razón, se abordan en primer lugar las tres finalidades educativas de la mediación escolar: la intervención en la resolución del conflicto, la prevención y la formación.

En segundo lugar, se ahonda en los aspectos emocionales, cognitivos y morales que la mediación posibilita. Desde el punto de vista *emocional,* se facilita la toma de conciencia de las propias emociones y de las de los demás, su adecuada canalización y exteriorización, así como el control intra e interpersonal y la actitud empática que ayuda a percibir el impacto del conflicto en la otra persona. *Cognitivamente*, la mediación permite poner en juego lo que se ha llamado el procesamiento de solución de problemas interpersonales. Y por último, desde el punto de vista *moral,* lleva a la responsabilidad de sentirse parte implicada en el problema, a la reparación, la justicia, la reciprocidad o la confidencialidad, entre otros prerrequisitos morales.

Por último, nos detenemos en la capacidad transformadora de la mediación escolar, cuyo alcance va más allá de los propios alumnos y se extiende también a los profesores y al propio centro educativo.

2. Finalidades educativas de la mediación escolar: la intervención en la resolución de los conflictos, la prevención y la formación socioafectiva

Con el fin de ajustar lo mejor posible las actuaciones en casos de violencia escolar y problemas de disciplina y de aplicar la estrategia más adecuada a cada situación, Avilés (2006) ha adaptado la pirámide preventiva de Deklerk, Depuydt y Deboulte (2001) (véase la figura 6.1). En ella se sitúan el conjunto de metodologías de mejora de la convivencia ubicándolas en sus correspondientes niveles de prevención e intervención educativa. Como puede observarse, a la mediación escolar se le atribuye un nivel preventivo y de intervención en los conflictos.

La mediación escolar no sólo es útil para intervenir y facilitar los procesos de resolución de conflictos que surgen en la convivencia cotidiana, sino que además previene y forma la prosocialidad y la empatía (Boqué, 2005; Calvo et al., 2004; Fernández y Orlandini, 2001; Tórrego, 2003; Villaescusa, 2010). A veces se ha criticado que los esfuerzos en mediación se centrasen únicamente en la intervención en la resolución del conflicto, señalando, como afirman Ortega y Del Rey (2003), que no tiene sentido esperar ningún cambio estable de un proceso puntual que dura unos pocos minutos o bien acontece una sola vez. No obstante, en la medida en que el centro educativo acepta la existencia de conflictos —o la posibilidad de que éstos surjan— y abre una vía educativa para afrontarlos positivamente, como es el caso de la mediación escolar, el centro educativo demuestra que da importancia a las relaciones interpersonales y se hace responsable de poner los medios adecuados y de crear las condiciones propicias para gestionar los conflictos con profesionalidad. La existencia de un equipo de mediación en el centro se convierte así en una instancia de prevención en sí misma.

> «Los conflictos ignorados o reprimidos tienen un coste elevado que se manifiesta en un aumento de la tensión interpersonal, en la progresiva extensión del conflicto a todo el centro, en un riesgo a que el tema se magnifique, con el consiguiente empeoramiento de la situación, desmotivación general y pérdida de cohesión intergrupal y efectividad» (Boqué, 2007, p. 60).

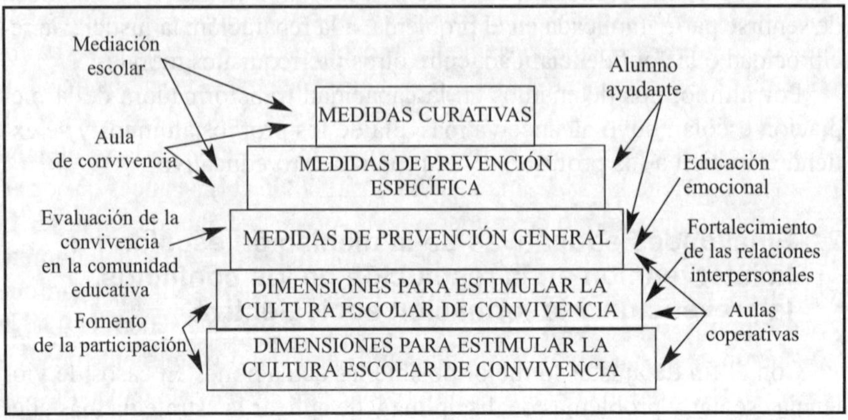

Figura 6.1.—Pirámide de Deklerk, Depuydt y Deboulte (2001) adaptada por Avilés (2006).

Boqué (2007, 2010) identifica tres finalidades de la mediación escolar: una finalidad preventiva, una función de intervención en la resolución de los conflictos y una función formativa. Todas ellas se describen a continuación.

2.1. Intervención en la resolución del conflicto

Frente al modelo punitivo —que trata de gestionar las conductas inadecuadas a través de la aplicación de castigos y de premios administrados por una figura de autoridad— o el modelo relacional —en el que las partes en conflicto buscan solución por sí mismas en el plano privado—, la mediación escolar aparece desde un modelo integrado como una estructura organizada dedicada a la atención de los conflictos, integrando los aspectos positivos de los dos modelos anteriores. Por un lado, recoge la necesidad —del modelo punitivo— de que en las instituciones educativas existan límites y normas definidas y, por tanto, se deriven unas consecuencias de su incumplimiento. Por otro, recoge —del modelo relacional— el énfasis en la relación interpersonal como sistema para resolver los conflictos.

Cuando existe un conflicto entre alumnos que haya implicado una trasgresión de alguna norma del centro educativo, el hecho de aplicar la consecuencia de su incumplimiento según el Reglamento de Régimen Interno con frecuencia no supone la solución del conflicto (Binaburo y Muñoz, 2007; Boqué, 2005). Es éste el motivo que puede inducir a iniciar la mediación siempre que las personas implicadas estén dispuestas a ello. Es necesario tener en cuenta que ésta no puede convertirse en una práctica obligatoria incluida en el sistema disciplinario porque se corrompe uno de sus principios fundamentales: la voluntariedad. Tampoco se puede ver como un mecanismo desde el que negociar la sanción por el incumplimiento de la norma. La mediación se aplica cuando hay un conflicto entre alumnos y desean solucionarlo voluntariamente, independientemente de si se ha incumplido o no una norma. Por tanto, ésta complementa el sistema disciplinario del centro educativo y en ningún caso lo sustituye.

Desde la perspectiva de la mediación, la intervención en la resolución del conflicto tiene lugar de una manera positiva. Se abren cauces de comunicación para un diálogo de calidad y se favorece la colaboración desde la implicación directa en la solución de los conflictos por parte del alumnado, lo que permite que se hagan cargo de la parte de responsabilidad que les toca en la solución del conflicto. Como señala Boqué (2005, p. 43), la aplicación de la sanción correspondiente —aun siendo totalmente necesaria— no implica que el alumno comprenda el alcance de su actuación y se convierta en responsable pasivo del daño causado. En cambio, el proceso de mediación —bien simultáneo o posterior a la sanción— le facilita hacerse responsable de sus propios actos de una forma proactiva, entendida como reflexión dirigida a la reparación y a la reconciliación. En la tabla 6.1 se presentan los objetivos educativos que podrían plantearse a partir de esta primera finalidad.

TABLA 6.1

Objetivos a conseguir cuando la finalidad de la mediación escolar es la resolución del conflicto (Boqué, 2007, p. 25)

Finalidad	Objetivos
Intervención en la resolución de los conflictos	— Fomentar el diálogo por encima de la imposición. — Aumentar la corresponsabilidad de los protagonistas del conflicto. — Favorecer la comunicación y la elaboración de los conflictos. — Primar la reparación por encima del castigo y la reconciliación frente al rencor.

2.2. Mediación y prevención de los conflictos

Uno de los motivos por los que se puede decir que la mediación escolar previene conflictos es porque puede actuar como marco protector ante futuros conflictos en la medida en que extiende los principios de tolerancia, de igualdad, de preocupación por los demás y de empatía más allá del círculo íntimo del alumno. De esta forma, es posible que se reduzcan los posibles prejuicios entre los miembros de un grupo, aumente la confianza y se contribuya a mejorar las relaciones interpersonales y a fomentar valores morales entre los alumnos. Por esta razón se ha considerado la mediación escolar una vía de socialización que aporta un sentido comunitario que se contrapone al individualismo y que quizá no tiene en cuenta otras formas de resolución de conflictos (Bickmore, 2001; Cowie y Fernández, 2006).

Como puede apreciarse en la tabla 6.2, la mediación escolar previene también en cuanto ésta permite el aprendizaje de un conjunto de habilidades para resolver los conflictos que, una vez adquiridas, siempre pueden trasladarse a otros escenarios del centro educativo e incluso a otros ámbitos y redes sociales más amplias. Este hecho puede evitar la escalada del conflicto actuando sin recurrir a la violencia. Como señala Auberni (2007), «la mediación es un proceso de presente, que se ha generado en el pasado más o menos reciente pero enfocado y orientado al futuro».

TABLA 6.2

Objetivos a conseguir cuando la finalidad de la mediación escolar es la prevención (Boqué, 2007, p. 25)

Finalidad	Objetivos
Prevención	— Aceptar y valorar las diferencias. — Fomentar la inclusión y la cohesión entre todos los miembros de la comunidad educativa. — Adquirir habilidades para aprender a actuar ante los conflictos defendiendo los propios intereses y sin recurrir a la violencia.

2.3. La mediación como medio de formación personal

Respecto a la finalidad formativa, se puede decir que a través de la mediación escolar se produce una transformación personal. Esto significa que la mediación favorece la interiorización de un conjunto de valores, habilidades y actitudes, cambia la percepción negativa del conflicto hacia una visión positiva del mismo y predispone a las personas para comprenderse mejor interna y mutuamente.

Dicha transformación personal tiene lugar mediante un aprendizaje experiencial. La mediación se vincula a los conocimientos, habilidades y actitudes surgidos en las propias vivencias y arraigados en la realidad más inmediata (Ortega y Del Rey, 2003, 2004; Ortega y Mora-Merchán, 2005), transformando situaciones destructivas en oportunidades para el aprendizaje y el crecimiento personal. Gran parte de la riqueza de la mediación escolar radica precisamente en trabajar emociones, pensamientos, percepciones y habilidades en el mismo marco en el que surgen. Esta integración en lo cotidiano hace que se generen situaciones en las que los estudiantes pueden aprender, desarrollar y utilizar habilidades valiosas en y para la vida diaria. Ortega y Del Rey (2003) insisten en considerar la mediación una ayuda en el marco de la convivencia ordinaria, y rechazan por tanto contemplarla como un modelo de intervención clínica ante trastornos del comportamiento.

De acuerdo con Cowie y Wallace (2000), una de las principales ventajas del aprendizaje experiencial es que resulta particularmente efectivo para explorar y cambiar las actitudes y para desarrollar habilidades interpersonales. Se puede decir que orienta el aprendizaje a muchos niveles —emocional, cognitivo y social— facilitando su retención y posterior aplicación. No obstante, conviene tener en cuenta, como apuntan estos autores, la necesidad de fortalecer los vínculos entre la experiencia activa de aprendizaje y la acción reflexiva posterior para conseguir un aprendizaje experiencial más efectivo. Asimismo, tampoco se debe perder de vista que este tipo de aprendizaje puede suponer una desventaja para algunos alumnos si genera en ellos ansiedad y pérdida de control de la situación o les recuerda experiencias negativas. Por esta razón, es un aspecto importante cuidar la flexibilidad y la claridad en las instrucciones. En la tabla 6.3 se presentan los objetivos educativos que podrían derivarse de la mediación con una finalidad formativa.

3. La capacitación socioafectiva a través de la mediación escolar

Los efectos positivos de la mediación se deben tanto al proceso en sí como al entrenamiento necesario para llevar a cabo el proceso (Casella, 2000). Dicho de otra forma, las fases que configuran el proceso de la mediación toman forma en la medida en que se ponen en marcha un conjunto de actitudes y habilidades comunicativas, afectivas y cognitivas sin las cuales difícilmente se puede llevar a cabo el proceso con éxito. Nadie puede sustituir al alumno en su proceso de aprendizaje personal, pero la existencia de un proceso —facilitado por el mediador— permite que éste centre la atención de los implicados y su modo de actuar en una dirección concreta y guíe sus pasos hacia un comportamiento colaborativo y prosocial. Para que esto sea posible, se hace necesario un entrenamiento previo —al menos del mediador— que aborde un conjunto de contenidos socioafectivos que parten de un concepto positivo de persona al promover el cultivo de cualidades, competencias y virtudes que fomentan su crecimiento y su maduración.

TABLA 6.3

Objetivos a conseguir cuando la finalidad de la mediación escolar es la formación (Boqué, 2007, p. 25)

Finalidad	Objetivos
Formación	— Apreciar la importancia de las relaciones interpersonales. — Descubrir oportunidades de crecimiento personal en las situaciones de conflicto. — Desarrollar conocimientos conceptuales, procedimentales y actitudinales para aprender a vivir y a convivir.

Como señala Boqué (2007, p. 37), la mediación contiene herramientas que requieren modalidades de pensamiento creativo, reflexivo y crítico, habilidades comunicativas, expresión de emociones y sentimientos, responsabilidad, autodeterminación, conocimiento y valoración de uno mismo y de los otros. En suma, las dimensiones cognitiva, socioafectiva, conativa y moral se ponen en juego de manera integrada[1]. De modo que «la eficacia de la mediación debería entenderse como el máximo aprendizaje en cada una de estas áreas» (Villaescusa, 2010, p. 189). Su éxito no radica tanto en llegar a un acuerdo como en provocar situaciones y crear contextos de relación y de aprendizaje que de otra forma no se suscitarían. A continuación, se describe de qué manera, en qué medida y en qué aspectos concretos el proceso de la mediación escolar[2] favorece el desarrollo emocional, cognitivo y moral. Con un fin meramente didáctico, y sin perder de vista las interrelaciones entre las tres dimensiones, éstas se abordan de forma separada.

Además, en la medida en que el entrenamiento en mediación escolar aborde dichos aspectos en forma de contenidos para trabajar con futuros mediadores y/o con el alumnado en general, las personas implicadas en la mediación escolar estarán mejor preparadas personalmente y para gestionar el proceso, y éste tendrá más probabilidad de éxito (figura 6.2).

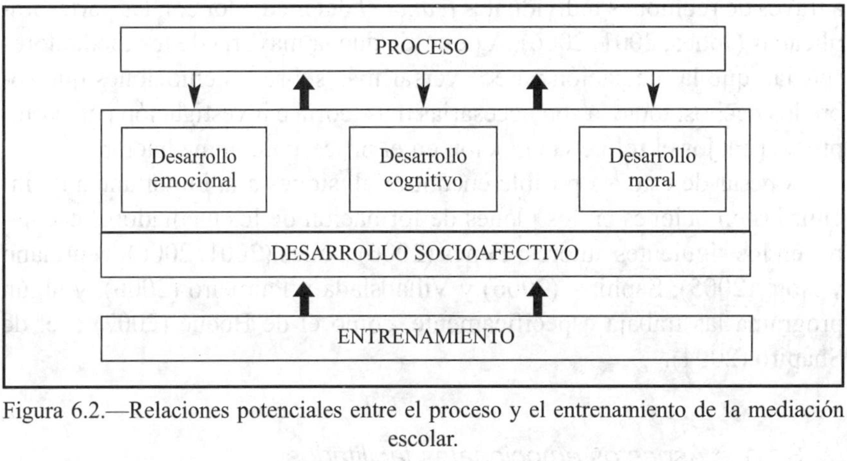

Figura 6.2.—Relaciones potenciales entre el proceso y el entrenamiento de la mediación escolar.

[1] Desde la teoría académica se han estudiado las importantes interrelaciones entre dichas dimensiones del comportamiento. Para un estudio más minucioso de las relaciones entre el desarrollo emocional y moral, puede consultarse Alonso e Iriarte (2005). Asimismo, Heydenberk y Heydenberk (2005) resaltan las relaciones entre el razonamiento moral y la empatía.

[2] Aunque la mayoría de las referencias bibliográficas se han tomado del ámbito escolar, en el presente epígrafe se puede encontrar información procedente de artículos que estudian el proceso de la mediación en general —sin especificar ningún ámbito— y que se han traído al presente trabajo por su interés y aplicabilidad en el ámbito escolar.

3.1. El desarrollo emocional

El impacto de las emociones en las relaciones sociales (Dougherty, 2006; Goleman, 2006; Ortega y Del Rey, 2004), así como en lo referente al conflicto (Bell y Song, 2005; Friedman, Anderson, Brett, Olekalns, Goates y Lisco, 2004; Fisher y Shapiro, 2005; Murphy y Eisenberg, 2005; Redorta, Obiols y Bisquerra, 2006), ha sido puesto de manifiesto por numerosos autores. Las emociones están presentes en todos los conflictos, y en este sentido son fundamentales el conocimiento, la comprensión y la valoración de los propios sentimientos y emociones y los de los demás para aprender a aceptar, afrontar y transformar los conflictos que forman parte de la vida.

Los estudios subrayan la centralidad de las emociones en el conflicto, lo que ha llevado a algunos autores a estudiar las emociones en relación con el proceso de mediación (Jones y Bodtker, 2009; Jones, 2006; Shapiro, 2006), describiendo algunas formas en que éstas pueden dificultar dicho proceso. No obstante, son pocas las investigaciones que han llegado a concretar el impacto de las emociones en la mediación. La mayor parte de las veces éstas se han centrado en estudiar cómo controlar la emoción de la ira a través de reuniones individuales *(caucus)* del mediador con las partes implicadas (Jones, 2001, 2006). A pesar de que la mayoría de los mediadores señalan que la mediación parece versar más sobre las emociones que sobre los hechos, todavía son necesarias más teoría e investigación para comprender mejor el rol de la emoción en el proceso de la mediación.

A pesar de esto, es posible encontrar alusiones a la importancia de incluir las emociones en los planes de formación de los mediadores escolares en los siguientes autores: Funes (2006), Jones (2001, 2006), Murciano y Notó (2005), Saphiro, (2006) y Villaoslada y Palmeiro (2006), y algún programa las trabaja específicamente, como el de Boqué (2007) o el de Shapiro (2004).

3.1.1. *Aspectos emocionales facilitados por el proceso de la mediación*

La mediación escolar facilita el desarrollo de la competencia emocional. En la tabla 6.4 se recogen un conjunto de capacidades emocionales que según diversos autores promueve la mediación.

TABLA 6.4

Aspectos emocionales facilitados por el proceso de la mediación

Aspectos emocionales facilitados por el proceso de la mediación	
Estrategias asertivas (Boqué, 2007)	— Expresar emociones, necesidades y sentimientos de forma adecuada. — Dar y recibir críticas constructivas.
Autoconciencia emocional (Boqué, 2007; Funes, 2006; Villaoslada y Palmeiro, 2006)	— Etiquetar los sentimientos y reconocerlos en una situación conflictiva. — Tomar conciencia de que los estados emocionales inciden en el comportamiento y éstos a su vez en la emoción, y cómo pueden sus regulados por el razonamiento y la conciencia. — Comprender que el estado emocional interno no necesita corresponderse con la expresión externa.
Autorregulación emocional (Murciano y Notó, 2005; Boqué, 2007; Funes, 2006; Villaoslada y Palmeiro, 2006)	— Canalizar y reconducir las emociones. — Afrontar emociones negativas disminuyendo su intensidad y su duración. — Autogenerar emociones positivas. — Capacidad de paciencia.
Empatía (Jones, 2006; Munné y Mac-Cragh, 2006; Shapiro, 2006)	— Capacidad para entender el punto de vista del otro y sentir con él.

De alguna manera parece obvio que la mediación escolar favorece la empatía[3] y la simpatía. Ponerse en el lugar del otro, escuchar antes de hablar, re-

[3] Empatía es, según el diccionario, la capacidad de una persona de experimentar la manera en que siente otra y compartir sus sentimientos. En un sentido más coloquial se trata de ponerse en la piel del otro, entendiendo sus penas, sus alegrías, sus miedos, temores, motivaciones, actitudes y capacidades y manteniendo una escucha proactiva para comprender y captar mejor el mensaje que nos quiere transmitir. La empatía no significa estar de acuerdo en todo con el otro, ya que se puede y además se debe fomentar el espíritu crítico, pero sin perder la empatía y respetando, eso sí, la posición del otro. Una característica fundamental del ser humano es diverger en los pensamientos, emociones y sensaciones por razones educacionales, predisposición genética o por una simple condición hormonal. Si partimos de esta base, se cree que una persona tiene empatía cuando posee un profundo conocimiento de sí mismo o, lo que es lo mismo, ha desarrollado su inteligencia emocional, siendo capaz de razonarse, sentirse e incluso evaluarse.

En ocasiones se confunde la empatía con la simpatía, y a pesar del parecido etimológico, lo cierto es que entre ellas existen notables diferencias. La simpatía hace que uno sienta el mismo estado emocional que los demás; por el contrario la empatía involucra nuestras propias emociones, que nos llevan a entender a los demás. Así, deberíamos tener la capacidad de leer emocio-

conocer los sentimientos individuales de cada uno en el otro: todo ello forma parte de un mismo enunciado: la capacidad de «empatía» de cada persona. En este sentido, la mediación escolar ayuda a ponerse en el lugar del otro comprendiendo lo que piensa y experimentando emocionalmente lo que siente.

La cadena de emociones que tiene lugar cuando ocurre un conflicto repercute en el modo en que los protagonistas reconocen y definen el conflicto. De modo que comprender la naturaleza del conflicto exige contar con información emocional. Esta capacidad informativa de las emociones ha sido destacada por diversos autores (Funes, 2006; Jones, 2006; Villaoslada y Palmeiro, 2006). Aprender a percibir en las emociones información ayuda a conocer el impacto del conflicto en la otra parte, lo que contrarresta la tendencia general a interpretarlo como una afrenta personal. De modo que desarrollar la autoconciencia emocional puede ser el punto de partida para reconducir y canalizar las emociones negativas y no dejarse dominar por ellas.

Esto es posible porque el proceso de mediación es propiamente experiencial y se crea un entorno receptivo de emociones —contenedor y educador de experiencias emocionales— que contribuye a que las personas en conflicto se sientan comprendidas y aceptadas. Se trata de un espacio de conocimiento mutuo y de aprendizaje sobre las emociones en permanente retroalimentación, que además culmina con el logro de un acuerdo justo. Por tanto, el alumno puede llegar a sentir —y no sólo a entender— lo que es moralmente justo para la mejora de la convivencia.

A través del proceso de mediación se produce un cambio de las emociones negativas en emociones positivas. En la medida en que la persona en conflicto va logrando cambiar su percepción de éste, va expresando sus necesidades y comprendiendo mejor el punto de vista del otro y se siente mejor. Al sentirse mejor se va desprendiendo de las emociones negativas y aparecen emociones positivas. La clave para reconducir y canalizar las emociones negativas y no dejarse dominar por éstas es tomar conciencia de ellas. De modo que desarrollar la autoconciencia emocional puede ser el punto de partida para afrontar los conflictos constructivamente evitando su escalada.

> «Si las emociones de las personas en conflicto les hacen centrarse en el pasado, en lo negativo y en lo imposible, el proceso mediador trata de cambiar esta situación, haciendo que las partes se centren en el presente, en lo po-

---

nalmente a los demás, escucharlos y simplemente entenderlos. Los puntos de vista de cada persona seguirán siendo distintos, posiblemente porque cada una vive en un mundo emocionalmente diferente del otro, pero, aun así, seremos capaces de salir de la ceguera emocional en la que solemos encontrarnos actualmente cuando hablamos con otros seres que divergen, porque sabremos o podremos interpretar adecuadamente las necesidades de los demás.

sitivo y en lo posible, mediante la disminución de la intensidad emocional, la mejora en la comunicación y la promoción de cambios en la manera de comprender el punto de vista del otro» (De Diego y Guillén, 2008, p. 117).

3.1.2. *El impacto de las emociones en el proceso de la mediación*

La mayoría de los mediadores señalan que la mediación parece versar más sobre las emociones que sobre los hechos que provocan los conflictos. Shapiro (2006) es uno de los autores que han puesto de relieve la dimensión afectiva de la mediación al señalar que el éxito de ésta se mide en función de dos metas: la satisfacción afectiva —centrada en la calidad de la experimentación emocional durante el proceso— y la satisfacción instrumental —basada en la calidad del acuerdo—, destacando cómo las emociones fuertes pueden obstaculizar ambas metas. Cuando las emociones negativas son muy intensas, puede resultar difícil que los participantes en la mediación se escuchen y se entiendan. Asimismo, pueden hacer que ambos tiendan a maximizar su propio beneficio al creer que el acuerdo con la otra persona es imposible.

Si bien es evidente la relevancia de las emociones durante el proceso de la mediación, no existen apenas estudios empíricos que constaten esta realidad. En un intento de adoptar una perspectiva más global de las emociones en la mediación y dar orden a las referencias halladas en la literatura, recogemos de modo descriptivo los diferentes factores observados en relación con el impacto de las emociones en la mediación según las personas implicadas en el proceso: el mediador y las personas mediadas.

a) El mediador como gestor emocional

Gran parte de la bibliografía revisada se centra en la figura del mediador. Por un lado, es fundamental el papel que desempeña en este proceso la comunicación favorecida en todo momento por los mediadores, quienes a través de diversas técnicas comunicativas proporcionan continuamente feedback emocional (Munné y Mac-Cragh, 2006).

Las emociones generalmente no aparecen explícitas, sino latentes en mensajes verbales y no verbales, y se requiere una cierta habilidad para identificarlas. Los mediadores a menudo tienen poca dificultad para advertir que una parte está experimentando un sentimiento, pero quizá no pueden identificarlo o determinar cuál es su intensidad. La escucha activa a menudo facilita no sólo dicha identificación, sino que al descifrar un mensaje verbal y reconocer en él las emociones el mediador puede reformular el contenido emocional del mensaje, utilizando las mismas palabras o palabras análogas, lo que brinda a la persona la oportunidad de comprobar la exactitud de la percepción de sus emociones. Se sugiere por ejemplo prestar atención a las quejas, ya que a veces reflejan implícitamente contenido emocional (De Diego y Guillén, 2008). Por tanto, la escucha activa es la base de todo el proceso posterior, ya que permite apaciguar las emociones intensas y crear un ambiente de colaboración. Por otro lado, el rol de mediador requiere un nivel adecuado de autorregulación de las propias emociones garantizando así la neutralidad del proceso.

Jones y Bodtker (2001) explican que para maximizar la efectividad del proceso de mediación los mediadores deben atender a tres componentes clave de la emoción: el expresivo, el fisiológico y el cognitivo. La información del componente expresivo de la emoción está ligada al modo en que vive la persona el conflicto y es más fácil de captar por los mediadores que la información del componente fisiológico[4] o cognitivo[5], ambos más relacionados con la naturaleza del conflicto.

Precisamente Shapiro (2006) explica tres razones que, debido al incorrecto tratamiento de las emociones por parte del mediador, pueden producir déficit de efectividad durante el proceso:

1. *Esperar a que las emociones emerjan por sí mismas*. Hay ocasiones en que el mediador espera a que las partes expresen las emo-

[4] Jones y Bodtker (2001) se refieren a la realidad somática de la emoción que se puede reflejar en el bloqueo emocional *(flooding)* y en la influencia del contagio emocional. El bloqueo impide pensar adecuadamente debido a la intensidad de la emoción, que puede ser debida a una causa externa o a los propios pensamientos o atribuciones hostiles. Generalmente, se percibe a través de síntomas como músculos tensos, respiración rápida o expresiones faciales negativas, aunque la persona puede aparentar que está calmada. En cualquier caso es contraproducente trabajar la mediación en este estado y requiere siempre un descanso o entrevista individual *(caucus)*. Cuando es persistente, el mediador reconsideraría otros medios para resolver el conflicto. El contagio emocional se refiere a la tendencia automática a sincronizar con el estado emocional de la otra parte y se le debe prestar atención, ya que puede afectar tanto a los mediadores como a las personas en conflicto, y no correlaciona con la empatía porque se vincula más con respuestas inconscientes.

[5] Jones y Bodtker (2001) han identificado dos componentes cognitivos de la emoción: la «reevaluación emocional» y la metaemoción. El primero entiende la emoción en términos de evaluaciones que las personas realizan y que dan lugar a su experiencia emocional. Requiere la habilidad del mediador para usar preguntas que ayuden a identificar la experiencia emocional y a reevaluar la situación. La metaemoción es la emoción de la emoción, es decir, lo que se siente por tener una determinada emoción, que pueden o no coincidir. Si el mediador no identifica adecuadamente la metaemoción, puede orientar el trabajo con las emociones inadecuadamente y la persona puede perder la confianza en el mediador.

ciones negativas, y si esto no ocurre plantea un descanso o una reunión individual *(caucus)* con cada una. En consecuencia no se habla abiertamente de las emociones —lo que no quiere decir que éstas no impacten en el proceso de la mediación— y se puede convertir el proceso en un diálogo racional que hace que el acuerdo sea menos efectivo al no estar adaptado a las necesidades de las personas. Por esta razón, Shapiro (2006) considera que desde una reunión previa con las partes (premediación) el mediador podría prestar atención a aspectos tales como el inicio del conflicto, los intentos de solución y cuáles son los sentimientos —y su intensidad— de cada parte hacia la otra. Posteriormente, durante el proceso el mediador se encontraría más preparado para identificar y tratar las emociones negativas, y las partes pueden confiar en la guía del mediador al ver cómo éste refleja adecuadamente lo que sienten.

2. *Creer que, una vez expresadas las emociones, éstas desaparecen.* En otras ocasiones, algunos mediadores creen que cuando las personas en conflicto expresan las emociones, se reduce su intensidad y, en este sentido, se pueden deshacer de ellas y es más fácil llegar a un acuerdo. Expresar las emociones ayuda a ponerles nombre y de esta forma se está más capacitado para entenderlas y tomar control de ellas pero no necesariamente implica que éstas desaparezcan.
3. *No tener en cuenta la resistencia emocional de las partes.* Por último, algunos mediadores obvian la resistencia emocional que las personas pueden mostrar a cambiar su forma de pensar o comportarse. Esto puede ocurrir porque consideran que dicho cambio supone una pérdida de identidad, o bien porque ya mantenían una mala relación antes del conflicto. El mediador podría ayudar a las partes a ser conscientes de dicha resistencia a través de preguntas como las siguientes: ¿qué es lo que perderías si construyeras una relación positiva con la otra parte?; ¿qué te resulta difícil para trabajar con la otra parte?; ¿cuáles son tus temores si el conflicto continúa?; ¿cuáles son tus temores si tú y la otra parte alcanzáis un acuerdo satisfactorio?

No obstante, Shreier (2002) advierte cómo algunas disposiciones del mediador tales como la empatía, la escucha activa, la confianza, el reconocimiento de necesidades, intereses y preocupaciones o la búsqueda de la justicia pueden llevar al mediador a identificarse con la otra persona hasta el punto de perjudicar la imparcialidad que ha de guiar el proceso. Esto pone de manifiesto la necesidad de que el mediador alcance un nivel óptimo de autoconciencia emocional que le ayude a mantener la objetividad sin que interfieran sus propias emociones. No se trata de eliminar sus propias emociones, sino de ser consciente de las emociones que se siente y de lo que se piensa sobre ellas.

Asimismo, la tolerancia o la reacción del mediador ante la expresión de las emociones negativas e intensas puede definir el margen de expresión de emociones de las partes mediadas (Shreier, 2002). Este autor sugiere preguntar a las partes al principio de la mediación sobre sus expectativas y tolerancia a la expresión de sentimientos, ya que hablar sobre las emociones que podrían emerger facilita un entorno seguro para la mediación y la expresión de emociones. Como afirma Smilovitz (2008), la percepción que las personas en conflicto tengan de las emociones del mediador influye en la manera en que éstos van a organizar, procesar y utilizar la información. Por tanto, las emociones del mediador tienen un impacto en el proceso de la mediación. Lieberman (2006) apoya esta idea al resaltar la actitud positiva del mediador incluso en los momentos más críticos, destacando en todo momento los progresos conseguidos y mostrándose persistente en la búsqueda de un acuerdo que satisfaga las necesidades e intereses de ambas partes.

En Ladd (2005) se explora cómo las emociones pueden ser controladas durante el proceso de mediación. Este autor ahonda en los entresijos del proceso destacando las habilidades que son necesarias para gestionar diversas emociones (tabla 6.5).

TABLA 6.5

Emociones y pautas para mediarlas (elaborada a partir de Ladd, 2005, pp. 35-60)

Emoción	Pautas para mediar la emoción
Ira	— Definir claramente unas pautas que faciliten la expresión de la ira y velar firmemente por su cumplimiento (por ejemplo, no utilizar un lenguaje grosero, respetar el turno de palabra sin interrumpir...). — Procurar que ambas partes (no sólo una de ellas) expresen su enfado e ira y sólo a partir de entonces profundizar en el problema aislando posibles temas para su discusión y tratando de lograr un punto de conexión. — Si la ira emerge en nuevas ocasiones durante el proceso, valorar las siguientes cuestiones: ¿están las dos partes de acuerdo en que la ira está afectando a la continuidad del proceso?; ¿el mediador ha hecho referencia adecuada a las normas establecidas para expresar la ira?; ¿el mediador ha utilizado bien las técnicas del parafraseo?

TABLA 6.5 *(continuación)*

Emoción	Pautas para mediar la emoción
	— Si a pesar de todo las personas siguen experimentando la ira, se puede utilizar como último recurso el *caucus*. Este método brinda a las partes la oportunidad de hablar en privado con el mediador distanciándose así espacial y temporalmente del proceso. El mediador no debe utilizar el *caucus* demasiado pronto para evitar o prevenir las explosiones de ira porque no resulta efectivo. Asimismo, debe estar atento cuando las partes utilizan el *caucus* para manipular el proceso y evitar hablar directamente con la otra persona.
Resentimiento	— Fomentar que las personas se hablen dirigiéndose la una hacia la otra. Para las personas con resentimiento la mediación es una oportunidad para hablar de forma directa sobre pensamientos y sentimientos que a menudo han tratado de velar a través de una comunicación indirecta —sarcasmo, ironía o chismes— o nunca los han expresado. De forma que llegar a un estado de enfado puede ser visto incluso como un éxito en el proceso, en cuanto es señal de que se ha hablado abiertamente de los puntos clave del conflicto. — Animar a las partes a ser asertivas y específicas. Cuando utilicen una comunicación indirecta, replantear lo que han dicho de modo más directo evitando que el proceso se bloquee. — Desde el principio el mediador debe enfatizar el equilibrio de poder entre las partes resaltando la igualdad en la oportunidad y en el tiempo para hablar, ya que es probable que al menos una de las partes se sienta en desequilibrio de poder con la otra, sobre todo si previamente no han hablado directamente.
Venganza	— Es importante trabajar la premediación a través de una reunión privada con cada una de las partes. Es un reto que las partes con deseos de venganza alcancen una buena disposición para colaborar a fin de llegar a un acuerdo justo para ambas. Para lograr este cambio es recomendable trabajar muy detenidamente las normas de la mediación —basadas en los principios de voluntariedad, confidencialidad, colaboración e imparcialidad— y valorar si el acuerdo con dichas reglas es verdadero o no.
Apatía	— Animar y hablar de una manera positiva. Esta emoción puede ser frecuente en personas que de alguna manera han sentido la obligación de acudir a mediación y tienen poca esperanza en el proceso, por lo que necesitan el estímulo del mediador. Éste puede utilizar con cuidado el lenguaje transmitiendo esperanza (por ejemplo, «cuando alcancemos el acuerdo» en vez de «si alcanzamos un acuerdo»; «escribiremos el acuerdo con vuestro lenguaje»; «valoraremos las mejores opciones que resuelvan el conflicto»). — Ayudar a encontrar significado a la mediación haciendo que las personas en conflicto desarrollen alternativas personales y por tanto significativas para ellas, tratando siempre de identificar sentimientos comunes para ambas partes. — Replantear los mensajes que puedan reflejar cierto cinismo (por ejemplo, «¿cómo puedo confiar *en alguien como ella* para resolver

TABLA 6.5 *(continuación)*

Emoción	Pautas para mediar la emoción
	este problema?» por «¿cómo puedo confiar en ella para resolver este problema?». — Detallar el acuerdo de forma muy concreta y descriptiva.
Culpa	— Evitar que la forma de hablar parezca sentenciosa porque las personas que experimentan culpa pueden hallar razones para culparse a sí mismas. — Ser muy específico y parafrasear constantemente sus frases vagas y poco concisas. — No plantear demasiadas preguntas durante la mediación —pueden sentirse juzgados y buscar respuestas en las que se autoinculpen— y en cambio reflexionar sobre opciones alternativas a la culpa. — Prestar atención a los sentimientos de inutilidad y de vergüenza. Al establecer las reglas del proceso enfatizar mucho que ambas partes no se culpan unas a otras, sino que trabajan hacia un acuerdo razonable.
Egoísmo	— Asegurarse de que existe un acuerdo con todas las reglas de la mediación. Las personas que experimentan egoísmo generalmente asumen que su punto de vista es el correcto y tienden a tomar control y poder sobre el proceso y los otros —hacen demandas, cuestionan el proceso o las reglas. — Poner especial interés en equilibrar en todo momento el poder entre las partes. Ante esta emoción, se aconseja que el mediador —sobre todo al principio— mantenga y marque especialmente el control de la situación. — Recordar —si es necesario— las reglas durante el proceso transmitiéndoles que al estar de acuerdo con ellas cada vez están más cerca de renunciar a la necesidad de tener únicamente el control y la razón sobre el conflicto.
Codicia	— Contrarrestar desde un principio la necesidad de estas personas de conseguir ganar a toda costa. Lo más difícil en estos casos es lograr puntos comunes entre las partes, ya que éstas están centradas en sus propios objetivos, que además generalmente no exponen abiertamente. El mediador, consciente de esto, deberá dedicar un tiempo extra a trabajar acerca de lo que tienen en común ambas. — Sensibilizar proponiendo hablar acerca de lo que siente y piensa cada una de las partes, ya que se puede estar tan centrado en conseguir el resultado deseado que se olvide plantearse cualquier opción alternativa.
Ansiedad	— El mediador puede trabajar esta emoción con anterioridad al comienzo del proceso. Las personas con ansiedad necesitarán sentirse seguras con el proceso. Por esta razón, detalles minuciosos como ofrecer un caramelo o un refresco, o conversar sobre temas irrelevantes como el tiempo o deportes, crearán un clima en el que se sientan cómodas. — Una vez comenzado el proceso, identificar emociones comunes entre ambas partes ayuda a éstas a sentir confianza e involucrarse más en el proceso.

La tarea del mediador no es nada sencilla. La investigación (Shreier, 2002; Lund, 2000) sugiere que un entrenamiento adecuado que prepare al mediador para manejar las emociones fuertes debe incluir el desarrollo de competencias emocionales a fin de: 1) aumentar la tolerancia ante la expresión emocional, 2) desarrollar la imparcialidad y disminuir el estrés, 3) inculcar paciencia y humildad y 4) desarrollar expectativas realistas en torno a los beneficios de la mediación. Además, debería contemplar actividades experienciales, analíticas, de información y conceptuales, de autorreflexión, observación y visualización. De esta forma, se evita que los mediadores puedan sentirse abrumados y, en cambio, se les faculta para responder con mayor empatía a las emociones de las personas mediadas.

b) Impacto de las emociones en las partes en conflicto

Las emociones afloran sobre todo en la fase de premediación y en la de exposición de los hechos (Villaoslada y Palmeiro, 2006). De hecho, Rozemblum de Horowitz (2007) indica que en el proceso de mediación hay un primer momento —que esta autora define como «ventilación emocional»— en el que el mediador no debería repetir las ideas o hechos expresados o parafrasear lo dicho por cada parte sino simplemente detenerse en señalar las emociones y sentimientos que cada una transmite. Es frecuente que al principio de un proceso de mediación las personas se sientan irritadas, ofendidas, frustradas, desconfiadas, alienadas, sin esperanza, resentidas, traicionadas, temerosas o resignadas. Si no se atiende a las emociones que manifiestan o experimentan en silencio, éstas pueden bloquear todo el proceso posterior (De Diego y Guillén, 2008).

Diversas aportaciones interesadas en analizar la centralidad de las emociones en el conflicto —que resultan por tanto de gran utilidad para la práctica de la mediación— dirigen su atención hacia el estudio de la emoción de la ira —en la que se pone especial énfasis—, la tristeza y la ansiedad. Lieberman (2006), por ejemplo, desde el ámbito de la mediación laboral, destaca algunos estados emocionales que las partes en conflicto pueden experimentar durante el proceso de la mediación. Este autor ha creado una lista de emociones en mediación, denominada «A», entre las que destacan la ansiedad —verse de nuevo con la otra parte cuando uno está firmemente posicionado puede generar gran tensión— y la ira —cuando existen discrepancias al argumentar posiciones, creencias y sentimientos, la expresión de la ira bloquea la capacidad para llegar a un acuerdo.

El estudio de Murphy y Eisenberg (2002) sobre una muestra de 118 alumnos ($\bar{x} = 8{,}71$ años y s = 1,12 años) advierte la relación entre algunas emociones surgidas en el conflicto —en concreto, la tristeza y la ira— y algunas metas y comportamientos. Mediante el estudio de entrevistas a alumnos que habían tenido conflictos recientemente, concluyeron que aquellos escolares que experimentaron la emoción de la ira mostraron metas enemistosas y deseos de venganza, así como comportamientos que no favorecían la colaboración para resolver el conflicto. Por su parte, los alumnos que experimentaron tristeza mostraron metas amistosas y deseos de recuperar lo que se había perdido. Sin embargo, desde el punto de vista del comportamiento la tristeza no se asociaba a conductas constructivas en la resolución del conflicto. Al contrario, estos autores recomiendan prestar atención a esta emoción porque puede desembocar en la elección de una estrategia sumisa para resolver el conflicto.

Por su parte, Villaoslada y Palmeiro (2006) recomiendan atender al modo en que se maneja la ira por el malestar que suscita y porque contribuye a la rápida escalada del conflicto. En un estudio sobre los efectos de la ira, Friedman et al. (2004) realizaron mediaciones *on line* y concluyeron que la ira expresada por los participantes en mediación era contraproducente porque generaba respuestas de enfado en la otra persona y disminuía las ratios de resolución del conflicto. Además, cuando el receptor de la ira era más vulnerable, y a pesar de que la expresión de la ira no entorpecía el acuerdo, aquél acababa haciendo concesiones excesivas. Se trata por tanto de emociones lo suficientemente importantes como para tenerlas en cuenta en el proceso de mediación.

En la misma línea, Bell y Song (2005), en su estudio[6] con una muestra de escolares, hallaron tres conclusiones sugerentes:

- — En primer lugar, las estrategias de resolución de conflictos integradoras o de compromiso, esto es, que reflejan un deseo de lograr un acuerdo beneficioso para ambas partes, únicamente se relacionan con la experimentación de emociones de correspondencia positiva. Estas emociones son promovidas por una preocupación tanto por los demás como por uno mismo.
- — En segundo lugar, la emoción de la hostilidad entre escolares correlacionó significativamente con la atribución externa de culpa.

[6] Estos autores estudiaron cuatro categorías de emociones especialmente relacionadas con el conflicto: 1) emociones centradas en uno mismo o *self conscious emotions* (vergüenza, culpa, humillación); 2) emociones que revelan hostilidad hacia los otros (ira, frustración, ansiedad); 3) emociones que reflejan deseo de correspondencia positiva hacia los demás (simpatía, respeto, gusto), y 4) miedo. Los autores parten del supuesto de que la activación emocional tiene antecedentes cognitivos. Por esta razón, estudiaron la relación entre las cuatro categorías de emociones, algunos antecedentes cognitivos y diversas estrategias de resolución comúnmente aceptadas en la teoría del conflicto.

— En tercer lugar, la atribución interna de culpa se relaciona con emociones centradas en uno mismo *(self conscious emotions)* y con la selección de estrategias de resolución del conflicto sumisas que buscan satisfacer únicamente los intereses de la otra parte y reflejan una alta preocupación por los demás y una baja preocupación por uno mismo.

Esto sugiere que si bien durante el conflicto los mediadores pueden estar motivados para reducir la hostilidad, los esfuerzos se deberían centrar en salvaguardar las emociones de reciprocidad positiva. La reciprocidad es la base para la colaboración entre las partes; de hecho sin un punto de conexión desde el que se respete al otro no se abre una vía de comunicación posible para expresar sentimientos, manifestar pensamientos o contrastar opiniones. Señala Lieberman (2006) que cuando una de las partes percibe que la otra ha hecho un esfuerzo por cambiar su posición, es más probable que actúe recíprocamente.

En suma, la mediación escolar facilita el desarrollo de la competencia emocional en la medida en que fomenta algunos de sus componentes, como la conciencia emocional, la regulación de las emociones, la autonomía personal, la inteligencia interpersonal o las habilidades de vida y bienestar —que, según los siguientes autores (Bisquerra, 2001; Goleman, 2006; Iriarte y Alonso-Gancedo, 2008; Redorta, Obiols y Bisquerra, 2006; Salovey, 1997; Vallés, 2007), son los componentes de la competencia emocional.

Pero además de los aspectos relacionados con las emociones, en el proceso de la mediación también hay que tener en cuenta, como indica Redorta et al. (2006), que la razón y la emoción se mezclan. Al recibir información sobre un hecho, las personas tendemos a evaluar si es irrelevante, positivo, negativo o incierto y actuamos en consecuencia. De hecho, como afirma Vallés (2007), algunas emociones negativas, como la hostilidad hacia los demás por el sentimiento de haber sido injustamente tratado o la tendencia a considerar la violencia una forma legítima de responder al daño que se cree haber sufrido, suelen ser consecuencia de un deficiente procesamiento cognitivo de las situaciones y de los sesgos de pensamiento interpretativo asociados al análisis de la realidad. Por tanto, a partir de determinados prejuicios o incorrectas interpretaciones, se generan emociones, especialmente negativas, de ira o enfado, indignación, miedo o temor que ponen de manifiesto la importancia de la cognición en el conflicto y por tanto en el proceso de mediación. Es el motivo por el que en el punto siguiente analizaremos la incidencia del procesamiento cognitivo de la información en el proceso de mediación.

3.2. El desarrollo cognitivo

De acuerdo con Fernández, Villaoslada y Funes (2002), el análisis de un conflicto y la necesidad de guiar un proceso de mediación pueden exigir un importante nivel de reflexión y de construcción de pensamiento. Se hace necesario valorar objetivamente la información, poseer un conocimiento adecuado de las relaciones entre personas basadas en el respeto de los derechos y las obligaciones y desarrollar diferentes tipos de pensamientos, como el causal, el consecuencial y el creativo.

Vallés (2007) advierte que no inferir adecuadamente cuáles son las causas que originan los problemas, extraer conclusiones excesivamente generales a partir de informaciones parciales y sesgadas, tener problemas en el procesamiento de la información y en la toma de decisiones o dejarse arrastrar por la impulsividad son aspectos que generan dificultades para realizar una valoración objetiva de los problemas, conflictos o suscitan cuestiones a resolver entre los protagonistas. Todo ello puede ser el origen de numerosos conflictos interpersonales.

Asimismo, la dificultad para afrontar adecuadamente los conflictos puede proceder de limitaciones en el repertorio de estrategias de actuación (Trop-Gordon y Asher, 2005). Es evidente que cuanto más amplio sea el conjunto de estrategias del que dispone una persona, más posibilidades existen de resolver un conflicto interpersonal, sobre todo si la estrategia inicial elegida no ha culminado con éxito.

Trop-Gordon y Asher (2005) seleccionaron a un grupo de 252 alumnos de entre nueve y 12 años y estudiaron si sus metas o motivaciones sociales cambiaban cuando la estrategia inicial elegida para alcanzarlas fracasaba al toparse con un obstáculo. Para ello presentaron a los alumnos situaciones hipotéticas en las que se planteaba un conflicto. Se les pidió que eligieran una estrategia para resolverlo y comunicaran las metas que querían conseguir con ella, y después se les preguntó qué harían y cuáles serían sus metas si la estrategia inicial no funcionaba. De esta forma, examinaron si se producían cambios y de qué tipo en las metas y estrategias. Finalmente, observaron cómo las metas de los alumnos cambiaban significativamente cuando encontraban obstáculos en la resolución de conflictos. En algunos casos estos cambios no eran adaptativos —tanto los alumnos agresivos como los sumisos aumentaban su deseo de venganza— y este hecho predecía un comportamiento antisocial.

Murphy y Eisenberg (2005) concluyeron en un estudio cómo los alumnos que en el transcurso de un conflicto mantenían metas amistosas presentaban un bajo nivel de intensidad de la ira y un alto nivel de intensidad de tristeza. Al contrario, los que mantenían metas de enemistad presentaban niveles moderados de ira y un comportamiento destructivo.

Estos estudios destacan el importante papel del componente cognitivo en el conflicto. Precisamente un componente esencial de la competencia social, estudiado en el ámbito de la psicología cognitiva, es el procesamiento hábil de la información (López de Dicastillo et al., 2008; Trianes, 2007). Trianes (2001, p. 161) señala, en su programa *Enseñar a ser personas y a convivir*, que el procedimiento central del entrenamiento en mediación en conflictos consiste en enseñar a emplear hábilmente la pauta para el análisis y la resolución de conflictos interpersonales, dentro de una actividad negociadora.

Dicha pauta de análisis lleva a definir el problema entre los diversos protagonistas, a analizar las causas, los sentimientos y los objetivos; en segundo lugar, permite generar diversas soluciones que tengan que ver con el análisis anterior y evaluar anticipadamente qué consecuencias tendrán. Así, la solución se enfoca desde la perspectiva del logro del propio objetivo y desde la perspectiva social, es decir, desde el impacto que esa solución tiene en los demás y en el propio protagonista. En definitiva, se coordina la propia perspectiva y la del otro en un diálogo (véase la tabla 6.6) que puede desembocar en soluciones mutuamente satisfactorias.

TABLA 6.6

Diálogo reflexivo de solución de problemas interpersonales (Trianes, 2007, p. 63)

Diálogo reflexivo de solución de problemas interpersonales	
¿Cuál es el problema de la historia?	
¿Por qué creéis que actuó así?	
¿Cómo se sentiría para actuar así?	
¿Alguien piensa en otra causa que podría haber motivado esa conducta?	
¿Cuáles creéis que serían sus objetivos?	
¿Qué otra cosa pudo hacer distinta?	
¿La solución ha llevado a conseguir el objetivo?	
↓ SÍ	↓ NO
↓ ADECUADA	↓ ¿A qué otro efecto o consecuencia le ha llevado?
↓ ¿Qué consecuencias para los demás ha tenido ese comportamiento?	↓

Dentro del procesamiento hábil de la información se ha definido el procesamiento de solución de problemas interpersonales como un conjunto de habilidades y estrategias para resolver de forma constructiva un conflicto interpersonal. Tiene como fin un análisis reflexivo dirigido a la autorregulación que frene un pensamiento impulsivo que pueda llevar a elegir una estrategia agresiva. A continuación, se explica cada uno de los tipos de pensamiento que se ponen en juego en el proceso de la mediación siguiendo el modelo de Trianes (2001, 2007):

— *El pensamiento causal*: permite reflexionar sobre los motivos por los que una u otra parte actuaron como lo hicieron, así como sobre los pensamientos o sentimientos que motivaron su conducta.
— *El pensamiento consecuencial*: al preguntar sobre las consecuencias de la conducta, se activa un análisis de evaluación, que permite a la persona valorar su comportamiento, lo que resulta más efectivo que transmitir o imponer a priori un juicio externo. A través de preguntas como las siguientes se consideran las consecuencias personales y sociales —impacto en las normas y las expectativas de los demás— de la propia conducta: ¿qué ha sucedido después de que te portaras así?, ¿qué crees que va a pensar de ti el profesor?, ¿cómo crees que se han sentido los compañeros?
— *El pensamiento alternativo y de articulación medios-fines*: pone en relación la conducta exhibida con el objetivo que perseguía la persona, y es especialmente útil para mostrar contradicciones cuando dicha conducta es incoherente con la meta deseada.
— *El pensamiento creativo*: ayuda al alumno a pensar en términos de alternativas y de producción de estrategias que tiendan a conseguir los objetivos que desea en lugar de agarrarse a una única solución rígidamente. A modo de ejemplo se podrían utilizar las siguientes preguntas: ¿qué otra cosa podrías haber hecho para conseguir tu objetivo?, ¿de qué otra manera podrías haber actuado para evitar tal o cual consecuencia negativa?

El desarrollo de este conjunto de pensamientos facilita la reflexión y el autocontrol y lleva al alumno a tomar conciencia de sus objetivos personales, a evaluar su conducta, a extraer consecuencias y asumir las normas y valores de la situación o contexto. Toda esta actividad reflexiva o de análisis frena una respuesta impulsiva inmediata y ayuda a posponer la gratificación o el deseo y a contener la ira o el enfado. Elegir bien una estrategia repercute en el autoconcepto y por tanto en la percepción positiva de uno mismo como persona capaz de resolver sus conflictos interpersonales (Boqué, 2007; Munné y Mac-Cragh, 2006). A su vez, conocerse a uno mismo, asumiendo y relativizando las propias limitaciones, ayuda a construir relaciones adaptadas.

Para hacer avanzar el proceso de la mediación en esta dirección es fundamental el papel que desempeñan las diferentes técnicas comunicativas (tabla 6.7). Mediante las diferentes técnicas comunicativas, las personas en conflicto desarrollan la receptividad en la medida en que tratan de atender a los mensajes verbales y no verbales de los demás. Además, van desarrollando un conocimiento conceptual acerca de la teoría de resolución de conflictos, negociación y solución de problemas y del proceso de mediación (Johnson y Johnson, 2005). Esto aumenta la retención y la transferencia de este aprendizaje. Cuando las personas utilizan la mediación y la negociación en diferentes condiciones, desarrollan una representación mental más elaborada del procedimiento de resolución de conflictos, lo que les prepara para usar los procedimientos del conflicto de una forma más flexible, en distintos contextos y en condiciones diferentes (Tórrego, Funes y Moreno, 2001).

Por último, hay autores que han destacado que el proceso de la mediación repercute en la mejora de las habilidades académicas relevantes

TABLA 6.7

Técnicas comunicativas en el proceso de la mediación escolar (tomada de Tórrego et al., 2001)

Técnicas comunicativas y mediación	
Escucha activa	*Mostrar interés*: se refiere a que las intervenciones realizadas por la persona que escucha estén encaminadas a establecer una relación de cordialidad. *Clarificar:* hace referencia a las intervenciones realizadas por la persona que escucha y que permiten precisar qué se dijo o sucedió, cómo ocurrió y también ayudar a considerar otros puntos de vista. *Parafrasear:* consiste en repetir en palabras propias las principales ideas o pensamientos expresados por la persona que habla. *Reflejar*: consiste en indagar sobre los sentimientos que han afectado a la persona a la que se escucha. *Resumir*: consiste en agrupar, ordenar y sintetizar la información que proporciona el que habla tanto en relación con sentimientos como con hechos.
Estructurar	Es una habilidad que utiliza el mediador para llevar a cabo la conducción del proceso. Consiste en realizar intervenciones encaminadas a mantener el orden y la dirección del proceso de mediación y alcanzar los objetivos específicos de cada una de sus fases, gestionando el flujo y la intensidad de la comunicación con el fin de ir minimizando la gravedad del conflicto.
Ponerse en el lugar del otro	Es una habilidad importante en la mediación que pretende promover en las dos partes del conflicto expresiones que demuestren a la persona que está hablando que se la está comprendiendo, para lo cual quien escucha ha de repetir con sus propias palabras lo que la otra parte ha contado.

TABLA 6.7 *(continuación)*

Técnicas comunicativas y mediación	
Mensajes en primera persona	En la mediación debe facilitarse que el que habla se exprese utilizando mensajes en primera persona, intentando comunicar de forma no agresiva la situación que le afecta, diciendo qué sentimientos le produce, explicando por qué le afecta de ese modo y expresando su necesidad o deseo personal.
Reencuadre de la comunicación	Es una habilidad más compleja que se lleva a cabo indagando acerca de los puntos de vista, creencias o presupuestos que hay en torno a un tema para luego, una vez explicitado éste, elaborar una batería de preguntas o comentarios que por aproximaciones sucesivas conduzcan a una perspectiva distinta y se reencuadre la idea.

(Bickmore, 2002; Boqué, 2007; Johnson y Johnson, 2004, 2005; Stevahn, 2004). Esto es debido a que los procedimientos de negociación y solución de conflictos podrían actuar como «marco» cognitivo del procesamiento de la información en el aprendizaje y de retención del contenido académico. Dicho marco cognitivo favorece la reflexión frente a la impulsividad y ayuda a la organización de la información y a su retención, y de modo especial a la solución de problemas, a través de la articulación de los diferentes tipos de pensamiento que implica un proceso de mediación.

En la tabla 6.8 se presenta un resumen de los aspectos cognitivos cuyo desarrollo se favorece a través del proceso de la mediación escolar.

TABLA 6.8
Aspectos cognitivos facilitados por el proceso de mediación

Aspectos cognitivos facilitados por el proceso de mediación	
Pensamiento de solución de problemas interpersonales (Trianes, 2001, 2007)	Pensamiento causal. Pensamiento consecuencial. Pensamiento alternativo y de articulación medios-fines. Pensamiento creativo.
Conocimiento acerca de la teoría de resolución de conflictos y del proceso de mediación (Bickmore, 2002; Bodine y Crawford, 1998; Boqué, 2007; Cohen, 2005; Stevahn, 2004)	Percepción del conflicto y del estilo personal de resolución. La mediación ayuda a aceptar y asumir situaciones reales, así como a evitar percepciones erróneas.
Técnicas comunicativas concretas (Tórrego et al., 2001; Funes, 2006)	Parafraseo, reflejo, clarificación, estructuración, resumen, formulación de preguntas, reformulación, reencuadre de la comunicación, mensajes en primera persona, feedback descriptivo.

3.3. El desarrollo moral

El análisis reflexivo está impregnado a su vez de discusión moral, ya que en la valoración de objetivos y soluciones se deben tener presentes los valores que sustentan las soluciones consideradas adecuadas socialmente (Trianes y Fernández-Figarés, 2001, p. 161). Durante las últimas décadas se ha estudiado la relación entre el desarrollo cognitivo y el desarrollo moral:

> «El proceso cognitivo básico para desarrollar la empatía es la diferenciación del otro y la habilidad para tomar perspectiva [...] Aunque la empatía se halla relacionada con el comportamiento prosocial, no necesariamente predice tal comportamiento [...] Los motivos morales, las disposiciones y el razonamiento morales se relacionan con procesos cognitivos complejos [...] Es necesario que en el curso del desarrollo de la empatía la persona pueda llegar a realizar asociaciones significativas con principios morales vividos en el aula, ya que son los principios morales combinados con un adecuado desarrollo de la empatía los que podrían guiar después el juicio moral, la toma de decisiones y la acción» (Heydenberk, Heydenberk y Perkins, 2003).

Se tiende a valorar el impacto de los programas de mediación escolar en el desarrollo moral mediante índices como la agresión verbal, el número de altercados o los registros de indisciplina. De modo que la disminución de estos índices denota un aumento del desarrollo moral. Es evidente que esta afirmación es cuestionable, ya que el hecho de que disminuyan los comportamientos inadecuados no garantiza que se implanten conductas prosociales. A pesar de que se ha demostrado que el aprendizaje de los procedimientos de resolución de conflictos y de mediación es una oportunidad para aumentar el sentido de pertenencia al grupo y la habilidad para asumir la perspectiva de los demás —aspectos fundamentales del desarrollo moral—, no se les ha prestado suficiente atención como componentes clave para producir cambios en los comportamientos.

Por esta razón, Heydenberk et al. (2003) estudiaron si el entrenamiento en resolución de conflictos afectaba positivamente al desarrollo del razonamiento moral de los alumnos y comprobaron que se producían cambios significativos. Asimismo, Heydenberk y Heydenberk (2005) valoraron los efectos del entrenamiento en resolución de conflictos en las competencias metacognitivas y concluyeron que dicho entrenamiento permitió el paso de una perspectiva egocéntrica —centrada en la superficialidad y en los pensamientos polarizados— a una perspectiva social —en la que aumentaba el sentido de responsabilidad y la autorregulación y se consideraba si las propias acciones afectaban a los demás.

Uno de los aspectos de la mediación relacionados con la moralidad es el respeto por los demás. Esto es lo que Boqué (2007) ha llamado «el reconocimiento positivo e incondicional de la alteridad», es decir, de la condición de ser otro. Al entrar en conflicto con otra persona se tiende a poner la atención en los puntos débiles del otro, lo que impulsa a rechazar sus posibilidades o sus aspectos positivos. La mediación permite ponerse en el lugar del otro y captar la perspectiva de la situación, aceptando que puede ser distinta de la propia y favoreciendo así una mejor comprensión de la otra parte (Murciano y Notó, 2005).

Al acudir a mediación se reconoce de alguna manera la sensación de fracaso por no saber solucionar la situación, por no haber sido capaz de llegar a entenderse con la otra parte o admitir una visión repleta de miedo o prejuicios. En definitiva, supone aceptar las limitaciones sin sentirse culpable, inseguro o impotente. Implica también aceptar la necesidad de que alguien te ayude a salir y a coger distancia y te aporte refuerzos para facilitar el análisis del conjunto de la situación. Munné y Mac-Cragh (2006) recurren a una metáfora para comparar la ayuda externa del mediador con unas gafas que permiten establecer la distancia correcta respecto a una situación para leerla adecuadamente y evitar bloquearse. Cuando las emociones son muy intensas, estar muy pegados a ellas puede traducirse en una incapacidad real a la hora de intentar aclarar el problema.

Frente a un conflicto o una manifestación de enemistad, es necesario reestablecer un punto de conexión desde el que se respete al otro; es ahí donde se abre una vía de comunicación y comienza el camino hacia la resolución del conflicto. Estableciendo esta reciprocidad interpersonal se puede conducir con éxito el proceso. La reciprocidad será la base para la colaboración entre las personas en conflicto y por tanto el camino hacia lo que se ha llamado un acuerdo beneficioso para ambas partes. Auberni (2007) habla incluso de solidaridad al considerar que conseguir dicho acuerdo implica cierta renuncia personal para el beneficio de los dos.

Además, la mediación proporciona una oportunidad para hacerse cargo de las circunstancias y afrontar el conflicto por uno mismo. No obstante, esta autonomía no ha de confundirse con autosuficiencia —pensar que uno resuelve el conflicto por sí mismo es un error—. Al contrario, el hecho de acudir a mediación es una forma de admitir que muchas veces se necesita ayuda externa para solucionar las propias dificultades. La mediación favorece la asunción de la propia responsabilidad llevando a la persona a sentirse parte implicada en el problema. De hecho, aunque en mediación escolar se persigue una «redefinición» de las relaciones, los esfuerzos se centran en inducir cambios en cada una de las partes, frenando la tendencia a que cambie el otro para no tener que hacerlo uno mismo (Munné y Mac-Cragh, 2006; San Martín, 2003).

Precisamente cuando una persona se halla inmersa en un conflicto tiende a culpar a los demás o a evadir la propia responsabilidad. No asumir la responsabilidad puede deberse a una elección de no querer hacer, pero también al desconocimiento, pues de hecho muchas personas no son conscientes de todas las situaciones en las que tienen alguna responsabilidad. De modo que muchos problemas interpersonales se producen debido a errores en la asunción de responsabilidades, bien por exceso o por defecto (Munné y Mac-Cragh, 2006). Como apunta Boqué (2007, p. 37), a través de la mediación uno ha de llegar a sentir que con su actitud puede cambiar el curso de las cosas, aunque se trate de una pequeña contribución. Además, no sólo se aprende a tratar de mejorar la situación conflictiva en la que uno toma parte en la medida de sus posibilidades, sino que a la vez se toma conciencia de lo que cada uno puede aportar con su actitud a la mejora del clima escolar y a la buena marcha de las relaciones interpersonales.

En este sentido, la mediación favorece un compromiso con la mejora del clima y las relaciones en el entorno. Esta idea llevó a Bickmore (2001)[7] a considerar la mediación —en este caso entre iguales— un modo de aprendizaje-servicio *(service-learning),* ya que, al igual que éste, hace posible que los alumnos adopten un rol activo en el cuidado del entorno y de los demás.

Tórrego (2006, p. 35), haciendo referencia a los efectos de la participación en mediación escolar, afirma que ésta «permite la transferencia de capacidades morales a situaciones nuevas mediante la formación de hábitos y desarrollando un conjunto de prerrequisitos morales [...] como el autoconocimiento, la empatía, el juicio moral, la comprensión crítica o la autorregulación». Según este autor, a través de la mediación se realizan prácticas morales en la medida en que se ponen en juego valores y bienes.

Johnson y Johnson (2004, 2005) han señalado que también mejoran las actitudes de los estudiantes hacia el colegio. La razón principal radica en que se abre un espacio de participación para los alumnos dándoles la oportunidad de asumir responsabilidad que tienen en la gestión de la conviven-

[7] Bickmore (2001) ha establecido una analogía entre la mediación entre iguales y el *service-learning*. Es conocido que el *service-learning* implica una experiencia muy estructurada de aprendizaje que tiene como fin satisfacer alguna necesidad de la comunidad en la que viven los alumnos. De esta forma, se mejora y amplía el aprendizaje del estudiante al aplicarlo fuera del aula y ayuda a desarrollar un sentido de cuidado de los demás. Por su parte, la mediación entre iguales se podría decir que también realiza un servicio a la comunidad educativa, en la que la necesidad estaría orientada a la construcción de paz y a la mejora de las relaciones interpersonales y de las habilidades de los estudiantes en manejar sus propios conflictos y en disminuir los problemas interpersonales, la disrupción y la violencia. La mediación entre iguales implica también necesariamente una aplicación de conocimientos y habilidades y repercute en la toma de perspectiva de los demás y en la preocupación por los otros.

cia de su entorno. Como afirma Tórrego (2003) al referirse a la mediación entre iguales, se corresponsabiliza a los alumnos al «poner el balón» en su campo. Además, este sistema está abierto a la participación de todos los estudiantes, incluidos aquellos considerados en riesgo (Cohen, 2005; Naylor y Cowie, 1999). Progresivamente se va produciendo una mejora del clima de convivencia del centro educativo y esto repercute en la adopción de una actitud más positiva hacia éste.

En definitiva, la mediación escolar facilita a los alumnos la participación activa —aspecto nuclear de la dimensión cívica de la personal— en cuanto permite un protagonismo activo de los implicados en un conflicto, les da voz, transforma el inconformismo y las quejas en acciones positivas, conciencia de que son parte activa de su propio proceso de formación y enseña a luchar por lo que se considera justo, a reconocer, aceptar y reparar los errores y a evitar la postura de «mirar para otro lado» (Boqué, 2010; García-Longoria y Ortuño, 2010; Villaescuesa, 2010). E incluso —aun siendo éste un aspecto todavía menos desarrollado— se resalta la capacidad de la mediación para establecer puentes de comunicación entre el alumnado de origen cultural distinto, utilizándose como estrategia de resolución de posibles conflictos de esta naturaleza (Cavas, 2009).

Además, todo ello redunda en la mejora del autoconcepto y la autoestima de los estudiantes (Cohen, 2005; Cowie, Naylor, Talamelli, Chauchan y Smith, 2002). Como han señalado algunos autores, ésta se ve incrementada porque en el proceso de mediación se espera lo mejor de las personas y esto se refleja en las siguientes acciones: se valora lo que cada uno es, con sus diferencias y con su estilo personal, se escucha lo que dicen, sienten y proponen sin juzgar si es bueno o malo y se valora su participación transmitiéndoles que aquello que han dicho se debe adecuar a los objetivos que se han establecido. Se fomenta en definitiva la comprensión esperando que se resuelvan los conflictos con actitudes positivas, compromiso y de forma colaborativa.

Otro aspecto de la mediación que puede suponer un aprendizaje moral es la confidencialidad que subyace a todo el proceso. Por un lado, ante un conflicto surge la necesidad de expresar sentimientos, pensamientos e intercambiar impresiones para buscar, articular y contrastar opiniones e ir encontrando las razones necesarias para decidirse por una u otra solución. Sin embargo, en este tipo de situaciones la persona puede descubrir que, después de exponer con generosidad sentimientos y aspectos de su vida, se arrepiente porque tiene la sensación de no haber encontrado la comprensión que buscaba, y en cambio, haber proporcionado una fuente de información para ser atacada todavía más (Theberge, 2004). En este sentido, la mediación posibilita un espacio útil y protegido para el intercambio de dicha información (Cohen, 2005; Munné y Mac-Cragh, 2006). Igualmente, al ser la confidencialidad un principio fundamental aceptado por las partes implicadas en el conflicto y sin el cual no se inicia el proceso, se aprende a considerar la importancia de la intimidad propia y ajena. Se toma conciencia de que la persona tiene derecho a proteger ciertos aspectos de la intimidad de cualquier intromisión y se aprende a saber preservar los secretos individuales y lograr así un equilibrio entre la información que es necesario aportar y la que no resulta relevante. En la tabla 6.9 se resumen algunos aspectos estudiados en la literatura sobre el desarrollo moral que se trabajan a través del proceso de la mediación.

A través del desarrollo emocional, cognitivo y moral que se ve facilitado por el proceso y por el entrenamiento —si los alumnos han recibido formación directa en dichos contenidos—, se desarrolla progresivamente un control interno que, a diferencia del externo, tiene un efecto más permanente al permitir que los estudiantes asuman un mayor control de sus capacidades y, por tanto, de sus conflictos y de su vida. Además, las partes en conflicto tienen una función protagonista en la regulación de sus relaciones y se favorece de este modo, como afirma Tórrego (2006, p. 33), la moral autónoma. No obstante, los beneficios de la mediación van más allá de los que obtienen los propios alumnos y se extienden a los profesores y al propio centro educativo, como veremos en el punto siguiente.

TABLA 6.9

Aspectos morales facilitados por el proceso de la mediación

Aspectos morales facilitados por el proceso de la mediación	
Respeto por los demás y reciprocidad (Auberni, 2007; Boqué, 2007; Heydenberk et al., 2003; Murciano y Notó, 2005; Munné y Mac-Cragh, 2006)	— Comprensión de la diversidad, identificación de prejuicios. — Actitud de colaboración.
Atribución de responsabilidad (Boqué, 2007; Heydenberk y Heydenberk, 2005; Munné y Mac-Cragh, 2006; San Martín, 2003; Tórrego, 2003)	— Papel activo en la búsqueda por uno mismo de vías comunes de reparación y conciliación. — Responsabilidad social en la convivencia del centro y sentido de pertenencia a la comunidad.
Razonamiento moral y toma de decisiones (Bickmore, 2002; Boqué, 2007)	— Paso de una perspectiva egocéntrica a una perspectiva moral. — Los principios morales combinados con un adecuado razonamiento moral guían la toma de decisiones y la acción.

4. La capacidad transformadora de la mediación en alumnos, profesores y en el centro escolar

Como venimos diciendo, se utiliza el término «cultura de mediación» precisamente para referirse al impacto positivo que la mediación promueve en el clima de convivencia del centro y por tanto en el modo en que se relacionan los miembros de la comunidad educativa. A continuación, se muestran de un modo descriptivo los beneficios apuntados por diferentes autores con el fin de lograr una visión de conjunto de todos ellos.

4.1. Beneficios en el centro educativo y en el profesorado

Es evidente que tras la aplicación de un programa de mediación en un centro educativo no cabe esperar que se produzcan todas las mejoras posibles ni tampoco que se produzcan en un centro las mismas que en otro. En este sentido, cada experiencia de mediación escolar es única. Los alumnos y los colegios son complejos, y existen muchos aspectos que influyen en ellos o que pueden surgir de forma imprevista y son a veces incontrolables. Las circunstancias de cada centro, sus necesidades, los objetivos que haya establecido, el modo en que se introduzca la mediación escolar o se evalúe, todo ello repercute en los resultados que se logren y, por tanto, en las mejoras que se experimenten.

Selfridge (2004) recogió los resultados de la aplicación de un programa de resolución de conflictos y mediación entre iguales —*Resolving Conflict Creatively Program*[8]— en diferentes centros y a lo largo de varios años. Este autor comprobó que los indicios considerados clave en cada centro fueron diferentes (tabla 6.10). De todos modos, existía suficiente similitud entre los resultados logrados como para afirmar que la aplicación es efectiva y educativa y poder mostrar las mejoras del desarrollo personal en alumnos, profesores y en el centro educativo, respectivamente.

En los resultados de un estudio sobre el impacto de la mediación escolar en profesores mediadores, alumnos mediadores y alumnos mediados (Ibarrola-García, 2011) la mediación queda asociada inherentemente al conflicto, pero lo hace desde una perspectiva preventiva —evitar su escalada— y proactiva

[8] El RCCP *(Resolving Conflict Creatively Program)* es una iniciativa de la asociación americana ESR (Educators for Social Responsability). Es un programa comprehensivo para prevenir la violencia de varios años de duración. Funciona desde 1985 en colaboración con centros públicos de Nueva York y actualmente sirve a más de 400 centros en 16 distritos diferentes en Estados Unidos.

—educar para la convivencia—. De hecho, los profesores mediadores que participaron en el estudio consideran que sobre todo la mediación ha servido para solucionar los conflictos que podrían derivar en situaciones peores o más graves en el centro y para dar importancia a las relaciones personales y al modo de solucionar los conflictos de convivencia. También el acuerdo es alto en los profesores y alumnos mediadores a la hora de considerar que la mediación ha permitido llevar a cabo entre todos iniciativas concretas y reales a favor de la convivencia. A través de la mediación los alumnos mediados han sentido que la vivencia de apoyo social es relevante para ellos. También creen que aumenta el respeto entre los compañeros y asimismo mantienen la idea de que es un cauce para fortalecer la convivencia.

TABLA 6.10

Aspectos considerados mejoras clave tras la aplicación del RCCP (Resolving Conflict Creatively Program) *en diferentes centros educativos (elaborada a partir de Selfridge, 2004)*

Evaluación a profesores y alumnos en 36 centros públicos en Anchorage (Alaska) (1999)	**Evaluación de una muestra de 9.000 alumnos entre 6-12 años, de 15 centros de Nueva York (1997)**
— Correlación positiva entre el nivel de implementación del RCCP y el logro académico, particularmente en lectura. — Utilización de términos relacionados con la resolución de los conflictos. — Sentido de pertenencia de la comunidad entre el profesorado. — Capacitación de los estudiantes en habilidades que les permiten expresar mejor sus sentimientos y entender el conflicto evitando su escalada.	En los alumnos que habían recibido 25 lecciones del programa RCCP se observó una disminución significativa en las ratios de: — Expresión de atribuciones hostiles. — Expresión de fantasías agresivas. — Estrategias agresivas de resolución del conflicto. — Disminución del comportamiento agresivo según indicaciones del profesor.
Evaluación de profesores, padres y alumnos en Atlanta (1997)	**Evaluación de profesores en Nueva York (1990)**
— El 75 por 100 percibió un aumentó de la cooperación entre los estudiantes. — El 92 por 100 afirmó sentirse mejor consigo mismos. — El 90 por 100 aumentó la comunicación y habilidades de solución de problemas. Disminuyeron las faltas de disciplina y las expulsiones y aumentó la asistencia al centro tanto de profesores como de alumnos.	El 87 por 100 de los profesores percibió en los alumnos: — Espontaneidad para utilizar habilidades de resolución de conflictos. — Menos violencia en el aula. — Aumento de la autoestima. — Aumento del sentido de pertenencia. — Comportamientos cooperativos entre los alumnos. — Mayor aceptación de las diferencias.

TABLA 6.10 *(continuación)*

	Evaluación de profesores en Nueva York (1990)
	El 86 por 100 de los profesores indicó que habían notado cambios en sus propios comportamientos y actitudes: — Escuchaban mejor a sus alumnos. — Experimentaban actitudes más positivas hacia el conflicto y posibilidades de resolución de manera satisfactoria. El 81 por 100 de los profesores señaló cambios en el clima del colegio que atribuían al programa. El 90 por 100 calificó de excelente o muy buena la aplicación del RCCP.

La mediación escolar colabora con el fin de educación integral (Boqué, 2007) que persiguen muchos centros educativos. Fomenta la participación del alumnado y proporciona formación personal y social, por lo que se ha considerado en algunas ocasiones que la figura del formador de mediadores debería incorporarse sin demora a los departamentos de orientación (Cabrerizo, 2006). Algunos autores han destacado (Cowie, 2006; San Martín, 2003) al departamento de orientación como una estructura del centro apropiada —por las funciones que le competen— para contribuir al desarrollo de la mediación aportando materiales y recursos y coordinando al profesorado implicado. Generalmente se cuenta con la implicación de miembros pertenecientes a diferentes departamentos del organigrama del centro, por lo que también se promueven relaciones entre diferentes personas.

Con el tiempo la escuela percibe los conflictos como posibilidades reales de aprendizaje y crea las condiciones para afrontarlos positivamente, por lo que el centro educativo aumenta la resiliencia, esto es, su capacidad de hacer frente a los problemas (Auberni, 2007; Cowie, 2006; Boqué, 2007). Al mismo tiempo, se va construyendo conjuntamente una comunidad educativa cohesionada, basada en la participación responsable, la comunicación abierta y efectiva, el fortalecimiento y el reconocimiento de las personas, la transformación constructiva de los conflictos, la renovación de la cultura del centro y el cultivo de la paz.

Todo ello mejora el clima del colegio (Bickmore, 2002; Boqué, 2007; Cohen, 2005; Jones, 1997). Los efectos de la mediación en el clima del colegio se orientan más hacia un entorno de aprendizaje más productivo y hacia un entorno de apoyo y amistad. La mediación ayuda a disminuir los conflictos interpersonales y a lograr un clima de convivencia más positivo. No obstante, algunos estudios de gran magnitud, como el CPMEP —*Comprehensive Peer Mediation Education Project*— de Jones (1997), con una muestra de 27 escuelas, un total de 26.000 alumnos y 1.500 profesores, no demuestran un impacto de la mediación entre iguales sobre las ratios de violencia. Por su parte, Avilés (2006) apunta que intervenir con los procedimientos adecuados sobre el *bullying* puede redundar en una mejora de la convivencia, pero no ocurre al revés, es decir, actuar sobre la mejora de las relaciones y la convivencia no conlleva una reducción en el fenómeno del *bullying.*

Todo ello mejora a su vez la «autoestima» de la organización (Ortega y Del Rey, 2003). Cuando la institución acostumbra a usar instrumentos formales de ayuda entre las personas, como es la mediación, se está proporcionando a sí misma un cuidado y una atención que terminan redundando en su propia imagen institucional y en su propia valoración. Este factor de autoestima institucional es importante porque tiene influencia entre todos los miembros de la comunidad. Una institución que promueve una imagen y un concepto como una entidad que cuida de sus miembros, que aprende y que reconoce que puede haber conflictos y dispone de instrumentos para su resolución es una institución que se percibe estable y segura. Esta percepción influye en la seguridad y estabilidad de todos, y además estimula otros mecanismos de buenas relaciones, como el respeto general de unos hacia otros, la ayuda entre sus miembros y la percepción de que los sistemas de normas democráticamente elegidas son asumidos con respeto y tolerancia. Así pues, disponer de un programa de mediación bien diseñado y establecido, cuidado y siempre supervisado y mejorado es, simplemente, un signo de calidad educativa.

Por último, ante la reciente multiculturalidad presente en las aulas, los centros educativos y los profesores deben fomentar el conocimiento mutuo y la cooperación para el intercambio de culturas, y, en este sentido, la mediación tiene como valor la inclusión social (Munné y Mac-Gragh, 2006; Boqué, 2007). Cohen (2005) afirma que un objetivo de los programas de mediación puede ser la mejora de las relaciones entre grupos diversos cultural y étnicamente.

En relación con los profesores, éstos también aprenden a comunicarse abiertamente y a integrar y a corresponsabilizar a los demás en la transformación conjunta de las situaciones problemáticas de cada día (Boqué, 2007; Tórrego, 2006). Se satisfacen así algunas necesidades profesionales de los educadores (Cohen, 2005; Cowie, 2006; Boqué, 2007). Si el centro cuenta con esta metodología puede dedicarse más tiempo al aprendizaje de contenidos curriculares al disminuir el tiempo que el docente emplea en solucionar problemas de disciplina en el aula (Cohen, 2005; Boqué, 2007). Además, pueden compartir sus problemas con otros miembros del centro y buscar soluciones e intercambiar experiencias con ellos. Si son ellos mismos quienes se hacen cargo de la gestión de los conflictos en su aula, la mediación les ofrece herramientas para trabajar algunos problemas de disciplina para los cuales a menudo faltan tiempo y recursos.

Todavía podrían extenderse estos beneficios más allá e incluso podría hablarse de beneficios sociales si nos detenemos en las ventajas que obtiene la sociedad en general del entrenamiento en mediación. A pequeña escala, los estudios demuestran que se produce una transferencia de las habilidades adquiridas al entorno del alumno (Akgün, Araz y Aradag, 2007; Bell y Song, 2000; Lane-Garon, Ybarra-Merlo, Zajac y Viera, 2007). A gran escala, se puede pensar que contar con personas entrenadas en la resolución constructiva de los conflictos fomenta la cohesión con relaciones más cooperativas entre ciudadanos y grupos. De esta forma, las organizaciones tienden a ser menos conflictivas y más efectivas.

4.2. El alumno mediador

Merece especial atención la figura del alumno mediador (Casella, 2000; Jones, 1997; San Martín, 2003). Algunos estudios han resaltado que son los que más se benefician de un programa de mediación al recibir directamente entrenamiento en mediación escolar. Estos estudiantes experimentan un cambio hacia un comportamiento altruista (Cassineiro y Lane-Garon, 2006) y se produce incluso un desarrollo del liderazgo (Terry y Gerber, 1997). Mediar en los conflictos entre compañeros permite a los estudiantes atribuir un sentido y significado a la vida basados en la consecución de unos fines. Ser un mediador se ha definido incluso como una experiencia transformativa (Johnson y Johnson, 2004, 2005).

De hecho, algunos autores han destacado varias razones que ponen de relieve la influencia positiva que ejerce en el proceso de la mediación el igual, el llamado alumno mediador (Bodine y Crawford, 1998; Boqué, 2007; Cohen, 2005; Cowie y Fernández, 2006; Nix Hale, 2007; San Martín, 2003; Smith et al., 2002). Así, Bodine y Crawford (1998) señalan que los alumnos mediadores están mejor capacitados para conectar con sus iguales, ya que lo hacen de forma diferente a la de los adultos. Esto puede ser debido, como apunta Cohen (2005), a que los alumnos mediadores se sitúan en las mismas condiciones evolutivas y por tanto hacen el proceso a una edad más adecuada utilizando el lenguaje y las actitudes propios de los jóvenes. Además, como añaden Bodine y Crawford (2003), los alumnos pueden percibir el proceso de la mediación como una forma de exponer sus problemas sin miedo y sin la autoridad de un adulto que esté juzgando su comportamiento, sus pensamientos o sus sentimientos.

Los iguales son capaces de detectar la violencia en edades más tempranas que los profesores y otros adultos (Cowie y Fernández, 2006). El hecho de que los conflictos puedan surgir y desarrollarse en múltiples escenarios del centro educativo y fuera de él y ante diversos miembros de la comunidad educativa —ante los cuales es más difícil que se haga visible que ante los iguales— dificulta su identificación. De alguna forma, estos alumnos también normalizan la situación (Cohen, 2005; San Martín, 2003) al evitar la escalada del conflicto y las personas enfrentadas se encuentran de nuevo en actitud positiva, lo cual supone un alivio para ambos.

La mediación escolar se presenta, como se ha visto, como un método con cualidades educativas que puede tener un impacto positivo sobre el clima escolar aumentando así el sentimiento de pertenencia al grupo y mejorando la comunicación entre los miembros de la comunidad educativa. Sin embargo, el reto que se presenta es cómo integrarla en la dinámica habitual del centro, ya que es imprescindible fomentar la formación del profesorado, de los equipos directivos, del alumnado y de los padres y el compromiso de todos los miembros de la comunidad educativa para implementar estas estrategias en la organización del centro (Calvo et al., 2004, p. 46). Ésta es la cuestión que abordaremos en el siguiente capítulo.

7 El reto de introducir la mediación escolar en los centros educativos

1. Introducción

Dadas las cualidades educativas y los beneficios de la mediación en el centro educativo, en el profesorado y en los alumnos, una de las cuestiones que se plantean y suscitan gran interés en la actualidad es cómo integrar la mediación en la dinámica habitual de centro.

Por esta razón, en este último capítulo del libro, y con el fin de lograr una visión del conjunto de posibilidades que existen cuando un centro educativo desea trabajar la mediación escolar, se abordarán, en primer lugar, las formas que ésta puede adoptar, para pasar en segundo lugar a centrarnos en el proceso de su puesta en marcha. Se comenzará por describir el proceso de implementación de un programa de mediación, indicando a la vez qué aspectos facilitadores de éste sugiere tener en cuenta la investigación actual. Después, desde un punto de vista más amplio y ambicioso, se pasará a considerar el conjunto de aspectos que implica abordar la mediación escolar desde un programa global o integrado.

2. Las formas que puede adoptar la mediación escolar

La mediación, como se ha mostrado, adopta diferentes formas (tabla 7.1). Se puede diferenciar dos tipos de mediación escolar en función de la forma en que se produce en un centro educativo: mediación informal o espontánea y mediación formal o institucionalizada (Cascón, 2000; San Martín, 2003; Tórrego, 2006).

La *mediación informal o espontánea* tiene lugar cuando el proceso se desarrolla de forma espontánea pero teniendo en cuenta los objetivos de la mediación y sus procedimientos. En la medida en que todo el centro educativo ha sido formado en mediación, siempre que surja un conflicto y las partes sien-

TABLA 7.1

Formas que adopta la mediación

Según su grado de formalización	Mediación formal o institucionalizada. Mediación informal o espontánea.
Según la ubicación de los mediadores	Mediación interna. Mediación externa.
Según quién la lleve a cabo	Mediación entre adultos. Mediación entre iguales. Mediación grupal.

tan que no son capaces de resolverlo por sí mismas pueden pedir directamente y de común acuerdo la ayuda de un tercero. Asimismo, puede ocurrir que sean las terceras partes las que, a la vista de un conflicto, se ofrezcan a ayudar.

Por su parte, la *mediación formal o institucionalizada* tiene lugar cuando el proceso se solicita previamente y se realiza de un modo reglado. Esto ocurre cuando la mediación se ha institucionalizado en el centro educativo y éste cuenta con un equipo de mediación que tiene una ubicación concreta que todo el mundo conoce y al que se sabe que se puede recurrir.

Cascón (2000) apuesta por la complementación de estas dos formas de llevarse a cabo la mediación. Según este autor, la mediación informal puede encargarse de los conflictos cotidianos y habituales, quedando la mediación formal reservada a los conflictos más relevantes.

San Martín (2003) también distingue entre *mediación externa* o *interna.* En la primera se recurre a una persona externa al centro, experta en estas materias, siempre que surja algún conflicto. La segunda, la más interesante y educativa, exige formar a la comunidad educativa en técnicas de mediación, a través de programas adecuados, para que los profesores, padres, alumnos y personal no docente puedan gestionar sus conflictos. La mediación escolar está abierta a todos, no sólo a los alumnos, sino también a los profesores, padres y personal del centro.

De esta forma, en función de quién lleva a cabo la mediación, se puede diferenciar entre la mediación realizada por adultos o la mediación realizada por alumnos. La primera es la que se puede dar entre profesor y padres, profesor y profesor, profesor y personal no docente y profesor y dirección. Esta mediación la deben realizar adultos preparados pertenecientes a la comunidad educativa o, si se viera conveniente en algún caso, un adulto externo al colegio. La *mediación entre iguales* (a veces llamada *inter pares*) es la que se da entre alumnos por medio de compañeros entrenados para este servicio.

En la *mediación de adultos* es el profesorado el que media en los conflictos. Pueden hacerlo solamente los tutores, pero resultará más fácil y coherente que sea todo el profesorado el que asuma esa responsabilidad. Cascón (2000) apunta que quizá el proceso de formación puede ser más sencillo si sólo se reduce a los tutores. No obstante, como señala este autor, conviene que lo antes posible todo el profesorado entre también en un proceso de formación en resolución de conflictos.

La *mediación grupal* (Tórrego, 2003) es otra forma curiosa y complicada de mediación que puede ser útil cuando los conflictos con los que se topa un centro educativo afectan a grupos de personas. Según este autor, el procedimiento que se sigue es muy similar al de una mediación ordinaria, si bien cuenta con algunas complicaciones, ya que requiere una organización un poco más compleja al exigir un mayor número de reuniones del mediador con los grupos por separado y entre los propios mediadores durante todo el proceso.

La forma de mediación más frecuente es la mediación escolar interna, formal —o que al menos está trabajando en esa dirección—, que cuenta con un equipo mixto de profesores y alumnos mediadores. Se considera importante que las personas en conflicto se sientan representadas por los mediadores. Por esta razón, se presenta la *comediación*, esto es, la realización de la mediación por un equipo de dos personas, como la mejor alternativa para proceder. En la tabla 7.2 se pueden observar los diferentes tipos de comediación en función del conflicto que tenga lugar, así como las múltiples ventajas e inconvenientes que se les atribuyen (Tórrego, 2006; San Martín, 2003).

TABLA 7.2

Tipos, ventajas e inconvenientes de la comediación (Tórrego y San Martín, 2003)

Comediación	**Tipos**	— Mediación entre adultos: mediadores adultos. — Mediación entre iguales: debe haber al menos un alumno mediador. — Mediación alumno-adulto: un alumno mediador y un adulto.
	Ventajas	— Combinación de habilidades y modelado de actitudes cooperativas entre los mediadores. — Mejor control de los prejuicios y sesgos. — Aprendizaje mutuo al conocer el estilo de actuar del otro mediador y aprovechar las estrategias del compañero. — Disminución de la tensión. — Identificación de cada una de las partes con las características de los mediadores (edad, sexo, etnia). — Prevención contra posibles acusaciones de partidismo. — Evaluación y planificación conjuntas.

TABLA 7.2 *(continuación)*

Comediación	**Inconvenientes**	— Necesidad de coordinación. — Delegación inapropiada de tareas. — Posibles carencias de compenetración. — Disponibilidad de los mediadores. — Las personas en conflicto tratan vivencias dolorosas en presencia de más personas.

3. El proceso de puesta en marcha de la mediación escolar

Algunos autores (Álvarez et al., 2007; Binaburo y Muñoz, 2007; Boqué, 2007; Rabasa, 2005; Romera, 2002; Uranga, 1997) coinciden en afirmar que se deben tener en cuenta cinco grandes etapas en la puesta en marcha de la mediación en un centro educativo (véase la figura 7.1).

En primer lugar, se da a conocer la mediación al equipo directivo y al claustro de profesores para despertar el interés del profesorado, tratando de sensibilizar justificando su utilidad como herramienta para conseguir un clima más pacífico en las aulas. Después, es necesario formar a todos los miembros de la comunidad escolar en habilidades para resolver sus diferencias de forma respetuosa, pacífica y creativa y capacitar a los futuros mediadores. Finalmente, se crea el servicio de mediación con mediadores pertenecientes a la comunidad escolar que lo impulsen y se presenta el proyecto al claustro de profesores, a las familias y a los alumnos para promover la participación.

3.1. La formación y la capacitación en mediación escolar

Cabe hacer un apunte respecto a dos términos: formación y capacitación. El primero se refiere a la formación del mayor número posible de miembros

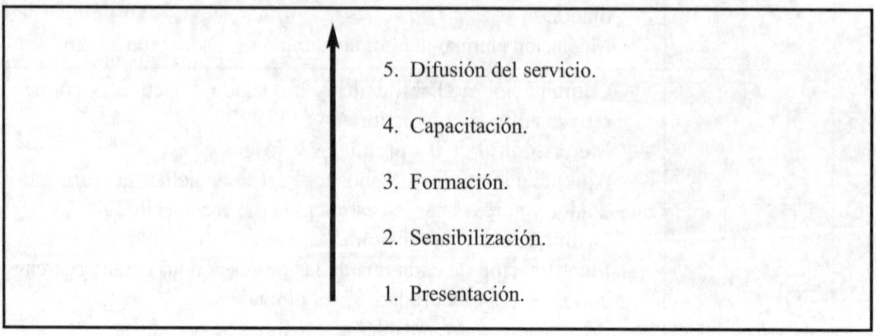

Figura 7.1.—Etapas generales de la introducción de la mediación escolar.

del centro educativo, mientras que el segundo hace alusión al entrenamiento que reciben los mediadores. No todos los programas de mediación proporcionan formación a todos los miembros de la comunidad educativa; hay algunos que sólo capacitan a unos pocos para ser mediadores —bien sean sólo alumnos, sólo adultos o alumnos y adultos— y otros extienden la formación a todos los alumnos al tiempo que capacitan a un equipo de mediadores. Además, puede darse el caso de que todos los alumnos reciban formación y se establezca un sistema rotativo en el aula en el que ya sea semanal o mensualmente los escolares se alternen para ser mediadores.

En la tabla 7.3 se refleja cómo pueden combinarse las diferentes formas de mediación descritas en el subepígrafe anterior y la distribución de la formación y la capacitación. Se sitúan en ella ejemplos de programas actuales que están siendo aplicados en el ámbito escolar (Binaburo, 2007; Boqué, 2007; Shapiro, 2004; Tórrego, 2006), así como distintas experiencias que han sido aplicadas (Bickmore, 2002; Schellenberg, 2007; Smith et al., 2002). Se puede observar cómo incluso los mismos programas admiten varias posibilidades a la vez dejando abierto un abanico de posibilidades al centro educativo.

A continuación se recogen algunas referencias halladas en la literatura en torno a los modos de distribuir los contenidos de la mediación escolar en el currículo:

a) *Los enfoques* cadre *y* whole. Respecto al modo en que los contenidos de la formación y la capacitación se distribuyen en el currículo y en función de los destinatarios, los estándares de la ACR (2007) —Association for

TABLA 7.3

Posibilidades de la mediación escolar en función del tipo, la capacitación y la formación

Tipo	Formación y capacitación		
Interna formal		**Se capacita sólo a un equipo de mediadores**	**Se capacita a un equipo y se forma a todos los alumnos**
	Equipo de alumnos que median entre ellos (mediación entre iguales)	* Shapiro (2004) * Cowie (2005) * Schellenberg (2007)	* Boqué (2007) * Smith et al. (2002)
	Equipo formado por adultos		* Boqué (2007)
	Equipo mixto (formado por adultos y alumnos)	* Binaburo (2007) * Boqué (2007) * Bickmore (2002)	* Binaburo (2007) * Tórrego (2006)

Conflict Resolution— establecen dos modelos, el *cadre model* y el *whole model*, términos que se utilizan con frecuencia para referirse a dos enfoques diferentes de la mediación entre iguales. El enfoque *cadre* supone el entrenamiento de un pequeño grupo de alumnos para que puedan ayudar al resto de sus iguales a resolver sus conflictos de forma constructiva. El entrenamiento normalmente consiste en la participación en un taller de varios días o meses. Este enfoque es más fácil de llevar a cabo, menos costoso y consume menos tiempo que el enfoque *whole,* también llamado total o comprehensivo.

Este último implica el entrenamiento y la capacitación de cada estudiante y de cada miembro de la comunidad educativa para gestionar los conflictos. La meta de este enfoque es asegurar a todos sus miembros por igual el uso de los procedimientos de resolución de conflictos. El supuesto del que se parte es que cada estudiante necesita aprender cómo manejar los conflictos y puede ayudar a sus compañeros. El entrenamiento se puede prolongar durante varios años y el uso de la resolución colaborativa y la mediación entre iguales puede estar integrada en el currículo, así como en el proyecto educativo y las políticas y los procedimientos del colegio. Desde este enfoque se tiene en cuenta también el modelado que pueden ejercer los adultos hacia sus alumnos. Este enfoque consume más tiempo y es más costoso, pero generalmente es más efectivo a la hora de crear un buen clima escolar y de socializar a los alumnos en actitudes y competencias que son necesarias para la resolución de conflictos y en general para el resto de su vida.

b) *El enfoque autocontenido y el enfoque integrado*. Por su parte, Alzate (2005a), partiendo de que la formación debe llegar al mayor número de alumnos, diferencia dos tipos de enfoque para introducir los contenidos de dicho entrenamiento: el enfoque autocontenido y el enfoque integrado. El enfoque autocontenido consiste en seleccionar una secuencia de actividades y usarlas como un curso de formación en resolución de conflictos y mediación. Igual que el enfoque *cadre,* esta formación va dirigida también a los alumnos, pero se diferencia de éste en que la meta es exponer el material a tantos estudiantes como sea posible. Una vez que se ha seleccionado el material adecuadamente, la cantidad de planificación que requiere es mínima. Esto podría animar a más profesores a intentar poner en marcha el programa, aunque sólo habrá un pequeño número de profesores implicados en la enseñanza de la mediación, ya que probablemente la formación se insertará en unas pocas clases de cada curso obligatorias para todos los estudiantes. La desventaja de este enfoque es que se trata de un área que añadir al currículo, lo que implica desprenderse de otros contenidos, y esto puede suponer una dificultad.

Desde el enfoque integrado los profesores idean el modo en que pueden combinar la enseñanza y los procedimientos de resolución de conflictos y de mediación en el currículo. Este enfoque consume más tiempo, ya que requiere una gran planificación, pero puede conllevar beneficios a largo plazo. Una de las ventajas, como apunta Alzate (2005a), es que cuando se enseña la resolución de conflictos y la mediación como una parte integrada de otra asignatura el interés de los estudiantes aumenta, y la adquisición y la retención de conocimiento y habilidades en ambos temas se incrementan.

De todos modos, ambos enfoques pueden no ser excluyentes. Muchas de las escuelas pueden escoger un enfoque autocontenido para comenzar el programa porque resulta manejable y permite a algunos profesores entusiastas experimentar y aprender, y pasar, después de un período de transición, al enfoque integrado, aprovechando la experiencia que han adquirido.

c) *Las modalidades de integración en el currículo según Boqué* (2007). En relación con el modo en que se pueden integrar o distribuir los contenidos en el currículo, Boqué (2007) establece diferentes modelos: extracurricular, monocurricular, crosscurricular y transcurricular: *a*) en el *modelo extracurricular* la mediación no forma parte del trabajo ordinario en el aula, sino que es un trabajo especializado a través de campañas, talleres o jornadas; *b*) en el modelo *monocurricular* se organizan los contenidos como un área independiente —de forma similar al enfoque autocontenido de Alzate—; *c*) en el modelo *crosscurricular* se trabajan la mediación y la resolución de conflictos mediante un eje transversal en todas las áreas, y, por último, *d*) el modelo *transcurricular* impregna todas las actividades posibles en el centro.

Stevahn (2004), basándose en los procedimientos del programa *Teaching Student To Be Peacemakers (TSP),* de Johnson y Johnson (2005) —que integra en el currículo los contenidos de mediación y resolución de conflictos—, analizó 12 estudios sobre la efectividad de integrar el TSP en el currículo y concluyó que era beneficioso en múltiples aspectos. Por un lado, mejoraba los conocimientos y actitudes hacia el conflicto. Por otro lado, tenía un efecto positivo sobre el conocimiento y la retención de los contenidos académicos. Para integrar los contenidos en el currículo, los profesores realizaban dos pasos: en primer lugar, identificaban en sus respectivas materias dilemas que podrían activar la curiosidad, despertar preocupaciones o revolver las emociones. En segundo lugar, enseñaban a sus alumnos seis pasos para resolver conflictos: afirmar lo que se quiere, expresar lo que se siente, dar razones que subrayen lo que se quiere y lo que se siente, comunicar lo que la otra persona quiere y siente y pensar tres o más posibles soluciones satisfactorias para ambas partes.

Generalmente, la mediación se establece como una línea de trabajo en los centros educativos —que puede o no recibir asesoramiento inicial externo— y progresivamente va adquiriendo autonomía hasta que tras lograr su organización y puesta en marcha avanza hacia una fase de evaluación e institucionalización. En este sentido, Tórrego y Funes (2000) desarrollan un plan de acción que distingue dos fases que deben tenerse en cuenta en la puesta en marcha de un programa de mediación escolar y que además proporciona orientaciones muy concretas, fruto de la experiencia, para llevarlas a cabo con éxito. En una primera fase se considera la viabilidad del programa, se proporciona formación a los alumnos, profesores y no docentes en general interesados y se organiza y se pone en marcha. En una segunda fase, se organiza un programa formativo que tiene como objetivo profundizar y desarrollar la experiencia del primer año a través de la reflexión sobre nuevos componentes teóricos y prácticos.

Las orientaciones propuestas para esta segunda fase son: la inclusión del tríptico informativo sobre mediación en la carpeta que se entrega al tutor a principio de curso, información a los alumnos por parte de los tutores en sesiones de tutoría sobre el proyecto de mediación del centro, elaboración de un informe al claustro sobre el proyecto de mediación en el centro, la renovación del equipo de mediación del centro, el informe al consejo escolar sobre el mismo tema en una reunión ordinaria o la inserción de la información sobre el proyecto de mediación en la agenda escolar del alumnado.

En el punto siguiente, y avanzando por este *continuun* de menor a mayor complejidad organizativa y estructural, se comenzará por describir el proceso de puesta en marcha de un programa de mediación escolar, señalando algunos aspectos que se sugieren desde la investigación para facilitar dicho proceso.

3.2. Fases de puesta en marcha de los programas de mediación escolar

Jones (2001) afirma que la mayoría de los programas de mediación que tienen éxito siguen ciertas etapas comunes, aunque todas ellas ni pueden ni probablemente deben suceder al mismo tiempo. Esta autora establece un modelo de aplicación en el que se especifica el conjunto de etapas de puesta en marcha (tabla 7.4) que se exponen en las siguientes páginas.

a) *Evaluar las necesidades*. La puesta en marcha de un programa de mediación escolar debe partir de una evaluación de necesidades educativas reales y, por tanto, de unos objetivos generales y concretos que se establecen a priori en el centro educativo. Partir de dichas necesidades permite confirmar la adecuación de la mediación justificando así la inversión de tiempo y esfuerzo que exige. Además, la formulación de objetivos de forma realista, concreta, medible y alcanzable en el tiempo ayudará a centrar el trabajo y a elegir la forma y la estructura de la mediación más adecuadas. Asimismo se podrán analizar también los recursos con los que se cuenta, las posibles dificultades y beneficios que el programa puede tener para el centro escolar y prever el grado inicial de interés o motivación que el programa puede despertar.

En el momento de establecer los objetivos, algunos autores han resaltado la importancia de fijar objetivos a largo plazo (Johnson y Johnson, 2004, 2005; Naylor y Cowie, 1999; Schellenberg, 2007; Smith et al., 2002). Los estudios actuales sugieren que es necesario un período de tiempo de entre dos y cincos años antes de obtener resultados significativos. Pensar a largo plazo comprendiendo que el cambio es un proceso en marcha ayuda a que las expectativas puestas en la mediación sean realistas y a no desanimarse cuando los beneficios no se hagan visibles a corto plazo.

TABLA 7.4

Etapas de puesta en marcha de un programa de mediación escolar (adaptada de Tricia Jones, 2000, p. 36)

Etapa	Descripción
Evaluar las necesidades	— Identificar los objetivos y recursos con los que cuenta la escuela. — Evaluar el grado de interés y posible adhesión al programa por parte de los alumnos, el personal y los miembros de la comunidad educativa.
Orientar a los miembros del centro educativo	— Proporcionar información detallada a todo el personal sobre la mediación, sobre los resultados de la evaluación de las necesidades detectadas y sobre la utilidad del programa y el modo en que mejor puede adaptarse a la escuela. — Aclarar las expectativas del personal en cuanto a su participación y apoyo.
Seleccionar el equipo de coordinación	— Identificar a los miembros del personal que desean comprometerse con el programa dialogando abiertamente sobre el grado de compromiso y la disponibilidad de tiempo que se espera de ellos.

TABLA 7.4 *(continuación)*

Etapa	Descripción
Orientar a los estudiantes	— Exponer el programa a los alumnos con el fin de estimular su interés y alentarlos a entrenarse como mediadores.
Seleccionar a los mediadores	— Decidir cómo se realizará la selección de mediadores y llevarla a cabo.
Capacitar a los mediadores y al equipo de coordinación	— Proporcionar entrenamiento a los mediadores tanto en mediación como en conocimiento acerca de cómo implementar el equipo de coordinación.
Hacer publicidad del programa	— Utilizar la mayor publicidad posible para que tanto los alumnos como el personal comprendan bien el programa y sepan cómo aplicarlo.
Utilizar el programa	— Iniciar y sostener el programa atendiendo regularmente a la coordinación, la actualización de las habilidades de los mediadores y la conservación de un alto perfil positivo dentro la escuela.
Evaluar el programa	— Evaluar de manera periódica cómo funciona el programa, si es preciso modificar algo y si hay interés o posibilidades de ampliarlo.

b) *Orientación a las personas implicadas en el programa*. Es importante orientar adecuadamente a las personas implicadas del centro y obtener apoyo inicial. Algunas evaluaciones (Terry y Gerber, 1997) han mostrado que existe una tendencia de los profesores a afirmar que, a pesar de que creen en la mediación como una alternativa positiva, perciben un vacío de información acerca de la mediación como metodología y su proceso de implementación en su centro, lo que no facilita el crecimiento del servicio. Fomentar la publicidad, informar de los progresos a la dirección del centro, animar a los alumnos, apoyar a los profesores para que éstos motiven a su vez a los estudiantes e informar a los padres es, según Cohen (2005), construir «apoyo social». Este autor considera el apoyo social un prerrequisito para introducir la mediación en los centros educativos.

Cohen (2005) sostiene que la primera condición para poner en marcha un programa de medición es conseguir y asegurarse el apoyo y la implicación del equipo directivo del centro. Lo que este autor llama «el apoyo desde la cima de la pirámide organizativa» es esencial para la viabilidad del programa; no obstante, igualmente importante considera la participación de los demás miembros de la comunidad escolar. Además, corresponde en último término al equipo directivo tomar una serie de decisiones en torno a las siguientes cuestiones: la asignación de un espacio reservado para las sesiones de mediación o reuniones del equipo de coordinación, conceder al coordinador del programa unas horas semanales de dedicación a la mediación o permitir la distribución de los contenidos de mediación durante el horario lectivo.

No obstante, puede ser conveniente tener en cuenta que aunque la mediación se perciba como una propuesta atractiva, suscite interés y cada vez más centros educativos la apliquen, hay que contar con la posible resistencia inicial y los ataques de diversa índole. Incluso cuando los profesores la demandan, lo hacen como actuaciones y/o estrategias muy concretas a la hora de dar solución a los conflictos puntuales que surgen en sus aulas a fin de poder llevarlas a la práctica de forma inmediata y con resultados positivos. Encajar este deseo en el marco de la mediación supone todo un reto.

Es normal que surjan dudas en profesores. El hecho de que éstos no acepten la mediación hace que el número de participantes sea muy bajo (Naylor y Cowie, 1999; San Martín, 2003). Las actitudes negativas de algunos profesores pueden representar uno de los principales obstáculos. Entre las reticencias que plantean están las siguientes: pensar que se les deja al margen de los problemas, que pierden su autoridad, que no se aplica el reglamento de régimen interno y también que la mediación suponga una vía disciplinaria demasiado suave. Otras objeciones comunes que refleja la investigación son: pensar que el mediador es el centro de la clase, que la formación supondrá una sobrecarga curricular suplementaria, que al centro educativo no le corresponde asumir la labor de prevenir los conflictos o que el programa de mediación atraerá la atención hacia el centro y se le etiquetará de conflictivo (Boqué, 2007; Naylor y Cowie, 1999).

Algunos de estos temores están relacionados con la efectividad, el coste en tiempo y esfuerzo que la puesta en marcha de la mediación implica, las dificultades que pueden surgir y, en general, el cambio que puede suponer en el funcionamiento del centro. En este sentido es necesario reconocer que tanto la incredulidad sobre su eficacia como el exceso de confianza pueden llevar a la frustración y al consecuente abandono de la mediación escolar (Cavas, 2009).

Por esta razón, el despliegue de un programa de mediación exige una labor previa de información y sensibilización para que se aclare la finalidad educativa que se persigue en relación con el desarrollo socioafectivo y la mejora de la convivencia en el centro. Es importante que en el diseño de un programa de mediación se defina y concrete la relación entre éste y el sistema disciplinario, dejando claro qué conflictos son susceptibles de someterse a mediación y cuáles no. En cualquier caso, es necesario utilizar correctamente el sistema disciplinario con consistencia.

Asimismo, los padres de los alumnos mediadores pueden preguntarse si existe el riesgo de que sus hijos sean víctimas de represalias por parte de las personas en conflicto o que su participación en el proceso les lleve a faltar a clase o a disminuir su rendimiento académico. En este sentido la comunicación con las familias es un aspecto facilitador y clave del proceso de puesta en marcha de un programa de mediación (Boqué, 2007; Tórrego, 2006) con el fin de contar con su apoyo y disminuir actitudes negativas o prejuicios hacia el programa.

c) *Seleccionar al equipo de mediación*. En tercer lugar, se selecciona al equipo de coordinación. Sus miembros serán quienes impulsen y velen por el funcionamiento y la organización del programa de mediación elaborando las propuestas necesarias a los correspondientes órganos del centro, informando, redactando informes, formando a los miembros. A su vez, el equipo de coordinación elegirá a un coordinador que se encargue de planificar el programa de mediación, comunicarse con otros órganos del centro, escalonar los procesos de información y difusión e impartir la formación necesaria a las personas que intervengan.

Algunas investigaciones han señalado cómo las creencias positivas de los profesores desempeñan un papel esencial (Boqué, 2007; Cassineiro y Lane-Garon, 2006; Naylor y Cowie, 1999; Smith et al., 2002). Transmitir entusiasmo e ilusión entre sus compañeros y hacia sus alumnos puede ser un aspecto clave para hacer de la mediación una importante herramienta educativa.

d) *Orientar a los estudiantes*. En cuarto lugar, debe cuidarse la orientación a los estudiantes. Puede ocurrir —especialmente en alumnos de secundaria— que exista un prejuicio hacia el uso de la mediación (Naylor y Cowie, 1999; San Martín, 2003; Smith et al., 2002) al pensar que ésta obliga a abrir la intimidad a un tercero que nada tiene que ver con el problema, de forma que algo privado pase a ser dominio público. Por tanto, es necesario que comprendan desde el principio en qué consiste la mediación y reciban información adecuada acerca de sus principios y acerca del funcionamiento del programa.

Además el aprendizaje y la práctica de la mediación requieren unos niveles de desarrollo cognitivo, afectivo y social óptimos, y esto ha de tenerse en cuenta a la hora de acercar la mediación a los alumnos. Se afirma que no es hasta el tercer ciclo de primaria (entre los 10 y 11 años) cuando el alumno adquiere el grado de madurez y desarrollo necesario para llevar a cabo la mediación (Villaescusa, 2010, p.192). La escucha activa y la empatía son habilidades comunicativas que entroncan directamente con el desarrollo de la conducta prosocial y por tanto moral. No obstante, en cursos inferiores, los programas y actividades dirigidos al entrenamiento de la empatía, de desarrollo de la cooperación y de otras habilidades comunicativas y sociales crearán condiciones previas muy favorables para el posterior aprendizaje del procedimiento de mediación.

e) *Seleccionar a los mediadores*. Una vez que se ha formado al equipo de coordinación y se ha proporcionado la adecuada orientación a los miembros de la comunidad educativa y a los alumnos, se selecciona a los mediadores. La identificación con el mediador ha demostrado ser un elemento importante a la hora de acudir a la mediación (Huan, 2004). Se considera fundamental formar equipos de mediadores que incluyan estudiantes de diferentes niveles de habilidad académica y que representen la diversidad social, cultural y de género (Bickmore, 2002; Cassineiro y Lane-Garon, 2006; Smith et al., 2002). En el caso de padres y otros profesores mediadores, sería igualmente aconsejable favorecer la diversidad en cuanto a características tales como origen cultural, la edad o el nivel sociocultural (Cavas, 2009).

Huan (2004) realizó un estudio en el que dio a los alumnos la posibilidad de elegir entre dos mediadores —que este autor llamó *ex gangster* y *perfect*—; uno de ellos tenía un historial con conductas reprobables y, en cambio, el otro era considerado positivamente por el resto del alumnado y el profesorado y mostraba comportamientos prosociales. Los alumnos en riesgo mostraron una clara preferencia hacia el mediador *ex gangster,* y los demás alumnos, hacia el mediador *perfect*.

La selección de los alumnos mediadores puede realizarse de dos formas que con frecuencia se combinan (Boqué, 2007): unas veces se forma a aquellos alumnos que se ofrecen voluntariamente —podría ser interesante en estos casos incluir la autopropuesta de estos alumnos recogiendo las razones por las que quieren ser mediadores (García-Longoria y Ortuño, 2010)— y en otras ocasiones se elige a los posibles mediadores a propuesta del profesorado o del alumnado. En algunos casos incluso se establece una rotación a fin de facilitar el acceso a todos los alumnos. Tyrrell (2002) apuesta por seleccionar a los mediadores incluyendo las propuestas de los alumnos y de los profesores y las entrevistas con los voluntarios y celebrar una reunión del equipo de convivencia en la que finalmente se elabore una lista de mediadores.

En cualquier caso, centrarse en buscar un perfil determinado de alumno o seleccionar sólo a aquellos con cualidades de liderazgo no siempre resulta acertado. La práctica de la mediación ha demostrado que algunos alumnos —incluso aquellos identificados como «problemáticos»— sorprendentemente asimilan muy bien el rol específico de mediador. Durante la formación en mediación algunas habilidades o aspectos de la personalidad se hacen más evidentes o se descubren, y eso aumenta la confianza, por lo que puede ser una ventaja realizar la selección a posteriori.

f) *Capacitar a los mediadores y al equipo de coordinación*. Tras la selección se debe proporcionar una adecuada capacitación a los mediadores y al equipo de coordinación local. Se debe cuidar que dicha formación sea inicial y continua a lo largo del proceso (Nix y Hale, 2007; Tórrego, 2006). La formación inicial del equipo de coordinación corre a cargo bien de un equipo externo al centro, bien de alguna dependencia administrativa, como un centro de formación de profesorado de la comunidad autónoma, un máster o un curso ofrecido por alguna universidad o institución educativa. Cuando un grupo suficiente de profesores —pueden participar también padres y personal del centro— han recibido formación en mediación escolar, pueden impartir los contenidos seleccionados al conjunto del alumnado o sólo a aquellos que ejercerán la mediación entre compañeros.

Existe una gran variación en la calidad de los programas y la calificación de las personas que los ponen en práctica, y por esta razón se ha resaltado la importancia de la calidad de dicha capacitación (Jones, 2001). Los debates al respecto llevaron a la NAME (Nacional Association for Mediation of Education) a establecer entre 1993-1994 normas concernientes a las condiciones que debían reunir los instructores, los elementos de la capacitación, la involucración de los estudiantes, la implementación del programa y su suspensión. A modo de ejemplo, se presentan los estándares establecidos por la ACR (Association for Conflict Resolution) (2007) para el entrenamiento de los alumnos mediadores (véase la tabla 7.5).

g) *Hacer publicidad del programa.* Si los pasos anteriores se han seguido adecuadamente, es el momento de hacer publicidad del programa y utilizarlo. Las percepciones y el grado de satisfacción de aquellos implicados en el programa de mediación se han considerado aspectos esenciales de la viabilidad de éste a largo plazo, ya que permiten que sea difundido y se mejore eficientemente. Por esta razón algunos autores han sugerido medir la validez social tanto en los profesores como en los alumnos durante la puesta en marcha del programa y comunicar los resultados (Burell, Zirbel y Allen, 2006; Nix y Hale, 2007; Smith et al., 2002).

Asimismo, también es conveniente tener en cuenta otros escenarios fuera del aula, como los patios de recreo o los comedores (Cassineiro y Lane-Garon, 2006). Muchos conflictos entre alumnos se producen precisamente en estos lugares, por lo que la presencia de los mediadores o de miembros del equipo de coordinación —o cualquier miembro del centro en general— puede sugerir a las partes la mediación como una alternativa para solucionar los conflictos.

h) *Evaluar el programa.* Por último, respecto a la evaluación del programa, se puede decir que ésta debería acompañar a todas las etapas de implementación de un programa de mediación. Si no existe una adecuada supervisión de estos programas, su impacto puede reducirse de forma importante (Naylor y Cowie, 1999). En los últimos años los programas de mediación se han propagado de forma muy rápida,

TABLA 7.5

Estándares en relación con la capacitación en mediación (tomado de ACR, 2007)

Duración	*Elementary school (6-12 años)*: 12-18 h. *Middle school (12-14 años)*: 12-18 h. *High school (14-16 años):* 15-20 h.
Contenido de los módulos	1. El conflicto. 2. Comunicación. 3. Mediación. 4. Procedimiento del programa.
Enfoque de aprendizaje	Debe acomodarse a diferentes estilos de aprendizaje y a la diversidad de los estudiantes e incluir material audiovisual, *role playing* y actividades interactivas.

lo que refleja un alto grado de interés por parte de los educadores. Sin embargo, esta abundante disponibilidad de programas e innovaciones no ha ido pareja a una investigación sistemática de calidad que aporte luz sobre su efectividad real. De acuerdo con algunos autores (Bickmore, 2002; Burrel et al., 2006; Cohen, 2005; Smith, Daunic, Miller y Robinson, 2002), muchas de las evaluaciones realizadas no responden a criterios científicos o son poco rigurosas metodológicamente.

Entre los escollos encontrados se hallan los siguientes:

— La ausencia tanto de una terminología clara y común que permita definir variables con precisión como de herramientas estandarizadas para medir datos (Cohen, 2005).
— La cantidad de interferencias, a veces incontrolables, que se producen en los centros educativos dificulta que colegios, grupos o miembros de un mismo grupo sean comparables entre sí (Schellenberg, 2007).
— Las experiencias con muestras muy pequeñas o muestras más grandes que quedan relegadas en informes anecdóticos y no son publicadas o bien no prestan atención a la teoría o a cómo encajan en el centro educativo (Cohen, 2005).
— La inmediatez con la que a veces se quiere solucionar los problemas lleva a plantearse objetivos alejados de la realidad y a desarrollar expectativas que ignoran conflictos estructurales de fondo (Cohen, 2005).
— No se prevé un seguimiento sobre cómo se mantiene o se integra el programa en el centro educativo, lo que provoca que éste pierda el interés novedoso y se abandone con facilidad (Casella, 2000; Cohen, 2005).

Demuestra la necesidad de promover el enfoque de investigación-acción y una investigación centrada tanto en el proceso como en el producto. Adoptar un enfoque de investigación-acción (Cassineiro y Lane-Garon, 2006) como parte del funcionamiento del programa en el que se planteen de forma colaborativa cuestiones referidas tanto a su implementación como a su evaluación mejorará la cantidad y la calidad de la investigación al permitir identificar posibles deficiencias y fortalezas del programa en sí mismo. Además, tendrá un efecto motivador sobre los implicados al constatar la «rentabilidad» de su inversión de esfuerzo y tiempo y será una contribución al campo del estudio de la mediación entre iguales.

En este sentido, se pueden enumerar algunas acciones que podrían llevarse a cabo desde el centro educativo para mejorar el progreso de los programas de mediación escolar: valorar el grado de flexibilidad del currículo escolar a la entrada de líneas transversales de educación para la convivencia, registrar las reuniones de trabajo, evaluar los cambios en el proceso de aprendizaje de los equipos docentes, establecer los indicadores de calidad en las relaciones interpersonales y realizar una valoración subjetiva del grado de satisfacción que cada persona experimenta en relación con las actividades del programa de mediación escolar que se llevan a cabo en el centro (Sancho et al., 2007).

Jones (2001) establece seis pasos en la evaluación de programas de resolución de conflictos y mediación escolar (véase la figura 7.2).

1. Evaluar las necesidades.
2. Establecer las metas.
3. Decidir lo que se desea medir.
4. Recoger los datos de lo que se desea medir.
5. Dar sentido a lo que se ha visto.
6. Dar a conocer a otros lo que se ha encontrado.

Figura 7.2.—Pasos a seguir en la evaluación de programas de mediación según Jones (2001).

Una evaluación de calidad debe tener en cuenta las necesidades reales que el programa trata de satisfacer, los objetivos que se persiguen para ello, los recursos con los que se cuenta, los motivos por los que se evalúa y por supuesto el modo en que se ha introducido la mediación en el centro educativo.

Todo ello ayudará a decidir qué es lo que se desea medir (paso número tres). Jones (2001) afirma al respecto que la evaluación de programas de mediación se orienta con frecuencia en dos direcciones: el proceso y los beneficios. La evaluación del proceso se centra en la implementación del programa para identificar qué aspectos lo mejoran o lo están dificultando. Por su parte, la evaluación de los beneficios se centra en valorar si las metas tangibles y objetivas establecidas por el programa se han logrado. Por esta razón, esta autora no sólo propone reflexionar sobre cuál es el centro de la evaluación —el producto o los beneficios—, sino identificar en cada una de estas áreas información específica respecto a lo que conviene controlar. En las tablas 7.6 y 7.7 se presenta una síntesis de los posibles elementos que se pueden evaluar:

TABLA 7.6

Criterios a tener en cuenta en la evaluación del proceso de un programa de mediación (adaptada de Jones, 2001)

Evaluación del proceso
— *Proceso de evaluación de necesidades:* ¿se han identificado y articulado bien las necesidades prioritarias o los intereses?, ¿se han escuchado diferentes opiniones? — *Proceso de planificación de la evaluación:* reflexionar sobre si se han identificado las metas del programa, se han asegurado los recursos, se ha desarrollado una estrategia de implementación, se ha tenido en cuenta la coordinación y si las actividades estaban o no integradas en el currículo. — *Proceso de orientación*: ¿se dieron a conocer el contenido y los objetivos del programa?, ¿a quién?, ¿cómo?, ¿dónde?, ¿qué procedimientos se usaron para evaluar el acuerdo o hubo resistencia inicial?, ¿se proporcionó el feedback adecuado y se hicieron sugerencias? — *Proceso de selección*: ¿fue la participación en el programa voluntaria?, ¿qué procedimiento se utilizó para seleccionar a los mediadores? — *Proceso de entrenamiento*: ¿en función de a quiénes vaya dirigida la formación será ésta diferente? Las cuestiones comunes sobre la naturaleza y la adecuación. ¿Cuánto duró?, ¿quién lo impartió?, ¿qué materiales se utilizaron y de qué calidad?, ¿qué enfoque pedagógico se aplicó? — *Implementación del programa*: ¿cómo llegaban los casos a mediación?, ¿cómo se dio publicidad al programa y qué efecto se logró?, ¿qué relaciones se establecieron entre la mediación y el sistema disciplinario?, ¿cómo se integraron las actividades en el programa?, ¿cómo reaccionaron los profesores y los alumnos?, ¿cómo se coordinó el programa?, ¿cómo fue la relación con otros padres y miembros de la comunidad educativa y en qué medida facilitaba el programa? — *Mantenimiento del programa*: ¿qué procedimientos se usaron para hacer un seguimiento del programa?, ¿cómo fueron la selección, el inicio y la orientación de los nuevos miembros? — *Factores contextuales*: aspectos relacionados con el colegio, incluso el barrio o comunidad.

TABLA 7.7

Aspectos para evaluar en la valoración de los resultados de un programa de mediación (adaptada de Jones, 2001)

Evaluación de resultados
— *Capacidades y habilidades aprendidas*: escucha activa, toma de perspectiva, respuesta empática, generación de alternativas en los participantes. — *Cambio de actitudes*: se valora a veces a través del clima escolar, en la medida en que se adoptan actitudes prosociales. — *Cambio de comportamientos*: disminución de registros de indisciplina, expulsiones y comportamientos disruptivos. — *Utilidad del programa*: con qué frecuencia se utiliza, por quién y con qué beneficio. — *Recursos creados*: tangibles —financiación—, instruccionales —materiales— o de infaestructuras que se han formado.

Por último, es necesario recoger los datos, darles sentido y comunicarlos. La recogida puede centrarse en datos cuantitativos y/o cualitativos. Los primeros tienen la ventaja de la comparabilidad de grupos y a través del tiempo. Sin embargo, un número no puede captar siempre la riqueza y los matices de una realidad tal y como la ilustran los datos cualitativos. Por esta razón, las técnicas cualitativas —entrevistas, observaciones, textos escritos— se utilizan más para evaluar el proceso y las técnicas cuantitativas —escalas para medir comportamientos, habilidades o cambios de actitudes— se usan más cuando la evaluación se centra en los resultados. En cualquier caso, las medidas han de ser válidas, fiables, apropiadas al grupo de edad de muestra y analizadas adecuadamente. Asimismo, conviene cuidar el modo de presentación en función de la audiencia, teniendo en cuenta qué es lo que les puede interesar más y cuál es la forma más persuasiva de mostrar los resultados.

Cohen (2005) describe cinco métodos para evaluar los programas de mediación de menor a mayor complejidad en el diseño. Se describen brevemente a continuación:

— *El programa monitorizado:* este método valora cómo está siendo puesto en marcha el programa. Así, el evaluador controla el número de mediaciones, los tipos de conflictos mediados, los acuerdos alcanzados y las características de las personas en conflicto y de los mediadores. Además, también se mide el grado en que el programa de mediación se ha institucionalizado en el centro y es conocido y apoyado.
— *El diseño experimental:* a través de este método se mide el impacto de la mediación sobre los alumnos. Requiere que éstos sean asignados aleatoriamente en dos grupos. De esta forma, uno de los grupos recibe el entrenamiento en mediación y el otro grupo hace de control.
— *El diseño* matching: como no siempre es posible realizar un diseño experimental, mediante el diseño *matching* se establecen grupos y la comparabilidad entre ellos la decide el evaluador. A modo de ejemplo, se compara a los mediadores con estudiantes que no son mediadores o a colegios que han introducido la mediación con otros que no lo han hecho.
— *El diseño pretest y postest:* en este diseño se establecen a priori intervalos de tiempo y se toman medidas del mismo grupo de alumnos para valorar si ha tenido lugar algún cambio como consecuencia de la aplicación del programa.
— *El diseño sólo postest:* sólo se toma una medida tras la aplicación del programa. De modo que este diseño, como indica este autor, debería usarse únicamente si la decisión de evaluar se tomara durante la marcha del programa o una vez que se ha finalizado.

Burrel et al. (2006) recogieron un amplio conjunto de experiencias en mediación escolar y analizaron sus resultados. Identificaron cuatro categorías en la difusión de dichos resultados: *a*) resultados descriptivos en torno al porcentaje de acuerdos alcanzados y a la satisfacción lograda con ellos; *b*) impacto del entrenamiento de la mediación y el programa en los colegios atendiendo a las percepciones de los alumnos y de los profesores y del personal respecto al clima del centro y a indicadores como peleas, expulsiones o acciones disciplinarias; *c*) impacto del entrenamiento en los mediadores: conocimiento sobre el conflicto, habilidad para seguir el procedimiento durante la sesión de mediación, estrategias usadas para resolver el conflicto, vista del conflicto interpersonal, y *d*) impacto del entrenamiento en mediación en los alumnos formados: logro académico y autoestima.

Además, cabe otro tipo de evaluaciones más moleculares, como las centradas en las técnicas o estrategias muy concretas de la mediación utilizadas a lo largo de las sesiones. Estos estudios también aportan datos muy interesantes. A modo de ejemplo, Nix y Hales (2007) centraron su evaluación exclusivamente en el proceso de las sesiones de mediación. En concreto, estos autores estudiaron la facilitación selectiva *(selective facilitation)* por parte del mediador. Así, se estudió qué ocurría cuando el mediador utilizaba esta estrategia, que consiste en romper la neutralidad en algunos momentos puntuales del proceso y proponer por ejemplo alguna solución o dar la razón a alguno de los implicados. Finalmente, se concluyó que mediar fuera del guión del proceso de mediación puede implicar que no se perciba la escalada del conflicto. De forma colateral, identificaron que a veces las partes percibían el acuerdo de forma negativa pero lo aceptaban por considerar que era lo correcto o porque querían acabar la sesión.

Como ha quedado reflejado en estas páginas, la evaluación de los programas de mediación es parte indiscutible de su puesta en marcha. En el Anexo II se incluyen tres cuestionarios elaborados por las autoras que permiten la evaluación del proceso y de los resultados de la mediación desde la perspectiva de los profesores mediadores, los alumnos mediadores y los alumnos mediados. Los datos de validación de los cuestionarios reflejaron consistencia interna de la estructura con valores alfa de Cronbach por encima de 0,8. También hallamos índices muy aceptables de homogeneidad entre los ítems (coeficiente de correlación de Pearson) (Ibarrola-García, 2011). De modo que podemos señalar que en cada uno de los tres cuestionarios que se adjuntan la estructura está conformada por conjuntos conceptuales fiables.

Referencias bibliográficas

Aguirre, A., Almirall, J. I., Alzate, R., Boqué, M. C., Cárdenas, J. J., Carpena, A., Castellano, E., Checa P., Cuéllar, C., Cuéllar, R. J., Gorbeña, L., Grau, A., López F., Merino, C., Murciano, D., Notó, C., Romero, C., Sevilla, M. J. y Vinyamata, E. (2005). *La mediación escolar: una estrategia para abordar el conflicto*. Barcelona: Graó.

Akgün, S., Araz, A. y Aradag, S. (2007). We can resolve our conflicts: a conflict resolution program and its psycho-social effects. *Turk Psikologi Dergisi, 22*(59), 63-67.

Alonso-Gancedo, N. e Iriarte, C. (2005). *Programa educativo de crecimiento emocional y moral: PECEMO*. Málaga: Aljibe.

Alonso, J. (1997). *Motivar para el aprendizaje: teoría y estrategias*. Barcelona: Edebé.

Alsaker, F. y Vilen, L. (2010). Bullying en la escuela infantil. En R. Ortega (coord.), *Agresividad injustificada, bullying y violencia escolar* (pp. 129-164). Madrid: Alianza Editorial.

Álvarez García, D., Álvarez Pérez, L. y Núñez Pérez, J. C. (2007). *Aprende a resolver conflictos: programa para mejorar la convivencia escolar*. Madrid: CEPE.

Alzate Sáez de Heredia, R. (2005a). *Resolución de conflictos: un programa para bachillerato y educación secundaria* (2 tomos). Bilbao: Mensajero.

Alzate Sáez de Heredia, R. (2005b). Programas de convivencia en el ámbito educativo. Enfoque global de transformación de conflictos y mediación escolar. En F. Romero Navarro (comp.), *La mediación: una visión plural: diversos campos de aplicación* (pp. 232-244). Las Palmas de Gran Canaria: Consejería de Presidencia, Viceconsejería de Justicia y Seguridad, Gobierno de Canarias.

Alzate Sáez de Heredia, R. (2007). La mediación en el ámbito escolar. En H. Soleto y M. Otero (coords.), *Mediación y solución de conflictos: habilidades para una necesidad emergente* (pp. 318-330). Madrid: Tecnos.

Arroyo, B., Ballesteros, F., Díaz, F. y Muñoz Muñoz, M. (2007). Los problemas de la convivencia: desmotivación, conflictividad y violencia escolar. *Avances en Supervisión Educativa*, 5. [Extraído el 20 de junio de 2010 del sitio web de la Federación Asociación de Inspectores de educación: http://www.adide.org / revista/.]

Arsenio, W. F. y Lemerise, E. A. (2001). Varities of childhood bullying: values, emotion, processes, and social competence. *Social Development, 10*, 59-73.

Arslan, C., Hamarta, E. y Uslu, M. (2010). The relationship between conflict communication, self-steem and life satisfaction in university students. *Educational Research and Reviews, 5*(1), 31-34.

Auberni, S. (2007). *Convivir en paz. La metodología apreciativa: aproximación a una herramienta para la transformación creativa de la convivencia en centros educativos.* Bilbao: Descleé de Brouwer.

Avilés, J. M. y Monjas, I. (2005). Estudio de la incidencia de la intimidación y el maltrato entre iguales en la educación secundaria obligatoria mediante el cuestionario CIMEI. *Anales de Psicología, 21*(1), 27-41.

Avilés, J. M. (2006). *Bullying: el maltrato entre iguales. Agresores, víctimas y testigos en la escuela*. Salamanca: Amarú.

Avilés, J. M. (2009). Victimización percibida y bullying. Factores diferenciales entre víctimas. *Boletín de Psicología, 95*, 7-28.

Barri, F. (2006). *SOS bullying: prevenir el acoso escolar y mejorar la convivencia.* Madrid: Kluwer.

Beane, A. (2006). *Bullying: aulas libres de acoso*. Barcelona: Graó.

Bell, C. y Song, F. (2005). Emotions in the conflict process: an aplication of the cognitive appraisal model of emotions to conflict management. *The International Journal of Conflict Management, 16*(1), 30-54.

Beltrán, J. M. (2007). *Resolución de conflictos en la escuela: la mediación escolar.* Granada: Concepto de Comunicación Creativa.

Benítez, J. L. y Justicia, F. (2006). El maltrato entre iguales: descripción y análisis del fenómeno. *Revista de Investigación Psicoeducativa, 9*(4)(2), 151-170.

Bickmore, K. (2001). Student conflict resolution, power «sharing» in schools, and citizenship education. *Curriculum Inquiry, 31*(2), 137-162.

Bickmore, K. (2002). Peer mediations training and program implementation in the elementary schools: research results. *Conflict Resolution Quartley, 20*(2), 137-160.

Binaburo, J. A. y Muñoz, B. (2007). *Educar desde el conflicto: guía para la mediación escolar*. Barcelona: CEAC.

Bisquerra, R. (coord.). (2001). *Modelos de orientación e intervención psicopedagógica.* Barcelona: Cisspraxis.

Bliss, T. (2008). *Mediation and restauration in circle-time: teaching the skills of restaurative practice mediation*. Londres: Optimus Education.

Boekerts, M., Koning, E. y Vedder, P. (2006). Goal-directed behaviour and contextual factors in the classroom: an innovative approach to the study of multiple goals. *Educational Psychologist, 41*(1), 33-51.

Bodine, R. y Crawford, D. (1998). *Handbook of conflict resolution education: a guide to building quality programs in schools*. California: Jossey Bass Publishers.

Boqué, M. C. (2003). *Cultura de mediación y cambio social*. Barcelona: Gedisa.

Boqué, M. C. (2005). Mediación escolar: un desafío a la violencia. En AA.VV., *La mediación escolar: una estrategia para abordar el conflicto* (pp. 37-47). Barcelona: Graó.

Boqué, M. C. (2007). Prevención de conflictos y mediación escolar. *Revista de Educación de Castilla-La Mancha, 4,* 60-67.

Boqué, C. (2010). Mediación escolar: pasado, presente y futuro. En J. J. Gázquez Linares y M. C. Pérez Fuentes, *La convivencia escolar: aspectos psicológicos y educativos* (pp. 209-214). Granada: Geu.

Brighi, A. y Genta, M. L. (2010). Bullying: un fenómeno inmoral. En R. Ortega (coord.), *Agresividad injustificada, bullying y violencia escolar* (pp. 105-128). Madrid: Alianza Editorial.

Cabrerizo, J. (2006). Estrategias de orientación educativa ante la problemática de la violencia en las aulas. Jornadas universitarias: *Acoso escolar: propuestas educativas para su solución.* UNED, Madrid, 21 y 22 de abril.

Calvo, P., García-Correa, A. y Rodríguez-Marrero, G. (2004). La mediación: técnica de resolución de conflictos en contextos escolares. *Anuario de Filosofía, psicología y sociología, 7,* 35-48.

Calvo, A. (2003). *Problemas de convivencia en los centros educativos. Análisis e intervención.* Madrid: EOS.

Calvo, A. (2010). Evitar el inicio del acoso escolar a través del control de factores de protección y riesgo. En J. J. Gázquez Linares y M. C. Pérez Fuentes, *La convivencia escolar: aspectos psicológicos y educativos* (pp. 23-28). Granada: Geu.

Cangas, A. J., Gázquez, J. J., Pérez-Fuentes, M. C., Padilla, D. y Miras, F. (2007). Evaluación de la violencia escolar y su afectación personal en una muestra de estudiantes europeos. *Psicothema, 11*(1), 192.

Carbonell, J. L. (2009a). Prevención de la violencia escolar. En J. Peredes y A. de la Herrán (coords.), *La práctica de la innovación educativa* (pp. 101-119). Madrid: Síntesis.

Cartwright, N. (2005). Setting up and sustaining peer support systems in a range of school over 20 years. *Pastoral Care in Education, 23*(2), 45-50.

Cascón, P. (2000). Educar en y para el conflicto en los centros. *Cuadernos de Pedagogía, 287,* 57-66.

Casella, R. (2000). The benefits of peer mediation in the context of urban conflict and program status. *Urban Education, 35,* 324-355.

Cassineiro, C. y Lane-Garon, P. (2006). Changing school climate one mediator at a time: year-one analisys of a school-based mediation program. *Conflict Resolution Quartley, 23*(4), 447-459.

Caurcel, M. J. y Almedia, A. (2008). La perspectiva moral de las relaciones de victimización entre iguales: un análisis exploratorio de las atribuciones de adolescentes españoles y portugueses. *European Journal of Education and Psychology, 1*(1), 51-68.

Caurín, C., Marco, N. y Martínez, M. J. (2009). Formación en convivencia y mediación: una propuesta desde la educación emocional. *Formación del professorat, 4,* 1-9.

Cavas, M. J. (2009). La utilidad de la mediación como estrategia de resolución y prevención de conflictos en el ámbito escolar. *Información psicológica, 95,* 15-26.

Ceballos, F. (2007). *Conflictividad en las aulas: guía práctica de intervención*. Sevilla: Comunicación Social.

Cerezo, F. (2001). Variables de personalidad asociadas en la dinámica del bullying (agresores versus víctimas) en niños y niñas de 10 a 15 años. *Anales de Psicología, 17*(1), 37-43.

Cerezo, F. (2009). Bullying: análisis de la situación en las aulas españolas. *International Journal of Psychology Therapy, 9*(3), 367-378.

Chard, D. y Harn, B. (2008). Project CIRCUITS: Center for Improving Reading Competence Using Intensive Treatments Schoolwide. En C. Greenwood, T. Kratochwill y M. Clements (eds.), *Schoolwide Prevention Models: lessons learned in Elementary Schools* (pp. 31-58). Nueva York: Guildford Press.

Cohen, R. (2005). *Students resolving conflict: peer mediation in schools*. Tucson, AZ: Good Year Books.

Coie, J. D. y Kupersmidt, J. B. (1983). A behavioral analysis of emerging social status in boy's groups. *Child Development, 54,* 1400-1416.

Comisiones Obreras (2001). *Los problemas de la convivencia escolar: un enfoque práctico*. Madrid: Federación de Oficina del Defensor del Pueblo.

Cowie, H., Hutson, N., Dawn, J. y Carrie, A. M. (2008). Taking stock of violence in U.K Schools: risk, regulation and responsibility. *Education and Urban Society, 40*(4), 494-506.

Cowie, H., Naylor, P., Talamelli, I., Chauchan, P. y Smith, P. K. (2002). Knwoledge, use of attitudes towards peer support. *Journal of Adolescence, 25*(5), 453-467.

Cowie, H. y Dawn, J. (2007). *Managing violence in schools: a whole-school approach to best practice*. Sage.

Cowie, H. y Fernández, F. J. (2006). Ayuda entre iguales en las escuelas: desarrollo y retos [versión electrónica]. *Revista Electrónica de Investigación Psicoeducativa, 9*(2), 291-310.

Cowie, H. y Wallace, P. (2000). *Peer support in action: from bystanding to standing by.* Sage Publications.

Crespo, M. T., Gómez, L., Arias, B., Irurtia, M. J. y Arias, V. (2010). *Factores de resiliencia ante el acoso y abuso psicológico*. En J. J. Gázquez Linares y M. C. Pérez Fuentes, *La convivencia escolar: aspectos psicológicos y educativos* (pp. 711-713). Granada: Geu.

Crick, N. y Dodge, K. (1999). «Superiority» is in the eye of the beholder: a comment on Sutton, Smith and Swettenham. *Social Development, 8,* 128-131.

Daley, D., Renyard, L. y Sonuga-Barke, E. (2005). Teacher's emotional expression about disruptive boys. *British Journal of Educational Psychology, 75,* 25-35.

De Armas Hernández, M. (2003). La mediación en la resolución de conflictos. *Educar, 32,* 125-136.

De Diego Vallejo, R. y Guillén Gestoso, C. (2008). *Mediación: proceso, tácticas y técnicas* (2.ª ed.). Madrid: Pirámide.

De La Fuente, J., Peralta, F. y Sánchez, M. D. (2006). Valores sociopersonales y problemas de convivencia en Educación Secundaria. *Revista Electrónica de*

Investigación Psicoeducativa, 9(2), 291-310. [Versión electrónica: http://www.investigacion-psicopedagogica.org.]
De la Torre, M. J., García, M. C., De la Villa, M. y Casanova, P. F. (2008). Relaciones entre violencia escolar y autoconcepto en adolescentes de educación secundaria obligatoria. *European Journal of Education and Psychology, 1*(2), 57-70. Madrid: Publicaciones de la Oficina del Defensor del Pueblo.
Dhami, M. y Olsson, H. (2010). Evolution of the interpersonal conflict paradigm. *Judgement and decision making, 3*(7), 547-569.
Del Barrio, C., Almeida, A., Van der Meulen, K., Barrios, A. y Gutiérrez, H. (2003). Representaciones acerca del maltrato entre iguales, atribuciones emocionales y percepción de estrategias de cambio a partir de un instrumento narrativo: SCAN-Bullying. *Infancia y Aprendizaje, 26,* 63-78.
Derbaieux, E. y Blaya, C. (2010). Sociología y violencia escolar: un enfoque contextual. En R. Ortega (coord.), *Agresividad injustificada, bullying y violencia escolar* (pp. 355-384). Madrid: Alianza Editorial.
Díaz-Aguado, M. J. (2006). *Del acoso escolar a la cooperación en las aulas.* Madrid: Pearson.
Díaz-Pintos, G. (2007). Resolución de conflictos y educación. En M. Sancho-Gargallo (ed.), *Nuevos retos para convivir en las aulas: construyendo la escuela cívica* (pp. 29-39). Madrid: Fundación Europea Sociedad y Educación.
Di Fabio, A. y Blustein, D. (2010). Emocional Intelligence and Decisional Conflict Styles: some empirical evidence among italian high School Students. *Journal of Career Assessment, 18*(1), 71-81.
Dougherty, L. R. (2006). Children's emotionality and social status: a meta-analityc review. *Social Development, 15,* 394-417.
Eisenberg, N., Fabes, R., Shepard, S., Murphy, B., Guthrie, I., Jones, S., Friedman, J., Ponlin, R. y Maszk, P. (1999). Contemporaneus and longitudinal prediction of children's social functioning from regulation and emotionality. *Child Development, 68,* 642-664.
Elías, M., Hunter, L. y Kress, J. (2001). Emocional intelligence and education. En J. Ciarrochi, J. Forgas y J. Mayer (eds.), *Emocional Intelligence in every-day life. A scientific inquiry.* Filadelfia: Psychology Press.
Escaño, J. y Gil de la Serna, M. (2006). Motivar a los alumnos y enseñarles a implicarse en el trabajo escolar. En J. C. Tórrego (coord.), *Modelo integrado de mejora de la convivencia* (pp. 209-244). Barcelona: Graó.
Estévez, E., Martínez, B. y Jiménez, T. I. (2009). Las relaciones sociales en la escuela: el problema del rechazo social. *Psicología Educativa, 15*(1), 45-60.
Estévez, E., Murgui, S. y Musito, G. (2008). Psychosocial adjustment in aggressions, pure victims, and aggressive victims and school. *European Journal of Educational and Psychology, 1*(2), 29-39.
Farré, S. (2006). *Gestión de conflictos: taller de mediación. Un enfoque socioafectivo*. Barcelona: Ariel.
Félix, V. (2008). Conceptualización del comportamiento disruptivo en niños y adolescentes. [Extraído el 9 de diciembre de 2008 del sitio web de la Universidad de Valencia: http://www.uv.es/femavi/Elda2.pdf.]

Felner, R., Seitsinger, A., Brand, S., Burns, A. y Bolton, N. (2007). Creating Small Learning Communities: lessons from the project on high-performing learning communities about «what works» in creating productive, developmentally enhancing, learning contexts. *Educational Psychologist*, *42*(4), 209-221.

Fernández-Abascal, E. (2009). Emociones positivas, psicología positiva y bienestar. En E. Fernández-Abascal (coord.), *Emociones positivas* (pp. 27-46). Madrid: Pirámide.

Fernández-Baena, J., Martínez, J., Pérez-Fuentes, M. C. y Palenzuela, M. (2010). Análisis de las publicaciones de psicología sobre convivencia escolar en una selección de revistas españolas entre 1999 y 2009. En J. J. Gázquez Linares y M. C. Pérez Fuentes, *Investigación en convivencia escolar: variables relacionadas*. Almería: Lozano Impresores.

Fernández, I., Villoslada, E. y Funes, S. (2002). *Conflicto en el centro escolar: el modelo del alumno ayudante como intervención educativa*. Madrid: La Catarata.

Fernández, I. y Orlandini, G. (2001). La ayuda entre iguales: un proyecto de innovación que implica a toda la comunidad. *Cuadernos de Pedagogía, 304,* 97-100.

Fernández, M., Berbén, A. B. y Benítez, J. L. (2006). Estudio sobre la percepción que el profesorado en activo posee sobre el maltrato entre iguales [versión electrónica]. *Revista de Currículum y Formación del Profesorado 10*(2), 1-13.

Fernández-Torres, M., García-Gálvez, C., Mercader, I., Salvador, M., Pérez-Fuentes, M. C., Amate, R. y Díaz, A. (2010). El mediador y la mediación intercultural. En J. J. Gázquez-Linares y M. C. Pérez Fuentes (coords.), *La convivencia escolar: aspectos psicológicos y educati*vos (pp. 419-422). Granada: Geu.

Fisher, R. y Shapiro, D. (2005). On being prepared: prepare on process, substance, and emotion. En R. Fisher y D. Shapiro, *Beyond Reason: using emotions as you negotiate* (pp. 169-182). Penguin Books.

Flecknoe, M. (2010). What does anyone know about peer mediation? *Improving schools, 8*(3), 221-235.

Flores, J. (2010). Caracterización del ciberbullying y diferencias significativas con el acoso escolar tradicional. En J. J. Gázquez Linares y M. C. Pérez Fuentes, *La convivencia escolar: aspectos psicológicos y educativos* (pp. 69-72). Granada: Geu.

Folger, J. y Busch, R. (2005). *The promise of mediation: the transformative approach to conflict* (2.ª ed.). San Francisco: Jossey-Bass.

Ford, M. y Smith, P. (2007). Thriving with social purpose: an integrative approach to the development of optimal human functioning. *Educational Psychologist, 42*(3), 153-171.

Frey, K., Hirschstein, M. y Guzzo, B. (2000). Second Step: preventing aggression by promoting social competence. *Journal of Emotional and Behavioral Disorders, 8,* 102-112.

Friedman, R., Anderson, C., Brett, J., Olekalns, M., Goates, N. y Lisco, C. (2004). The positive and negative effects of anger on dispute resolution: evidence from electronically mediated disputes. *Journal of Applied Psychology, 89*(2), 369-376.

Funes, S. (2000). Resolución de conflictos en la escuela: una herramienta para la cultura de la paz y la convivencia. *Contextos educativos, 3,* 91-106.

Fujisawa, K., Kutsukake, N. y Hasegawa, T. (2008). The stabilizing role of aggressive children in affiliative social networks among preschoolers. *Behaviour, 145,* 1577-1600.

Galtung, J. (1998). *Tras la violencia 3R: reconstrucción, reconciliación, resolución. Afrontando los efectos visibles e invisibles de la guerra y la violencia.* Bilbao: Bakeaz.

García, L. y López, R. (2007). Mediación y sistema escolar. La convivencia como horizonte. En R. López Martín (coord.), *Las múltiples caras de la mediación: y llegó para quedarse* (pp. 71-109). Valencia: Universidad de Valencia.

García-Longoria, M. P. y Ortuño Muñoz, E. (2010). Aplicación del recurso de la mediación como estrategia de mejora de la convivencia en un centro educativo. En J. J. Gázquez Linares y M. C. Pérez Fuentes, *La convivencia escolar: aspectos psicológicos y educativos* (pp. 237-242). Granada: Greu.

García-Bacete, F. J. (2007). La identificación de alumnos rechazados, preferidos, ignorados y controvertidos en el aula. *Revista de Psicología General y Aplicada, 60*(1-2), 25-46.

Gasser, L. y Keller, M. (2009). Are the competent the morally good? Perspective taking and moral motivation of children involved in bullying. *Social Development 18*(4), 798-816.

Gilbert, I. (2005). *Motivar para aprender en el aula: las siete claves de la motivación escolar.* Barcelona: Paidós.

Gilhooley, J. y Scheuch, N. (2000). *Using peer mediators in classrooms and schools: strategies for teachers, counselors and administrators.* California: Corwin Press.

Goleman, D. (2006). *Inteligencia social.* Barcelona: Kairós.

González-Pienda, J. A., Álvarez-García, D., Rodríguez-Pérez, C., González-Castro, P., Núñez, J. y Álvarez-Pérez, L. (2010). Situación de la convivencia escolar en la educación secundaria. En J. J. Gázquez Linares y M. C. Pérez Fuentes (coord.), *Investigación en convivencia escolar: variables relacionadas.* Almería: Geu editorial.

González, M. (2007). Los métodos de resolución de conflictos. En H. Soleto y M. Otero (coords.), *Mediación y solución de conflictos: habilidades para una necesidad emergente* (pp. 127-144). Barcelona: Ariel.

Gotzens, C., Badia, M., Genovard, C. y Dezcallar, T. (2010). Estudio comparativo de la gravedad atribuida a las conductas disruptivas en el aula. *Electronic Journal of Research in Educational, 1,* 33-58.

Greenwood, C. R., Arreaga-Mayer, C., Utley, C., Gavin, K. y Terry, B. J. (2001). Classwide peer tutoring learning management system: applications with elementary-level English language learners. *Remedial and special education, 22*(1), 34-47.

Hamarus, P. y Kaikkonen, P. (2008). School bullying as a creator of pupil peer pressure. *Educational Research, 50*(4), 333-345.

Heydenberk, W., Heydenberk, R. y Perkins, S. (2003). Conflict Resolution and moral reasoning. *Conflict Resolution Quartley, 21*(1), 27-45.

Heydenberk, R. A. y Heydenberk, W. A. (2005). Increasing meta-cognitive competence through conflict resolution. *Education and Urban Society, 37,* 431-452.

Hicks, D. (ed.) (1993). *Educación para la paz: cuestiones, principios y práctica en el aula.* Madrid: Ministerio de Educación y Ciencia.

Hopkins, B. (2007). *The peer mediation and mentoring trainer's manual.* Londres: Optimus Education.

Houlston, C., Smith, P. y Jessel, J. (2009). Investigating the extent and use of peer support initiatives in English schools. *Educational Psychology, 29,* 325-344.

Houlston, C. y Smith, P. (2009). The impact of a peer counselling scheme in all girl secondary school. *British Journal of Educational Psychology, 79,* 69-86.

Huan, V. (2004). Peer mediation as a problem-solving strategy for conflicts among adolescent youths: the role of mediator. *Korean of Thinking and Problem Solving, 14*(2), 1-27.

Hudley, C., Graham, S. y Taylor, A. (2007). Reducing aggressive behavior and increasing motivation in school: the evolution of an intervention to stregthen school adjustment. *Educational Pshychologist, 42*(4), 251-260.

Ibarrola-García, S. (2011). Educación para la convivencia y mediación escolar: estudio sobre el impacto de la mediación en profesores mediadores, alumnos mediadores y alumnos mediados. Tesis doctoral inédita. Universidad de Navarra.

Iriarte, C. (2007). Desarrollo de las competencias socioafectiva y moral en el marco de la educación para la convivencia. En J. Gázquez (coord.), *Mejora de la convivencia y programas encaminados a la prevención e intervención del acoso escolar* (pp. 255-264). Almería: Grupo Editorial Universitario.

Jackson, L. y Veeneman, M. (2002). *Positive Behavioral Support in the Classroom: principles and practices*. Maryland: Paul H. Brookes.

James, A., Smith, P. y Radford, L. (2010). What impact does peer support have on school climate? Findings from a four month case study in an English secondary school. En J. J. Gázquez Linares y M. C. Pérez Fuentes, *La convivencia escolar: aspectos psicológicos y educativos* (pp. 131-135). Granada: Greu.

Jares, J. (2006). *Pedagogía de la convivencia*. Barcelona: Graó.

Jenny, R. y Snell, M. (2006). *Social relationship and peer support* (2.ª ed.). Baltimore, Md: Paul H. Brookes.

Jiménez-Vázquez, A. y García-Rojas, A. (2010). Ciberbullying: un estudio descriptivo. En J. J. Gázquez Linares y M. C. Pérez Fuentes, *La convivencia escolar: aspectos psicológicos y educativos* (pp. 137-140). Granada: Greu.

Johnson, D. W. y Johnson, R. T. (2005). *Teaching Students To Be Peacemakers* (4.ª ed.). Edina, MN: Interaction Book Company.

Johnson, D. W. y Johnson, R. T. (2004). Implementing the «Teaching Students To Be Peacemakers Program». *Theory Into Practice, 43*(1), 68-79.

Jones, T. S. (2001). *Evaluating your conflict resolution education program: a guide for educators and evaluators.* Ohio Commission on Dispute Resolution and Conflict Management.

Jones, T. S. (2006). Emotion in mediation: implications, applications, opportunities and challenges. En M. S. Herrman, *The Blackwell handbook of mediation: bridging theory, research and practice* (pp. 227-305). Blackwell Publishing, Ltd.

Jones, T. y Bodtker, A. (2002). Mediating with heart in mind: addressing emotion in mediation practice. *Negotiation Journal, 2,* 217-244.

Jones, T. y Bodtker, A. (2009). Hacia una mediación exitosa entre pares: líneas directrices. En D. F. Schnitman y J. Schnitman (comps.), *Resolución de conflictos: nuevos diseños, nuevos contextos* (pp. 29-35). Barcelona: Granica.

Jones, V. F. y Jones, L. S. (2007). *Comprehensive classroom management: creating communities of support and solving problems* (8.ª ed.). Londres: Pearson Ally and Bacon.

Jones, T. y Sandford, R. (2004). Building the container: curriculum infusion and classroom climate. *Conflict Resolution Quartley, 21*(1), 115-130.

Ladd, P. (2005). *Mediation, conciliation and emotions: a practitioner's guide for understanding emotions in dispute resolution*. University Press of America.

Lane-Garon, P., Ybarra-Merlo, M., Zajac, J. y Viera, T. (2007). Mediators and mentors: partners in conflict resolution and peace education. *Journal of Peace Education, 2*(2), 183-193.

Lannie, A. y McCurdy, B. (2007). Preventing Disruptive Behavior in the Urban Classroom: Effects of the Good Behavior Game on Student and Teacher Behavior. *Education and Treatment of Children, 30*(1), 85-98.

Léderach, J. P. (2005). *Moral imagination: the art and soul of building peace.* Oxford: Oxford University Press.

Lieberman, A. (2006). «A» List of Emotions in mediation from anxiety to agreement. *The Dispute Resolution Journal, 61*(1), 46-50.

López de Dicastillo, N., Iriarte, C. y González-Torres, M. C. (2008). *Competencia social y educación cívica*. Madrid: Síntesis.

Lund, M. E. (2000). A focus on emotion in mediation training. *Family and Conciliation Courts Review, 38*(1), 62-68.

McElearny, A., Roosmale-Cocq, S., Stephenson, C. y Stephenson, P. (2008). Exploring the anti-bullying role of a befriending peer support programme: a case study within the Primary School Setting in Northern Ireland. *Child Care in Practice, 14*(2), 109-130.

McLoughlin, C. (2009). Intervenciones positivas con grupos de iguales: una alternativa a la intervención individualizada para promover el comportamiento prosocial de jóvenes en situaciones de riesgo [versión electrónica]. *Electronic Journal of Research in Educational Psychology, 7*(3), 1131-1156.

Melero Martín, J. (2009). *Conflictividad escolar y la nueva profesión docente.* Málaga: Aljibe.

Miller, D. y Morán, T. (2007). Theory and practice in self-steem enhancement: Circle-Time and efficacy based approach a controlled evaluation. *Teachers and teaching, 13*(6), 601-615.

Monjas, M. I., Sureda, I. y García-Bacete, F. (2008). ¿Por qué los niños y las niñas se aceptan y se rechazan? *Cultura y Educación, 20*(4), 479-492.

Moreno, M. y Sastre, G. (2003). Conflicto y emociones: un aprendizaje necesario. En E. Vinyamata (coord.), *Aprender del conflicto: conflictología y educación*. Barcelona: Graó.

Moreno, J. M. y Tórrego J. C. (2005). El asesoramiento para la resolución de conflictos de convivencia en centros escolares: En J. Domingo Segovia (coord.), *Asesoramiento al centro educativo: colaboración y cambio en la institución* (2.ª ed.) (pp. 291-308). Barcelona: Octaedro.

Moreno, D., Estévez, E., Murgui, S. y Musitu, G. (2009). Reputación social y violencia relacional en adolescentes: el rol de la soledad, la autoestima y la satisfacción vital. *Psicothema, 21*(4), 537-542.

Munné, M. y Mac-Cragh, P. (2006). *Los diez principios de la cultura de mediación*. Barcelona: Graó.

Murciano, D. y Notó, C. (2005). Mediación escolar. En AA.VV., *La mediación escolar: una estrategia para abordar el conflicto* (pp. 25-34). Barcelona: Graó.

Murphy, B. C. y Eisenberg, N. (2005). An integrative examination of peer conflict: children's reported goals, emotions and behaviours. *Social Development, 11*(4), 534-557.

Nation, T. (2003). Creating a Culture of peaceful School comunnities. *International Journal for the Advancement of Counselling, 25*(4), 309-315.

Naylor, P. y Cowie, H. (1999). The effectiveness of peer support systems in challenging school bullying: the perspective and experiences of teachers and pupils. *Journal of Adolescence, 22,* 467-479.

Nix, C. y Hale, C. (2007). Conflict within the structure of peer mediation: an examination of controlled confrontation in at risk-school. *Conflict Resolution Quartley, 24*(3), 327-348.

Observatorio de la Violencia Escolar (2008). *Presentación del Estudio Estatal de Convivencia Escolar.* [Extraído el 8 de agosto de 2008, del sitio web del Observatorio Estatal de la Violencia Escolar: http://www.convivencia.mec.es.]

Ortega, P., Mínguez, R. y Saura, P. (2003). *Conflicto en las aulas. Propuestas educativas*. Barcelona: Ariel.

Ortega, R. y Del Rey, R. (2003). *La violencia escolar: estrategias de prevención.* Barcelona: Graó.

Ortega, R. y Del Rey, R. (2004). *Construir la convivencia*. Barcelona: Edebé.

Ortega, R. y Monks, C. (2005). Agresividad injustificada entre preescolares. *Psicothema, 17*(3), 453-458.

Ortega, R. y Mora-Merchán, J. (2005). *Conflictividad y violencia en la escuela: iniciativas y programas de afrontamiento de la conflictividad y la violencia escolar*. Sevilla: Díada.

Otero, M. (2007). Los modelos de la mediación. En H. Soleto y M. Otero (coords.), *Mediación y solución de conflictos: habilidades para una necesidad emergente* (pp. 158-171). Madrid: Tecnos.

Piñuel, I. y Oñate, A. (2007). *Mobbing escolar. Violencia y acoso psicológico contra niños*. Madrid: CEAC.

Puy Muñoz, F. (2007). La expresión «mediación jurídica», un análisis tópico. En H. Soleto y M. Otero (coords.), *Mediación y solución de conflictos: habilidades para una necesidad emergente.* Madrid: Tecnos.

Rabasa, B. (2005). *La conflictividad en los centros docentes y la mediación escolar.* Servicio Publicaciones Sector Nacional Enseñanza CSI-CSIF: Grupo Editorial Universitario.

Ramírez, S. (2006). *El maltrato entre escolares y otras conductas-problema para la convivencia: un estudio desde el contexto del grupo-clase.* Ceuta: Servicios de Publicaciones de la Universidad de Granada.

Ramírez, S. y Justicia, F. (2006). El maltrato entre escolares y otras conductas-problema para la convivencia. *Revista Electrónica de Investigación Psicoeducativa, 9*(4), 265-290.

Redorta, J. (2004). *Cómo analizar los conflictos: la tipología de conflictos como herramienta de mediación.* Barcelona: Paidós.

Redorta, L., Obiols, M. y Bisquerra, R. (2006). *Emoción y conflicto: aprenda a manejar las emociones.* Barcelona: Paidós.

Reinke, W., Lewis-Palmer, T. y Merrell, K. (2008). The Classroom Check-up: a classwide Teacher Consultation Model for Increasing Praise and Decreasing Disruptive Behavior. *School Psychologist Review, 37*(3), 315-332.

Roberts, L., White, G. y Yeomans, P. (2004). Theory Development and Evaluation of Project Win: a violence reduction program for early adolescent. *Journal of Early Adolescence, 24*(4), 460-483.

Romera, C. (2006). Material del curso «La convivencia en los centros de secundaria: profundización en procesos de gestión de la convivencia», noviembre-diciembre 2006. Centro de Apoyo al Profesorado (CAP). Pamplona. Gobierno de Navarra.

Ronald, F. (2010). Bullying en la escuela infantil. En R. Ortega (coord.), *Agresividad injustificada, bullying y violencia escolar* (pp. 129-164). Madrid: Alianza Editorial.

Rozemblum de Horowitz, S. (2007). *Mediación: convivencia y resolución de conflictos en la comunidad.* Barcelona: Graó.

Rue, N. (2001). *Everything you need to know about peer mediation.* Nueva York: The Rosen Publishing Group.

Salmivalli, C. y Peets, K. (2010). Bullying en la escuela: un fenómeno grupal. En R. Ortega (coord.), *Agresividad injustificada, bullying y violencia escolar* (pp. 81-104). Madrid: Alianza Editorial.

Salovey, P. (1997). *Emocional development and emocional intelligence: educational implications.* Nueva York: Basic Books.

San Martín, J. A. (2003). *La mediación escolar. Un camino para la gestión de la conflictividad escolar.* Madrid: CCS.

Sánchez Aneas, A. (2009). *Acoso escolar y convivencia escolar en las aulas. Manual de Prevención e intervención.* Jaén: Formación Alcalá.

Sancho, M. A., De Esteban, M., Díaz-Pintos, G., Pérez-Juste, R., Díaz-Aguado, M. J., Cerezo, F., Serrano, Á., Ortega, R., Ortega-Rivera, J. y Cowie, H. (2007). *Nuevos retos para convivir en las aulas: construyendo la escuela cívica.* Navarra: Fundación Europea Sociedad y Educación.

Sellman, E. (2008). *Mediation matters: creating a peaceful school through peer mediation.* Cambridge: LDA.

Serrano, A. e Iborra, I. (2005). *Violencia entre compañeros en la escuela*. Valencia: Geoprint.

Shapiro, D. (2004). *Conflict and communication: a guide through the labyrinth of conflict management*. Nueva York: International Debate Education Association.

Shapiro, D. (2006). Preempting disaster: pre-mediation strategies to deal with strong emotions. En M. S. Herrman (ed.), *The Blackwell Handbook of mediation* (pp. 309-325). Blackwell Publishing, Ltd.

Shellenberg, R. (2007). Reducing levels of elementary school violence with peer mediation. *Proffesional School Counseling, 10*(5), 1-8.

Shreier, L. (2002). Emotional intelligence and mediation training. *Conflict Resolution Quartley, 20*(1), 99-119.

Shulman, M. (2002). How we become moral. En C. R. Snyder y S. L. López, *Handbook of positive psychology* (pp. 499-512). Oxford: Oxford University Press.

Shussler, D. (2009). Beyond Content: how teacher manage classrooms to facilitate intellectual engagement for disengaged students. *Theory into Practice, 48*(2), 114-121.

Smilovitz, J. (2008). Emotions and mediations: disputant perception of the mediator. *Clingendael Discussion Paper in Diplomacy, 1110,* 1-42. [Versión electrónica: http:// www.clingendael.nl/search/results.html (accedido: agosto 2010).]

Smith, S., Daunic, A., Millar, M. y Robinson, T. (2002). Conflict Resolution and Peer Mediation in Middle School: extending the process and outcome knowledge base. *The Journal of Social Psychology, 142*(5), 567-586.

Spielt, C., Strohmeier, U. y Atria, M. (2010). Evaluación de programas de intervención: el proyecto «beispel des disk». En R. Ortega (coord.), *Agresividad injustificada, bullying y violencia escolar* (pp. 384-412). Madrid: Alianza Editorial.

Spilt, J. y Koomen, H. (2009). Widening the View on Teacher-Child Relationships: teacher's narratives concerning disruptive versus nondisruptive children. *School Psychology Review, 38*(1), 86-101.

Stevahn, L. (2004). Integrating conflict resolution and peer mediation training into the curriculum. *Theory into Practice, 43*(1), 50-58.

Sutton, J., Smith, P. y Swettenham, J. (1999). Bullying and «theory of mind» a critique of the «social skills deficit» view of anti-social behaviour. *Social Development, 8,* 117-127.

Terry, B. y Gerber, S. (1997). An evaluation of a High School Peer Mediation Program. [Servicio de Reproducción de Documentos ERIC No.ED 346082.]

Theberge, S. (2004). Six factors inhibiting the use of peer mediation in a Junior High School. *Professional School Counselling, 7*(4), 283-290.

Tindall, A. (2008). Peer power. *Strategies for the professional leader: becoming an effective peer helper and conflict mediatior.* Londres: Routledge.

Tórrego, J. C. (coord.) (2003). *Resolución de conflictos desde la acción tutorial*. Madrid: Consejería de Educación.

Tórrego, J. C. (2008). Convivencia y aprendizaje en el marco de un modelo integrado. En J. C. Tórrego (coord.), *El Plan de Convivencia: fundamentos y recursos para su elaboración y desarrollo* (pp. 19-44). Madrid: Alianza Editorial.

Tórrego Seijo, J. C. (coord.) (2006a). Desde la mediación de conflictos en centros escolares hacia el modelo integrado de mejora de la convivencia. En J. C. Tórrego, *Modelo integrado de mejora de la convivencia* (pp. 11-26). Barcelona: Graó.

Tórrego, J. C. (2006b). La formación del profesorado ante los retos de la promoción de convivencia y la prevención de la violencia escolar. En A. Moreno (coord.), *La convivencia en las aulas: problemas y soluciones* (pp. 409-433). Ministerio de Educación y Ciencia.

Tórrego, J. C. y Funes, S. (2000). El proceso de mediación escolar en los IES de la Comunidad de Madrid. *Organización y gestión educativa, 4,* 40-43.

Trianes, M. V. (2007). *Las relaciones sociales en la infancia y sus problemas.* Madrid: Pirámide.

Trianes, M. V. y Fernández-Figarés, C. (2001). *Aprender a ser personas y a convivir: Un programa para secundaria.* Bilbao: Desclé de Browner.

Trianes, M. V., Muñoz, M. y Jiménez, M. (2007). *Las relaciones sociales en la infancia y en la adolescencia y sus problemas.* Madrid: Pirámide.

Trop-Gordon, W. y Asher, S. R. (2005). Modifications in Children's goals when encountering obstacles to conflict resolution. *Child Development, 76*(3), 568-582.

Turnuklu, A., Kacmaz, T., Sunbul, D. y Ergui, H. (2010). Effects of conflict resolution and peer mediation training in a Turkish High School. *Australian Journal of Guidance and Counselling, 1,* 69-80.

Tyrrell, J. (2002). *Peer mediation: a process for primary schools.* Londres: Souvenir.

Uruñuela, P. (2006). Convivencia y conflictividad en las aulas: análisis conceptual. En M. P. Soler Villalobos (coord.), *La disrupción en las aulas. Problemas y soluciones* (pp. 17-45). Madrid: Secretaría General Técnica.

Uruñuela, P. (2007). Convivencia y disrupción en las aulas. *Cuadernos de Pedagogía, 364,* 103-107.

Valero, J. M. (2006). *La escuela que olvidó su oficio*. Madrid: ICCE.

Vallés, A. (2007). *Inteligencia emocional para la convivencia escolar: el programa PIECE*. Madrid: Instituto de Orientación Psicológica.

Villaescusa, M. I. (2010). Condiciones para la mediación de conflictos en Educación Primaria. En J. J. Gázquez Linares y M. C. Pérez Fuentes, *La convivencia escolar: aspectos psicológicos y educativos* (pp. 189-196).

Villaoslada, E. y Palmero, C. (2006). En J. C. Tórrego (coord.), *Modelo integrado de mejora de la convivencia: estrategias de mediación y tratamiento de conflictos* (pp. 69-108). Barcelona: Graó.

Viñas Cireira, J. (2004). *Conflictos en los centros educativos. Cultura organizativa y mediación para la convivencia.* Barcelona: Graó.

Willard, N. (2006). *Ciberbullying and Cyberthreats. Efectively Managing Internet Use Risks in Schools.* [Extraído el 6 de junio de 2010 del sitio web del Centre for Safe and Responsable use of the Internet: http://www.cyberbully.org/onlinedocs/cbct.pdf.]

Zins, J., Bloodworth, M., Weissberg, R. y Walberg, H. (2004). The scientific base linking social and emotional learning to school success. En J. E. Zins, R. P. Weissberg, M. C. Wang y H. J. Walberg, *Building academic success on social and emotional learning: What does the research say?* Nueva York: Teachers College Press.

Anexo 1.
Recopilación de cuestionarios para evaluar la convivencia escolar

Nombre	Autor/es año	Administración	Edades	Objetivos	Variables	Descripción
1. *Bull-S. Test de evaluación de la agresividad entre escolares*	Cerezo, F. (2000)	Alumnos (colectiva). Profesores (individual), 25-30 minutos	Alumnos de entre siete y 16 años. Profesorado de educación primaria y secundaria	– Identificar las características socioafectivas del grupo – Detectar alumnos implicados en relaciones de agresividad, rechazo o aislamiento – Identificar aspectos y situaciones de las relaciones de agresividad entre iguales	– Sociograma del grupo – Posición sociométrica individual – Puntos de corte para valores significativos en las variables de agresión y victimización – Frecuencia en aspectos situacionales	Instrumento basado en la técnica del socioagrama. Permite estudiar el clima social en el aula/centro escolar e identificar *bullies* (agresores) y víctimas. Incluye un programa informático (en CD) para el cálculo de los resultados y la impresión de éstos
2. *SCAN-bullying*	Del Barrio, C., Almeida, A., Van der Mulen, K., Barrios, A. y Gutiérrez, H. y (2003)	Individual, 30-40 minutos	Alumnos de entre nueve y 13 años	– Analizar la interpretación y atribuciones causales que se infieren de la secuencia de de viñetas – Percibir emociones vividas – Seleccionar estrategias que permitan resolver problemas contemplando la reparación emocional a la víctima – Explorar las experiencias personales en relación con la victimización entre compañeros	– Representación de lo que ocurre en la historia – Identificación de cuatro emociones morales (culpa, vergüenza, indiferencia y orgullo) – Estrategias de resolución de problemas – Construcción del final de la historia	Instrumento narrativo. Historieta gráfica que por medio de diez tarjetas narra una relación de maltrato por abuso de poder en la escuela. Este conjunto de diez dibujos se complementa con otros cinco, cada uno de los cuales representa un final diferente de la historia. Se dispone de un conjunto de preguntas

Nombre	Autor/es año	Administración	Edades	Objetivos	Variables	Descripción
3. *CECSCE. Cuestionario para evaluar el clima social del centro escolar (construido a partir de los ítems del California School Climate and Safety Survey (CSCSS) de Furlong y Morrison (1995) y el School Social BehaviorScale (SSBS) de Merrell (1993)*	Trianes, M. C, Blanca, M. J, De la Morena, L., Infante, L. y Raya, S. (2006)	Individual	Alumnos y profesores	– Evaluar la percepción de comportamientos de ayuda, respeto, seguridad y confort en el centro – Analizar la actuación del profesorado según valores de justicia y respeto – Contrastar puntos de vista del profesorado y alumnado	– Clima social del centro – Relación alumnos-profesores – Habilidades interpersonales – Habilidades de automanejo – Habilidades académicas – Conducta hostil e irritable – Conducta antisocial y agresiva – Conducta disruptiva y demandante	Se centra en las relaciones interpersonales de los estudiantes y de los profesores a través del Cuestionario de clima social del centro escolar para alumnos y de 14 ítems y dos escalas para el profesorado (de competencia social y de conducta antisocial de 32 y 33 ítems respectivamente)
4. *CPCE. Cuestionario para la evaluación de los problemas de convivencia escolar*	Peralta, F., Sánchez, M. D., De la Fuente, J. y Trianes, M. V. (2007)	Individual o colectiva. Versión profesor: 5-15 minutos. Versión alumno: 40 minutos	A partir del primer curso de educación secundaria obligatoria en adelante	– Evaluar al alumnado del aula en aquellas conductas que perturban el normal desarrollo de la clase – Obtener la opinión de cada alumno sobre los conflictos que se originan en el aula	– Conducta indisciplinada – Conducta de desinterés académico – Conducta antisocial – *Bullying* o maltrato entre iguales – Comportamiento disruptivo – Agresión profesores contra alumnos	A través de los ítems se obtiene una autoevaluación y una heteroevaluación de los conflictos del aula, se completa la información de los alumnos y de los profesores respecto a un mismo proceso, los profesores realizan una evaluación individualizada de cada alumno y al mismo tiempo se obtiene una evaluación colectiva
5. *CIMEI. Cuestionario sobre intimidación y maltrato entre iguales*	Avilés, J. M. (última versión 2003)	Colectiva	10-18 años	– Indagar la situación de participación en el maltrato según los	Las siguientes atribuciones causales: – Provocación	Es un cuestionario de 32 ítems de opción múltiple y un ítem de respuesta

Nombre	Autor/es año	Administración	Edades	Objetivos	Variables	Descripción
				siguientes perfiles: agresores, víctimas, agresores agredidos y testigos – Valorar las diferencias de percepción del maltrato a partir de las atribuciones causales que hacen y el perfil habitual	– Asimetrías – Intencionalidad – Minimización	abierta que se responde de forma anómima, aunque el último ítem brinda al alumnado la posibilidad de identificarse. Las dimensiones que recoge el cuestionario son las siguientes: – Aspectos situacionales del alumnado (siete ítems) – Aspectos situacionales de las intimidaciones (cinco) – Aspectos situacionales de las intimidaciones (cinco) – Condiciones del perfil de los agresores (siete) – Propuestas de solución (tres ítems)
6. *Cuestionario sobre valores sociopersonales para la convivencia*	De la Fuente, J., Peralta, F. J. y Sánchez, D. (2006)	Individual	Alumnado de educación secundaria obligatoria (12-16 años)	– Evaluar distintos tipos de valores sociopersonales relacionados con la convivencia – Elaborar un perfil descriptivo de los valores sociales que los alumnos de esta	– Autoexigencia y valía – Valor y equilibrio – Respeto y protección – Bondad y generosidad – Honradez y lucha – Amistad, aprecio y amabilidad – Prevención de injusticias	93 ítems con respuestas en cinco escalas («muy en desacuerdo», «en desacuerdo», «regular de acuerdo», «bastante de acuerdo» y «muy de acuerdo») que evalúan valores sociopersonales desde tres dimensiones

Nombre	Autor/es año	Administración	Edades	Objetivos	Variables	Descripción
				etapa tienen incorporados – Establecer relaciones de interdependencia entre los valores sociales y los comportamientos inadaptados	– Valor indisciplinado – Protección y equilibrio – Altruismo – Esfuerzo y orden – Éxito – Hospitalidad y reflexión	inherentes a cada valor: pensamientos, sentimientos y acciones/conductas
7. *CUVE. Cuestionario de violencia escolar*	Álvarez, L., Álvarez, D., González-Castro, P., Núñez, J. C. y González-Pienda, J. A. (2006)	Colectiva	12-16 años	Conocer la percepción del alumnado de secundaria sobre el nivel de violencia escolar (verbal, física y psicológica) protagonizada tanto por el alumnado como por el profesorado	– Violencia física indirecta por parte del alumnado – Violencia verbal del alumnado hacia compañeros – Violencia física directa entre alumnos – Violencia verbal del alumnado hacia el profesorado – Violencia del profesorado hacia el alumnado	Consta de 29 enunciados con cinco alternativas de respuesta en cada una de las cuales el evaluado ha de señalar en qué grado considera que ocurre el hecho violento que se contempla
8. *Escala de conducta antisocial (ASB)*	Adaptación española de Martorell, M. C. y Silva, G. (1993), de los trabajos de J. Allsopp y M. Feldman (1976)	Colectiva (grupos de entre 20 y 30 personas), 15 minutos	De 11 a 17 años	Detectar conductas desviadas de las normas de comportamiento social típicas de la edad, así como algunas conductas predelictivas	– Conductas predelictivas – Trasgresión de normas sociales	Consiste en una lista de 46 actividades. Se debe responder sinceramente si en los últimos 12 meses se ha realizado o no cada una de ellas
9. *Test de evaluación de habilidades cognitivas de solución de problemas interpersonales (EVHA-COSPI)*	García, E. M. y Magaz, A. (1998)	Individual. Colectiva, 20-45 minutos	De 4 a 12 años	Valorar las destrezas cognitivas en procesos de solución de problemas interpersonales	– Identificar problemas – Definir situación-problema – Generar alternativas	A través de una serie de tarjetas o diapositivas cuyo dibujo representa un problema de

Nombre	Autor/es año	Administración	Edades	Objetivos	Variables	Descripción
					– Generar alternativas – Anticipar consecuencias – Tomar decisiones y elegir alternativa	índole interpersonal, se van realizando preguntas sobre las distintas variables a evaluar
10. Representaciones pictóricas de la amistad	Bombi, A. S., Pinto, G. (1998)	Individual. Colectiva	Infantil, primaria	Captar y medir las características de los dibujos que representan a dos personas unidas por una relación interpersonal estrecha, como la amistad	– Cohesión – Distanciamiento – Clima emocional – Perturbación de la relación – Semejanza y valor	Se proporcionan instrucciones para puntuar y codificar distintos aspectos de los dibujos realizados por los niños
11. AECS: actitudes y estrategias cognitivas sociales	Moraleda, M., González Galán, A. y García Gallo, J. (1998)	Colectiva, 45 minutos	Adolescencencia (12-17 años)	Valorar componentes actitudinales y cognitivos en las relaciones sociales	Actitud social: – Valores prosociales – Valores antisociales – Valores asociales	A través de 137 elementos se intenta valorar nuevas actitudes y diez estrategias de pensamiento social
12. Cuestionario de valores interpersonales	Gordon, L. V. (1996)	Individual. Colectiva, 15 minutos	Adolescentes y adultos	Apreciar valores que una persona posee o adopta	Pensamiento social: – Estilo cognitivo – Percepción social – Estrategias solución de problemas sociales – Estímulo (comprensión, amabilidad) – Conformidad – Reconocimiento	La medida de estos valores puede ayudar a explicar o predecir ciertos comportamientos. Se incluyen valores que inciden en las relaciones con los semejantes y que tienen relevancia en el ajuste personal, familiar, social y profesional
13. Batería de socialización (BAS-3)	Silvia, F. y Martorell, M. C. (1989)	Individual. Colectiva, 20 minutos aprox.	11-19 años	Permite lograr un perfil de la conducta social,	– Consideración con los demás	La tarea solicitada consiste en leer las afirmaciones e

Nombre	Autor/es año	Administración	Edades	Objetivos	Variables	Descripción
				teniendo en cuenta cuestiones como la sensibilidad hacia los demás, el respeto de normas y el estilo relacional de cara a promover la convivencia	– Autocontrol en las relaciones sociales – Retraimiento social – Ansiedad social/timidez – Liderazgo – Jovialidad – Sensibilidad social – Apatía – Agresividad-terquedad	informar de si el contenido del ítem puede ser aplicado o no a uno mismo. También estos autores han elaborado la BAS-1 y BAS-2 para que sean contestadas por los padres y por los profesores
14. CEVEO. Cuestionario de evaluación de la violencia escolar entre iguales en la escuela y en el ocio	Díaz-Aguado, M. J. (2004)	Individual. Colectiva., 30-50 minutos	Adolescencia	– Evaluar las situaciones que se producen en el contexto escolar y en el contexto de ocio, preguntando a los y las adolescentes por la frecuencia con la que sufren como víctimas, ejercen como agresores u observadores – Conocer cómo se comportan los adolescentes en tales situaciones – Conocer la disponibilidad para ayudar en situaciones de violencia escolar de los diferentes agentes de socialización, prestando especial atención al profesorado	– Calidad subjetiva de contextos y relaciones – Situaciones sufridas como víctima en la escuela – Situaciones vividas como agresor en la escuela – Victimización en el ocio – Agresión en el ocio	Cuestionario autoaplicado que contiene preguntas en torno a las siguientes secciones: datos generales, datos familiares, relaciones entre iguales en la escuela y en el tiempo libre, comportamiento sexual, relación de noviazgo, abuso sexual, creencias sobre el género y actitud hacia la diversidad, ambiente social, comunicación padres-hijos, estado de ánimo, autoestima, adicciones

Nombre	Autor/es año	Administración	Edades	Objetivos	Variables	Descripción
15. Cuestionario sobre abusos entre compañeros	Fernández, I. y Ortega, R. (1999)	Colectiva	Primaria y secundaria		– Vida relacional – Situaciones de abuso entre compañeros	25 preguntas de elección múltiple. Hay dos modelos diferentes para primaria y secundaria. Se trata de un cuestionario anónimo en el que los alumnos sólo tienen que marcar con un círculo aquellas respuestas que más se ajustan a su estado personal
16. Cuestionario sobre convivencia, violencia y experiencias de riesgo (COVER)	Ortega, R. y Del Rey, R. (2003)	Colectiva	Secundaria	Explorar aspectos relacionados con la convivencia en la escuela	– Condiciones de vida – Valor personal y sociabilidad: autoconcepto y autoestima, expectativas de futuro, sociabilidad y relaciones interpersonales, solidaridad y apoyo mutuo, creencias y actitudes sociales, civismo y ética social – Actitudes y conductas de riesgo: comportamiento y actitud sexual de riesgo, presión e intimidación en el grupo, pandillas	Autoinforme conformado por 80 preguntas divididas en dos bloques. El primero se compone de 43 ítems con la opción de respuesta según el grado de acuerdo («verdadero», «más o menos», «falso»). El segundo, de 37 con las respuestas según la frecuencia de situaciones («muchas», «pocas», «ninguna»)

Nombre	Autor/es año	Administración	Edades	Objetivos	Variables	Descripción
					juveniles y conductas de riesgo, comportamientos y actitudes antisociales, contexto social violento, consumo y tráfico de drogas – Implicación directa en violencia: victimización de iguales, maltrato y abuso de adultos hacia estudiantes, comportamiento agresivo	
17. Cuestionario de percepción de conductas conflictivas	Hormigo, Águila y Carreras, (2003)	Colectiva	Secundaria	– Analizar las diferentes ideas o percepción de la conflictividad escolar, así como de los factores preventivos y del clima social que tiene cada grupo de la comunidad escolar: alumnado, padres y madres y profesorado.	– Conductas contrarias a las normas de convivencia – Concepción de la educación coherente con la convivencia – Regulación de las normas de convivencia – Formación en la prevención y el tratamiento de la violencia a profesorado, padres y madres – Clima social (relaciones que se dan, grado	Cuestionario de percepción de conductas contrarias a las normas de convivencia. 29 ítems en los que se señala la frecuencia con la que se considera que ocurren («nunca o casi nunca», «algunas veces», «bastantes veces», «siempre o casi siempre»). Cuestionario de percepción de los factores preventivos de la conflictividad. 20 ítems

Nombre	Autor/es año	Administración	Edades	Objetivos	Variables	Descripción
					de comunicación, de interacción conflictiva y de control que se da entre los miembros)	donde se señala si las afirmaciones se señalan verdaderas o falsas Escala de clima social en el centro escolar
18. CESC. Conducta y experiencias sociales en clase. Cuestionario de evaluación de las relaciones entre iguales.	Collell, J. y Escudé, C. (2006)	Colectiva, 15 minutos	Alumnos de ciclo medio y superior de primaria y primer ciclo de la ESO	– Identificar a alumnos implicados en el maltrato físico, verbal y relacional, tanto el rol del agresor como el de víctima – Identificar a alumnos que presentan conductas prosociales – Identificar el estatus social de cada alumno dentro del grupo – Sensibilizar a los alumnos en relación con el *bullying* – Dibujar el mapa relacional de la clase para planificar la intervención frente a una situación	– Agresión – Victimización – Prosocialidad – Estatus sociométrico	Aproximación multimodal. Observación puntual de un momento evolutivo del grupo con la voluntad de intervenir positivamente a favor de todos. Incluye actividades previas para que la administración resulte más agradable. Once ítems
19. CAHV-25 Cuestionario de actitudes hacia la violencia	Ruiz, J. A., Llor, L., Puebla, T. y Llor, B. (2009)	Individual. Colectiva	Adolescentes	Recoger información acerca de las creencias actitudinales hacia la violencia escolar	– Reglas sociales que regulan el uso y valoración de la violencia	Instrumento breve y manejable de 45 ítems distribuidos en seis factores teóricos:

Nombre	Autor/es año	Administración	Edades	Objetivos	Variables	Descripción
					– Uso instrumental de la violencia destinada a sentirse mejor con uno mismo o compensar déficit en la resolución de problemas o habilidades sociales	– Violencia como forma de diversión (Once ítems) – Violencia para mejorar la autoestima (11 ítems) – Violencia como forma de relacionarme socialmente (cinco ítems) – Violencia para afrontar problemas (cinco ítems) – Violencia para impartir justicia (cinco ítems) – Violencia para defenderme (ocho ítems)

Anexo 2.
Cuestionarios para evaluar el proceso y los resultados de la mediación escolar por parte de profesores y alumnos mediadores y de alumnos mediados

Cuestionario de mediación escolar para profesor mediador

Instrucciones

Este cuestionario ha sido diseñado para obtener información de los profesores mediadores sobre distintos aspectos relacionados con la mediación escolar.

Para completarlo, es muy importante leer detenidamente las cuestiones planteadas y responder marcando con una X la respuesta o la puntuación en una escala. Las respuestas serán anónimas. No hay respuestas correctas ni incorrectas, sólo son modos diferentes de percibir la experiencia como mediador escolar. Por tanto, procure contestar con sinceridad. Asegúrese de que responde a todas las preguntas.

Muchas gracias por su colaboración.

Profesor mediador

1. **Tipo de centro:**

❑ Público ❑ Concertado

2. **Edad:**

❑ Entre 20 y 30 años ❑ Entre 31 y 40 años ❑ Entre 41 y 50 años ❑ Más de 50 años

3. **Sexo:**

❑ Varón ❑ Mujer

4. **Estudios previos:**

❑ Carreras relacionadas con la educación (magisterio, pedagogía, psicopedagogía, psicología)
❑ Otras: ....

5. **Área en la que desarrollo *la mayor parte* de mi trabajo:**

❑ Idiomas ❑ Educación física ❑ Artística-tecnológica (dibujo, tecnología, música...)
❑ Ciencias (matemáticas, física, química, biología...) ❑ Orientación ❑ Informática
❑ Humanidades (lenguaje, filosofía, literatura, latín...)
❑ Sociales (historia, geografía, economía...)
❑ Otras: ....

6. **Etapa en la que imparto *la mayor parte* de las clases:**

❑ Primaria ❑ Secundaria ❑ Bachiller

Curso: ....

7. **Años de experiencia laboral:**

❑ Menos de 5 años ❑ Entre 6 y 10 años ❑ Entre 11 y 15 años ❑ Más de 15 años

Formación recibida para la mediación
8. ¿Cuántos cursos de formación en mediación he recibido?: ❑ 0 ❑ 1 ❑ 2 ❑ 3 ❑ 4 o más **9. Número de horas en total de formación en mediación que he recibido:** ❑ Entre 0-10 h ❑ Entre 10-20 h ❑ Entre 20-30 h ❑ Entre 30-40 h ❑ Más de 40 h **10. ¿Cuáles de los siguientes *contenidos y procedimientos* se trabajaron en las sesiones de formación? Señale los que considere que se trabajaron:** ❑ El proceso de la mediación (ejemplo: qué es la mediación, sus fases, sus principios, etc.) ❑ La comunicación con los demás (ejemplo: qué es el estilo asertivo, la escucha activa, etc.) ❑ Expresión de emociones y sentimientos (ejemplo: el reconocimiento de sentimientos y emociones en uno mismo y en los demás, ponerse en el punto de vista del otro, etc.) ❑ Resolución de conflictos (ejemplo: análisis del conflicto, cómo se resuelve un conflicto, elementos de un conflicto, etc.) ❑ Dinámicas de grupos (ejemplo: actividades para el conocimiento de los demás miembros del grupo, de sus cualidades, actividades de cooperación o ayuda mutua…) ❑ *Role playings* (ejemplo: interpretación de diferentes personajes y situaciones) ❑ Otros. Especifique cuáles: .... **11. La formación inicial que recibí como mediador la considero:** ❑ Nada adecuada ❑ Poco adecuada ❑ Adecuada ❑ Bastante adecuada ❑ Muy adecuada

Experiencia en mediación
12. ¿En cuántos procesos de mediación he participado como mediador? ❑ Entre 1-20 ❑ Entre 20-50 ❑ Más de 50

Pertenencia al equipo de mediación, expectativas y validez social
13. En el centro educativo se puso en marcha la mediación porque (señale la respuesta o las respuestas con las que se identifique su centro): ❑ Se detectó la necesidad de intervenir urgentemente ante algunos conflictos ❑ Se percibía un mal clima de convivencia, problemas de indisciplina y disrupción ❑ Deseo en el centro educativo de desarrollar la cultura de paz

Pertenencia al equipo de mediación, expectativas y validez social *(continuación)*

- ❑ Como medida inserta en el plan de convivencia del centro
- ❑ Para probar una modalidad alternativa a la sanción
- ❑ Como vía para prevenir futuros conflictos
- ❑ Otros motivos. Especifique cuáles:

....

....

14. La mediación escolar es para mí principalmente (señale la respuesta o las respuestas con las que se identifique):

- ❑ Un método para resolver conflictos de convivencia de forma positiva
- ❑ Una vía de socialización
- ❑ Un método para promover la cultura de paz y la democracia
- ❑ Un método para reducir el número de conflictos en el centro educativo
- ❑ Otras. Especifique su respuesta:

....

15. Mi implicación en el equipo de convivencia se debió principalmente a (señale la respuesta o las respuestas con las que se identifique):

- ❑ Me tocó, fue algo circunstancial
- ❑ Inquietud o sensibilización personal con el tema
- ❑ Compromiso con la educación integral de mis alumnos
- ❑ Me lo propuso la dirección del centro
- ❑ Otros motivos. Especifique cuáles:

....

....

16. Antes de ser profesor mediador ¿recuerda cómo actuaba ante los conflictos de convivencia (insultos, amenazas, peleas, alumnos ignorados, etc.)? Señale la respuesta o las respuestas con las que se identifique:

- ❑ Los evitaba a menudo porque no sabía cómo gestionarlos adecuadamente
- ❑ No me entrometía porque creía que los conflictos eran competencia de profesionales especializados, como el orientador o de las familias
- ❑ Trataba de hablar con los alumnos para que cambiaran su forma de comportarse
- ❑ Les reñía o recurría al castigo como forma más efectiva de controlar los comportamientos más negativos
- ❑ Les restaba importancia porque creía que era una cuestión de chavales
- ❑ Otra forma. Especifique su respuesta:

....

....

Pertenencia al equipo de mediación, expectativas y validez social *(continuación)*

17. Considero que mi grado de implicación del 1 al 10 en el equipo de mediación ha sido o es de:

1 2 3 4 5 6 7 8 9 10

18. Antes de comenzar a trabajar con la mediación, mis expectativas iniciales del 1 al 10 eran de:

1 2 3 4 5 6 7 8 9 10

19. Mi grado de satisfacción global del 1 al 10 tras haber participado en la mediación es de:

1 2 3 4 5 6 7 8 9 10

Señale en qué grado del 1 al 5 se identifica con estas afirmaciones:

1 = no me identifico nada	**2 = me identifico poco**
3 = me identifico suficientemente	**4 = me identifico bastante**
5 = me identifico totalmente	

20. Me ha compensado el trabajo y el tiempo extra que he dedicado a la mediación 1 2 3 4 5

21. La mediación ha funcionado bien en mi centro 1 2 3 4 5

22. ¿Creo que la mediación ha repercutido en *mi trabajo en el colegio* porque...?:

- Me siento más capaz de gestionar las situaciones conflictivas 1 2 3 4 5
- Ahora dispongo de más herramientas para gestionar situaciones para las cuales a menudo me faltaban recursos 1 2 3 4 5
- La mediación ha mejorado mi relación con los alumnos........ 1 2 3 4 5
- Ahora intento reforzar más los comportamientos positivos de los alumnos (conductas de solidaridad, colaboración, etc. ...) 1 2 3 4 5
- Me fijo más en las necesidades socioemocionales de mis alumnos 1 2 3 4 5
- Proporciono más oportunidades para hablar o hacer dinámicas sobre temas relacionados con la convivencia 1 2 3 4 5
- Intento *más que antes* fomentar un clima de convivencia en el que los alumnos se sientan vinculados entre sí 1 2 3 4 5
- Aprovecho *más* el comportamiento inadecuado de los alumnos fuera de clase (en el recreo, en los pasillos, fuera de la institución escolar) para proporcionales modos alternativos de solución de problemas 1 2 3 4 5
- Aprovecho *más que antes* el comportamiento inadecuado de los alumnos para clarificar y establecer los comportamientos deseables, las normas y las consecuencias derivadas de su incumplimiento ... 1 2 3 4 5
- Cuando comento una norma de funcionamiento y convivencia, trato *más que antes* de explicar su razón de ser 1 2 3 4 5
- Comento *con más frecuencia* mi experiencia ante conflictos con compañeros profesores para ver si les ha pasado algo parecido y cómo lo han afrontado 1 2 3 4 5

Pertenencia al equipo de mediación, expectativas y validez social *(continuación)*					
– Ante un conflicto entre alumnos, intento que todas las personas implicadas se involucren en la búsqueda de una solución	1	2	3	4	5
23. ¿Creo que la mediación en el centro educativo ha servido para ...?:					
– Reducir el número de conflictos de convivencia en el centro	1	2	3	4	5
– Disminuir el número de sanciones en el centro	1	2	3	4	5
– Solucionar los conflictos que podrían acabar en situaciones peores o más graves	1	2	3	4	5
– Dar más importancia en el centro a las relaciones personales y a cómo se solucionan los conflictos de convivencia	1	2	3	4	5
– Llevar a cabo entre todos iniciativas concretas a favor de una buena convivencia	1	2	3	4	5
– Mejorar la comunicación entre los profesores	1	2	3	4	5
– Mejorar la imagen externa del colegio	1	2	3	4	5
– Aumentar el sentido de equipo y de pertenencia a la comunidad entre el personal del centro	1	2	3	4	5
– Extender los principios de tolerancia, igualdad y empatía más allá de los círculos íntimos de los miembros del centro	1	2	3	4	5
– Percibo que los alumnos aceptan mejor sus diferencias entre ellos	1	2	3	4	5
– Los alumnos dan ahora más importancia a que haya una buena convivencia	1	2	3	4	5
– Los alumnos con conflictos sienten que tienen un lugar al que acudir	1	2	3	4	5
– Los miembros del centro tienen una percepción más positiva de éste	1	2	3	4	5
24. Las familias han apoyado el servicio de mediación	1	2	3	4	5
25. Considero que habría necesitado recibir más formación complementaria en mediación	1	2	3	4	5
26. La mediación como estrategia para mejorar la convivencia no sirve tanto si no se complementa con otras medidas para mejorar la convivencia	1	2	3	4	5
27. En las mediaciones que he realizado, era consciente de los comportamientos que quería desarrollar en los alumnos	1	2	3	4	5
28. Mi percepción del centro es ahora más positiva	1	2	3	4	5
29. Me gustaría contar con una *web informatizada* desde la que compartir experiencias y recursos con otros equipos de convivencia de otros centros (red de intercambio de experiencias)	1	2	3	4	5
30. La mediación podría utilizarse más en el centro educativo para intervenir en conflictos de menor intensidad	1	2	3	4	5

Percepción de aprendizaje socioafectivo

31. ¿He ido aprendiendo y mejorando personalmente gracias a la mediación? Señale la respuesta o las respuestas con las que más se identifique:

- ❑ Sí, he ido mejorando en diferentes aspectos y podría decir en cuáles
- ❑ Sí, quizá en algo sí he mejorado, pero no sabría decir en qué
- ❑ No, apenas he notado diferencias antes de ser mediador y ahora
- ❑ No, los contenidos son interesantes pero después no te sirven de mucho
- ❑ Otra respuesta:

....

....

32. Las emociones negativas que tienen los alumnos implicados en un conflicto al principio de los procesos de mediación son las siguientes (señale sólo tres):

❑ Ira	❑ Desconfianza	❑ Resentimiento	❑ Irritación
❑ Frustración	❑ Envidia	❑ Temor	❑ Tristeza
❑ Hostilidad	❑ Culpabilidad	❑ Vergüenza	❑ Nerviosismo

❑ Otras: ....

....

33. Las emociones positivas que tienen los alumnos implicados en un conflicto al final de un proceso de mediación son las siguientes (señale sólo tres):

❑ Satisfacción	❑ Tranquilidad	❑ Alegría	❑ Orgullo
❑ Cariño	❑ Amistad	❑ Entusiasmo	❑ Interés
❑ Confianza	❑ Esperanza	❑ Buen humor	❑ Ilusión

❑ Otras: ....

....

Señale en qué grado del 1 al 5 se identifica con estas frases según la siguiente escala:

1 = no me identifico nada **2 = me identifico poco**
3 = me identifico suficientemente **4 = me identifico bastante**
5 = me identifico totalmente

34. Como mediador me resulta difícil identificar qué emociones tienen las personas en conflicto 1 2 3 4 5

35. La mediación me ha ayudado a comprender mejor el punto de vista de los demás 1 2 3 4 5

Señale en qué grado del 1 al 5 se identifica con estas frases según la siguiente escala:

1 = no me identifico nada **2 = me identifico poco**
3 = me identifico suficientemente **4 = me identifico bastante**
5 = me identifico totalmente

Percepción de aprendizaje socioafectivo *(continuación)*					
36. La mediación me ha ayudado a expresar mejor mis necesidades, sentimientos o emociones en la relación con los demás	1	2	3	4	5
37. La mediación me ha ayudado a darme cuenta de cuáles son mis emociones negativas	1	2	3	4	5
38. La mediación me ha ayudado a controlar mejor las emociones negativas (sus causas, consecuencias, intensidad o duración)	1	2	3	4	5
39. La mediación me ha hecho darme cuenta de que mis emociones influyen en cómo me comporto	1	2	3	4	5
40. La mediación me ha ayudado a darme cuenta de que a veces hay diferencias entre las emociones que siento y lo que pienso o mis valores	1	2	3	4	5
41. La mediación me ha ayudado a reconocer emociones en los gestos, movimientos o expresiones de los demás	1	2	3	4	5
42. La mediación ha aumentado mi paciencia ante los problemas	1	2	3	4	5
43. La mediación me ha ayudado a decir más a los demás si han actuado de forma injusta	1	2	3	4	5
44. La mediación me ha ayudado a comunicarme mejor con los demás	1	2	3	4	5
45. Antes veía el conflicto como algo negativo y ahora lo veo como una oportunidad para aprender	1	2	3	4	5
46. He aprendido a analizar los conflictos sin dejarme llevar por mi opinión personal (comprendiendo sus causas o lo que sienten y piensan las personas…)	1	2	3	4	5
47. Me paro a pensar más en las consecuencias que puede tener no actuar bien	1	2	3	4	5
48. En un conflicto me paro a pensar más en diferentes formas de solucionarlo	1	2	3	4	5
49. Me paro a pensar más si con mi conducta he conseguido realmente lo que pretendía	1	2	3	4	5
50. Utilizo con más frecuencia técnicas comunicativas en mi vida diaria (ejemplo: formulación de preguntas, parafraseo, mensajes en primera persona, etc.)	1	2	3	4	5

Señale en qué grado del 1 al 5 se identifica con estas frases según la siguiente escala:

1 = no me identifico nada — **2 = me identifico poco**
3 = me identifico suficientemente — **4 = me identifico bastante**
5 = me identifico totalmente

Profesor mediador					
51. La mediación me ha hecho darme cuenta de la responsabilidad que tengo en la solución de mis propios conflictos	1	2	3	4	5
52. Soy más respetuoso y acepto mejor las diferencias de las personas con las que me relaciono	1	2	3	4	5
53. Me siento más implicado en el día a día de mi colegio, y especialmente en situaciones en las que puedo participar	1	2	3	4	5
54. Considero que la mediación me ha ayudado a comprender mejor lo que es justo y lo que es injusto	1	2	3	4	5
55. Desde que soy mediador, doy más importancia a no hablar mal de las personas cuando no están	1	2	3	4	5
56. Ahora doy más importancia a lo que puede hacer cada uno para que haya buena convivencia	1	2	3	4	5
57. Ahora valoro más la importancia de saber pedir ayuda cuando se necesita	1	2	3	4	5

58. ¿Lo que he aprendido en mediación me sirve en otras situaciones de mi vida?

❑ Nada ❑ Poco ❑ A veces ❑ Bastante ❑ Mucho

59. ¿En qué entornos pongo más en práctica las habilidades que he aprendido en mediación?:

❑ En otras partes del colegio (patio del recreo, fiestas, trabajos en equipo, etc.)
❑ En mis clases
❑ En casa, en mis relaciones familiares
❑ En situaciones de ocio y tiempo libre (con otros amigos, deporte, etc.)
❑ Otros. Especifica cuáles:

....

....

Observaciones

....

....

Muchas gracias por su colaboración

Cuestionario de mediación escolar para alumno mediador

Instrucciones

Este cuestionario se ha diseñado para obtener información de los alumnos mediadores sobre distintos aspectos relacionados con la mediación escolar.

Lee detenidamente las cuestiones que se plantean y responde marcando con una X la respuesta o la puntuación en una escala. Las respuestas serán anónimas. No hay respuestas correctas ni incorrectas, sólo son modos diferentes de percibir la experiencia como mediador escolar. Por tanto, procura contestar con sinceridad. Asegúrate de que respondes a todas las preguntas.

Muchas gracias por tu colaboración.

Profesor mediador

1. Tipo de centro:

❑ Público ❑ Concertado

2. Curso:

❑ 1.º ESO ❑ 2.º ESO ❑ 3.º ESO ❑ 4.º ESO ❑ 1.º BACH. ❑ 2.º BACH.

3. Edad:

❑ 12 años o menos ❑ 13 años ❑ 14 años ❑ 15 años
❑ 16 años ❑ 17 años ❑ 18 años o más

4. Sexo:

❑ Varón ❑ Mujer

Formación recibida para la mediación

5. ¿Cuántos cursos de formación para la mediación he recibido?:

❑ 0 ❑ 1 ❑ 2 ❑ 3 ❑ 4 o más

6. Número de HORAS en total de formación para la mediación que he recibido:

❑ Entre 0-10 h. ❑ Entre 10-20 h. ❑ Entre 20-30 h.
❑ Entre 30-40 h. ❑ Más de 40 h.

7. ¿Cómo se distribuyeron las sesiones de formación en mediación?:

❑ Varios días durante una semana o varias semanas
❑ Durante un fin de semana
❑ Una vez a la semana

Formación recibida para la mediación *(continuación)*

❑ Una vez al mes
❑ De otra forma. Especifica cómo:

....

....

8. ¿Cuáles de los siguientes contenidos se trabajaron en las sesiones? Señala los que consideres que se trabajaron:

❑ El proceso de la mediación (ejemplo: qué es la mediación, sus fases, sus principios, etc.)
❑ La comunicación con los demás (ejemplo: defender mis derechos sin ser agresivo o pasivo, cómo escuchar bien a los demás, etc.)
❑ Expresión de emociones y sentimientos (ejemplo: reconocer cómo me siento o cómo se sienten los demás, ponerse en el punto de vista del otro, etc.)
❑ Resolución de conflictos (ejemplo: analizar las causas del conflicto, cómo se resuelve un conflicto, etc.)
❑ Dinámicas de grupos (ejemplo: actividades para el conocimiento de los demás miembros del grupo, actividades de cooperación o ayuda entre todos…)
❑ *Role playings* (ejemplo: interpretación de diferentes personajes y situaciones)
❑ Otros. Especifica cuáles:

....

....

9. La formación inicial que recibí como mediador la considero:

❑ Muy poco adecuada ❑ Poco adecuada ❑ Adecuada
❑ Bastante adecuada ❑ Muy adecuada

Experiencia en mediación

10. ¿En cuántos procesos de mediación he participado como mediador?:

❑ Entre 1-5 ❑ Entre 6-15 ❑ Entre 16-30 ❑ Más de 30

Proceso de selección de mediadores

11. ¿Cómo llegué a ser mediador? Señala la respuesta o las respuestas con las que te identifiques:

❑ Me lo propuso algún profesor o algunos profesores
❑ Por ser delegado o subdelegado
❑ Me presenté voluntario
❑ Me eligieron mis compañeros
❑ Otra forma. Especifica tu respuesta:

....

....

Perfil del alumno mediador

12. Mi nota es casi siempre de:

❑ Suspenso ❑ Aprobado ❑ Bien ❑ Notable ❑ Sobresaliente

Señala en qué grado del 1 al 5 TE IDENTIFICAS con estas frases según la siguiente escala:

1 = nada 2 = poco 3 = normal 4 = bastante 5 = totalmente

13. Generalmente me considero una persona:

– Abierta, me gusta relacionarme con la gente 1 2 3 4 5
– Tímida, me cuesta un poco relacionarme con los demás 1 2 3 4 5
– Impulsiva, no me paro a pensar mucho en lo que hago o digo 1 2 3 4 5
– Tranquila, soy paciente y pienso antes de hacer las cosas 1 2 3 4 5
– Mis compañeros me aprecian y cuentan conmigo 1 2 3 4 5
– Mis profesores me aprecian y cuentan conmigo 1 2 3 4 5

14. Me considero o me consideran *más* maduro o madura que los demás para mi edad:

❑ Nada ❑ Poco ❑ A veces ❑ Bastante ❑ Mucho

Expectativas y validez social

Para contestar a las siguientes preguntas, recuerda lo que sentías y pensabas **ANTES** de participar en mediación

15. Antes de comenzar a trabajar en mediación, mis expectativas (es decir, lo que esperaba de la mediación) eran del 1 al 10 de:

1 2 3 4 5 6 7 8 9 10

Señala en qué grado del 1 al 5 TE IDENTIFICABAS con estas frases según la siguiente escala:

1 = nada 2 = poco 3 = normal 4 = bastante 5 = totalmente

16. Temí que mis compañeros de clase o del colegio reaccionaran mal ante mi nuevo rol de mediador 1 2 3 4 5

17. En algún momento temí no poder ser un buen mediador 1 2 3 4 5

18. Mi nuevo rol de mediador me hacía sentir que tenía algo que aportar porque:

– La mediación me permitía colaborar más directamente con algunos profesores 1 2 3 4 5
– Los compañeros confiaban en mí para resolver sus conflictos 1 2 3 4 5
– No era sólo un alumno, tenía además un encargo que cumplir 1 2 3 4 5

Expectativas y validez social *(continuación)*	
19. Una de las ventajas de ser mediador era que me iba a perder horas de clase	1 2 3 4 5
20. Acepté participar, pero sinceramente no me gustaba mucho la idea de ser mediador	1 2 3 4 5
21. Me gustó la idea de la mediación porque los alumnos podían colaborar entre ellos para resolver sus conflictos de forma justa	1 2 3 4 5
22. Me sentía satisfecho/a porque iba a poder ayudar a compañeros a resolver sus conflictos	1 2 3 4 5
Para contestar a las siguientes preguntas, reflexiona sobre lo que piensas y sientes **DESPUÉS** de haber participado en mediación	
23. Mi satisfacción global tras haber trabajado en mediación del 1 al 10 es de: 1 2 3 4 5 6 7 8 9 10	
24. La mediación ha funcionado bien en mi colegio	1 2 3 4 5
25. Los alumnos mediadores podemos ayudar a nuestros compañeros a solucionar los conflictos *mejor que los adultos del colegio* porque:	
– Conectamos mejor con ellos (nos ven más cercanos, les entendemos mejor, utilizamos el mismo lenguaje	1 2 3 4 5
– Pueden pensar que los adultos van a juzgar su comportamiento	1 2 3 4 5
– Podemos identificar los conflictos antes que los adultos	1 2 3 4 5
Señala en qué grado del 1 al 5 TE IDENTIFICAS con estas frases según la siguiente escala:	
1 = nada 2 = poco 3 = normal 4 = bastante 5 = totalmente	
26. Me siento satisfecho de ser mediador	1 2 3 4 5
27. Me he sentido señalado o criticado por ser mediador	1 2 3 4 5
28. ¿Creo que la mediación ha servido para...?:	
– Disminuir el número de sanciones	1 2 3 4 5
– Los alumnos con conflictos sienten que tienen un lugar al que acudir	1 2 3 4 5
– Solucionar los conflictos que podrían acabar en situaciones peores o más graves	1 2 3 4 5
– Llevar a cabo entre todos iniciativas concretas a favor de una buena convivecia	1 2 3 4 5
29. La mediación podría utilizarse para intervenir en conflictos de menor intensidad	1 2 3 4 5

Expectativas y validez social *(continuación)*					
30. La mediación ha influido sobre mis notas porque:					
– Los pasos para analizar y resolver los conflictos me sirven también para solucionar problemas de algunas asignaturas	1	2	3	4	5
– Ahora soy más paciente cuando tengo un problema que resolver y menos impulsivo	1	2	3	4	5
– Ha mejorado el ambiente de clase, me siento más cómodo en el grupo y esto me motiva más a aprender	1	2	3	4	5
31. Mi familia ha entendido y me ha apoyado en mi labor como mediador	1	2	3	4	5
32. Considero que habría necesitado recibir más formación complementaria en mediación	1	2	3	4	5
33. Me he dado cuenta de que en mi colegio se da importancia a que las personas nos llevemos bien y solucionemos bien los conflictos	1	2	3	4	5

34. Después de cada mediación, los mediadores nos reunimos con algún profesor para reflexionar sobre cómo ha ido el proceso:

❑ Nunca ❑ Casi nunca ❑ A veces ❑ Casi siempre ❑ Siempre

Percepción de aprendizaje socioafectivo

35. ¿He ido aprendiendo y mejorando personalmente gracias a la mediación? Señala la respuesta o las respuestas con las que más te identifiques:

❑ Sí, he ido mejorando en diferentes cosas y podría decir en cuáles
❑ Sí, quizá en algo sí he mejorado pero no sabría decir en qué
❑ No, apenas he notado diferencias antes de ser mediador y ahora
❑ No, los contenidos fueron interesantes pero después no te sirven de mucho
❑ Otra respuesta:

....

....

36. Las emociones negativas que tienen los demás con más frecuencia al comenzar los procesos de mediación son las siguientes (señala sólo tres):

❑ Ira	❑ Desconfianza	❑ Resentimiento	❑ Irritación
❑ Frustración	❑ Envidia	❑ Temor	❑ Tristeza
❑ Hostilidad	❑ Culpabilidad	❑ Vergüenza	❑ Nerviosismo

❑ Otras:...

....

Percepción de aprendizaje socioafectivo *(continuación)*			
37. Las emociones positivas que tienen los demás con más frecuencia al final de un proceso de mediación son las siguientes (señala sólo tres):			
❑ Satisfacción	❑ Tranquilidad	❑ Alegría	❑ Orgullo
❑ Cariño	❑ Amistad	❑ Entusiasmo	❑ Interés
❑ Confianza	❑ Esperanza	❑ Buen humor	❑ Ilusión
❑ Otras:..			

Señala en qué grado del 1 al 5 TE IDENTIFICAS con estas frases según la siguiente escala:					
	1 = nada	**2 = poco**	**3 = normal**	**4 = bastante**	**5 = totalmente**
38. Como mediador me resulta difícil identificar qué emociones tienen las personas en conflicto	1	2	3	4	5
39. La mediación me ha ayudado a comprender mejor el punto de vista de los demás	1	2	3	4	5
40. La mediación me ha ayudado a expresar mejor mis necesidades, sentimientos o emociones en la relación con los demás	1	2	3	4	5
41. La mediación me ha ayudado a darme cuenta de cuáles son mis emociones negativas	1	2	3	4	5
42. La mediación me ha ayudado a controlar mejor las emociones negativas (sus causas, consecuencias, intensidad o duración)	1	2	3	4	5
43. La mediación me ha hecho darme cuenta de que mis emociones influyen en cómo me comporto	1	2	3	4	5
44. La mediación me ha ayudado a darme cuenta de que a veces hay diferencias entre lo que siento y lo que pienso y mis valores.........	1	2	3	4	5
45. La mediación me ha ayudado a reconocer emociones en los gestos, movimientos o expresiones de los demás............	1	2	3	4	5
46. La mediación ha aumentado mi paciencia ante los problemas.....	1	2	3	4	5
47. La mediación me ha ayudado a decir más a los demás si han actuado de forma injusta............	1	2	3	4	5
48. La mediación me ha ayudado a comunicarme mejor con los demás .	1	2	3	4	5
49. Antes veía el conflicto como algo negativo y ahora lo veo como una oportunidad para aprender	1	2	3	4	5
50. He aprendido a analizar los conflictos sin dejarme llevar por mi opinión personal (comprendiendo sus causas o lo que sienten y piensan las personas...)............	1	2	3	4	5

Percepción de aprendizaje socioafectivo *(continuación)*
51. Me paro a pensar más en las consecuencias que puede tener no actuar bien 1 2 3 4 5
52. En un conflicto me paro a pensar más en diferentes formas de solucionarlo 1 2 3 4 5
53. Me paro a pensar más si con mi conducta he conseguido realmente lo que pretendía 1 2 3 4 5
54. Utilizo con más frecuencia técnicas comunicativas en mi vida diaria (ejemplo: formulación de preguntas, parafraseo, mensajes en primera persona, etc.) 1 2 3 4 5

Señala en qué grado del 1 al 5 TE IDENTIFICAS con estas frases según la siguiente escala:				
1 = nada	**2 = poco**	**3 = normal**	**4 = bastante**	**5 = totalmente**

55. La mediación me ha hecho darme cuenta de la responsabilidad que tengo en la solución de mis propios conflictos 1 2 3 4 5

56. Soy más respetuoso y acepto mejor las diferencias de las personas con las que me relaciono 1 2 3 4 5

57. Me siento más implicado en el día a día de mi colegio, y especialmente en situaciones en las que puedo participar 1 2 3 4 5

58. Considero que la mediación me ha ayudado a comprender mejor lo que es justo y lo que es injusto 1 2 3 4 5

59. Desde que soy mediador, doy más importancia a no hablar mal de las personas cuando no están 1 2 3 4 5

60. Ahora doy más importancia a lo que puede hacer cada uno para que haya buena convivencia 1 2 3 4 5

61. Ahora valoro más la importancia de saber pedir ayuda cuando se necesita 1 2 3 4 5

62. ¿Lo que he aprendido en mediación me sirve en otras situaciones de mi vida?:

❑ Nada ❑ Poco ❑ A veces ❑ Bastante ❑ Mucho

63. ¿En qué entornos pongo más en práctica las habilidades que he aprendido en mediación?:

❑ En otras partes del colegio (patio del recreo, fiestas, trabajos en equipo, etc.)
❑ En casa, en mis relaciones familiares
❑ En situaciones de ocio y tiempo libre (con otros amigos, deporte, etc.)
❑ Otros. Especifica cuáles:
....
....

Observaciones

....
....

Muchas gracias por tu colaboración

Cuestionario de mediación escolar para alumno mediado

Instrucciones

Este cuestionario ha sido diseñado para obtener información de los alumnos que han participado en mediación escolar sobre distintos aspectos relacionados con ella.

Lee detenidamente las cuestiones que se plantean y responde marcando con una X la respuesta o la puntuación en una escala. Las respuestas serán anónimas. No hay respuestas correctas ni incorrectas, sólo son modos diferentes de percibir la experiencia de mediación escolar. Por tanto, procura contestar con sinceridad. Asegúrate de que respondes a todas las preguntas.

Muchas gracias por tu colaboración.

Alumno mediado

1. Tipo de centro:

❑ Público ❑ Concertado

2. Curso:

❑ 1.º ESO ❑ 2.º ESO ❑ 3.º ESO ❑ 4.º ESO ❑ 1.º BACH ❑ 2.º BACH

3. Edad:

❑ 12 años o menos ❑ 13 años ❑ 14 años ❑ 15 años
❑ 16 años ❑ 17 años ❑ 18 años o más

4. Sexo:

❑ Varón ❑ Mujer

Formación recibida para la mediación

5. Los alumnos del colegio ¿recibimos INFORMACIÓN sobre el servicio de mediación en el colegio?:

❑ Sí No (pasa a las pregunta 6)

Si he respondido que sí, la información que recibimos la considero:

❑ Nada adecuada ❑ Poco adecuada ❑ Adecuada
❑ Bastante adecuada ❑ Muy adecuada

6. Los alumnos del colegio ¿recibimos algún tipo de FORMACIÓN a lo largo del curso sobre resolución de conflictos, mediación u otros contenidos relacionados?:

❑ Sí No (pasa a las pregunta 7)

Formación recibida para la mediación *(continuación)*

Si he respondido que sí, ¿cuáles de los siguientes contenidos se trabajaron en las sesiones de formación? Señala todos los que consideres que se trabajaron:

- ❑ El proceso de la mediación (ejemplo: qué es la mediación, sus fases, sus principios, etc.)
- ❑ La comunicación con los demás (ejemplo: defender mis derechos sin ser agresivo o pasivo, cómo escuchar bien a los demás, etc.)
- ❑ Expresión de emociones y sentimientos (ejemplo: reconocer cómo me siento o cómo se sienten los demás, ponerse en el punto de vista del otro, etc.)
- ❑ Resolución de conflictos (ejemplo: analizar las causas del conflicto, cómo se resuelve un conflicto, etc.)
- ❑ Dinámicas de grupos (ejemplo: actividades para el conocimiento de los demás miembros del grupo, actividades de cooperación o ayuda entre todos…)
- ❑ *Role playings* (ejemplo: interpretación de diferentes personajes y situaciones)
- ❑ Otros. Especifica cuáles:

…………………………………………………………………………………………

Experiencia en mediación

7. ¿Cómo llegué a participar en un proceso de mediación?:

- ❑ Me lo propuso algún profesor
- ❑ Me lo propuso algún compañero del equipo de mediación
- ❑ Me lo propusieron desde jefatura de estudios
- ❑ Decidí voluntariamente acudir y me puse en contacto con alguien del equipo de mediación
- ❑ De otra forma. Especifica tu respuesta:

…………………………………………………………………………………………

8. ¿En cuántas mediaciones he participado?:

❑ Entre 1-2 ❑ Entre 3-5 ❑ Más de 5

9. El conflicto o los conflictos por los que he participado en mediación tenían su origen en:

- ❑ Insultos y amenazas
- ❑ Mentiras y rumores
- ❑ Desacuerdos con la otra persona
- ❑ Peleas físicas o agresiones físicas
- ❑ Otros:

…………………………………………………………………………………………

…………………………………………………………………………………………

10. Los mediadores fueron:

- ❑ Profesores
- ❑ Alumnos
- ❑ Profesor y alumno
- ❑ Otros:

…………………………………………………………………………………………

Experiencia en mediación *(continuación)*

11. En las mediaciones en las que participé, ¿elegí al mediador o los mediadores con los que yo prefería estar?:

❑ Sí ❑ No

12. ¿Me habría gustado trabajar con otro mediador o mediadores con los que me identificara más?:

❑ Nada ❑ Poco ❑ A veces ❑ Bastante ❑ Mucho

13. ¿Firmamos un acuerdo tras el proceso de la mediación?:

❑ Sí ❑ No (pasa a la pregunta 14)

Si has respondido que sí, señala la respuesta o las respuestas con las que te identifiques:

❑ Me ha ayudado a ser consciente de los logros obtenidos tras el proceso
❑ Me ha ayudado a mantener mi parte del acuerdo cuando pasa un tiempo
❑ No me ha servido de mucho
❑ Me da seguridad de que la otra persona vaya a colaborar por solucionar el acuerdo
❑ Yo lo suprimiría porque me parece una falta de confianza hacia nosotros
❑ Otra respuesta:

14. La mediación ha influido sobre mis notas porque:

– Los pasos para analizar y resolver los conflictos me sirven también para resolver problemas de algunas asignaturas	1	2	3	4	5
– Ahora soy más paciente cuando tengo un problema que resolver y menos impulsivo	1	2	3	4	5
– Ha mejorado el ambiente de clase, me siento más cómodo en el grupo y esto me motiva más a aprender	1	2	3	4	5

Perfil del alumno mediado

15. Mi nota es casi siempre de:

❑ Suspenso ❑ Aprobado ❑ Bien ❑ Notable ❑ Sobresaliente

Señala en qué grado del 1 al 5 TE IDENTIFICAS con estas frases según la siguiente escala:

1 = nada 2 = poco 3 = normal 4 = bastante 5 = totalmente

16. Generalmente me considero una persona:

– Abierta, me gusta relacionarme con todo el mundo	1	2	3	4	5
– Tímida, me cuesta un poco relacionarme con los demás	1	2	3	4	5

Perfil del alumno mediado *(continuación)*					
– Impulsiva, no me paro a pensar mucho en lo que hago o digo	1	2	3	4	5
– Tranquila, soy paciente	1	2	3	4	5
– Valorada por mis compañeros	1	2	3	4	5
– Valorada por mis profesores	1	2	3	4	5

17. Me considero o me consideran menos maduro o madura que los demás para mi edad:

❑ Nada ❑ Poco ❑ A veces ❑ Bastante ❑ Mucho

Expectativas y validación social

Para contestar a las siguientes preguntas, recuerda lo que sentías y pensabas **ANTES** de participar en mediación

18. Antes de participar en mediación, mis expectativas (es decir, lo que esperaba de la mediación) eran, del 1 al 10, de:

1 2 3 4 5 6 7 8 9 10

19. Creo que en mi centro educativo se trabaja la mediación porque (señala la respuesta o las respuestas con las que te identifiques):

❑ A algunos profesores les gusta y se han empeñado
❑ Era necesario, ya que en mi colegio había o hay bastantes conflictos
❑ Es algo nuevo que está de moda y creo que da buena imagen al colegio
❑ En mi colegio se da importancia a que las personas nos llevemos bien y solucionemos bien los conflictos
❑ Otros motivos. Especifica cuáles:

....

....

Señala en qué grado del 1 al 5 TE IDENTIFICABAS con las siguientes frases:

1 = nada 2 = poco 3 = normal 4 = bastante 5 = totalmente

20. Decidí participar en mediación porque:

– Necesitaba quitarme un problema de encima	1	2	3	4	5
– Me sentía culpable de la situación	1	2	3	4	5
– Me sentía traicionado y al fin se haría justicia	1	2	3	4	5
– Realmente me importaba la otra persona	1	2	3	4	5
– Me iba a perder horas de clase	1	2	3	4	5
– No supe decir que no y no me negué	1	2	3	4	5

21. En algún momento temí que mis colegas reaccionaran mal por acudir a mediación	1	2	3	4	5

Expectativas y validación social *(continuación)*

22. Cuando decidí participar en mediación:

- ❑ Me importaba sobre todo mi relación con la otra persona
- ❑ Me importaba sobre todo llegar a un acuerdo
- ❑ Me importaba por igual llegar a un acuerdo y mi relación con la otra persona
- ❑ No me importaba ni llegar a un acuerdo ni mi relación con la otra persona
- ❑ Otra respuesta:

……………………………………………………………………………………………

23. ¿Cómo me sentí cuando acudí a mediación? Las emociones negativas que sentía al comenzar la mediación son las siguientes (señala sólo tres):

❑ Ira	❑ Desconfianza	❑ Resentimiento	❑ Irritación
❑ Frustración	❑ Envidia	❑ Temor	❑ Tristeza
❑ Hostilidad	❑ Culpabilidad	❑ Vergüenza	❑ Nerviosismo

❑ Otras:

……………………………………………………………………………………………

……………………………………………………………………………………………

Para contestar a las siguientes preguntas, reflexiona sobre lo que piensas y sientes **DESPUÉS** de haber participado en mediación

24. Mi satisfacción global tras haber trabajado con la mediación del 1 al 10 es de:

1 2 3 4 5 6 7 8 9 10

25. Las emociones positivas que sentí al final del proceso de mediación son las siguientes (señala sólo tres):

❑ Satisfacción	❑ Tranquilidad	❑ Alegría	❑ Orgullo
❑ Cariño	❑ Amistad	❑ Entusiasmo	❑ Interés
❑ Confianza	❑ Esperanza	❑ Buen humor	❑ Ilusión

❑ Otras:

……………………………………………………………………………………………

……………………………………………………………………………………………

Señala en qué grado del 1 al 5 TE IDENTIFICAS con estas frases según la siguiente escala:

1 = nada	**2 = poco**	**3 = normal**	**4 = bastante**	**5 = totalmente**

Expectativas y validación social *(continuación)*	
26. La mediación ha funcionado bien en mi centro	1 2 3 4 5
27. Estoy satisfecho de haber participado en mediación, ha merecido la pena	1 2 3 4 5
28. ¿Creo que la mediación ha servido para...?:	
– Disminuir el número de sanciones........................	1 2 3 4 5
– Llevar a cabo entre todos iniciativas concretas a favor de una convivencia...	1 2 3 4 5
– Los alumnos con conflictos sienten que tienen un lugar al que acudir........................	1 2 3 4 5
– Aumentar el respeto entre los compañeros hacia sus diferencias	1 2 3 4 5
– Mejorar la relación de los alumnos con los profesores	1 2 3 4 5
– Solucionar los conflictos que podrían acabar en situaciones peores o más graves	1 2 3 4 5
– Los alumnos dan más importancia a lo que cada uno puede hacer para que haya una buena convivencia	.1 2 3 4 5
– Mejorar la relación entre los grupos de clase	1 2 3 4 5
29. Mi percepción del colegio es ahora más positiva	1 2 3 4 5
30. Me he dado cuenta de que en mi colegio se da importancia a que las personas nos llevemos bien y solucionemos bien los conflictos	1 2 3 4 5
31. La mediación podría utilizarse para intervenir en conflictos de menor intensidad........................	1 2 3 4 5

Percepción de aprendizaje socioafectivo

32. ¿He sentido que he aprendido y mejorado personalmente gracias a la mediación? Señala la respuesta o las respuestas con las que más te identifiques:

- ❑ Sí, he tenido conciencia de mejorar en diferentes cosas y podría decir en cuáles
- ❑ Sí, quizá en algo sí he mejorado, pero no sabría decir en qué
- ❑ No, apenas he notado diferencias antes de participar en mediación y ahora
- ❑ No, la verdad es fue una experiencia interesante pero después no te sirve de mucho
- ❑ Otra respuesta:

....

....

Señala en qué grado del 1 al 5 TE IDENTIFICAS con estas frases según la siguiente escala:

1 = nada	**2 = poco**	**3 = normal**	**4 = bastante**	**5 = totalmente**

Percepción de aprendizaje socioafectivo *(continuación)*					
33. La mediación me ha ayudado a comprender mejor el punto de vista de los demás	1	2	3	4	5
34. La mediación me ha ayudado a expresar mejor mis necesidades, sentimientos o emociones en la relación con los demás	1	2	3	4	5
35. La mediación me ha ayudado a darme cuenta de cuáles son mis emociones negativas	1	2	3	4	5
36. La mediación me ha ayudado a controlar mejor las emociones negativas (sus causas, consecuencias, intensidad o duración)	1	2	3	4	5
37. La mediación me ha hecho darme cuenta de que mis emociones influyen en cómo me comporto	1	2	3	4	5
38. La mediación me ha ayudado a darme cuenta de que a veces hay diferencias entre las emociones que siento y lo que pienso o mis valores	1	2	3	4	5
39. La mediación me ha ayudado a reconocer emociones en los gestos, movimientos o expresiones de los demás	1	2	3	4	5
40. La mediación ha aumentado mi paciencia ante los problemas	1	2	3	4	5
41. La mediación me ha ayudado a decir más a los demás si han actuado de forma injusta	1	2	3	4	5
42. La mediación me ha ayudado a comunicarme mejor con los demás	1	2	3	4	5
Señala en qué grado del 1 al 5 TE IDENTIFICAS con estas frases según la siguiente escala:					
1 = nada 2 = poco 3 = normal 4 = bastante 5 = totalmente					
43. Antes veía el conflicto como algo negativo y ahora lo veo como una oportunidad para aprender	1	2	3	4	5
44. He aprendido a analizar los conflictos sin dejarme llevar por mi opinión personal (comprendiendo sus causas o lo que sienten y piensan las personas...)	1	2	3	4	5
45. Me paro a pensar más en las consecuencias que puede tener no actuar bien	1	2	3	4	5
46. En un conflicto me paro a pensar más en diferentes formas de solucionarlo	1	2	3	4	5
47. Me paro a pensar más si con mi conducta he conseguido realmente lo que pretedía	1	2	3	4	5

Percepción de aprendizaje socioafectivo *(continuación)*					
48. La mediación me ha hecho darme cuenta de la responsabilidad que tengo en la solución de mis propios conflictos	1	2	3	4	5
49. Soy más respetuoso y acepto mejor las diferencias de las personas con las que me relaciono..	1	2	3	4	5
50. Me siento más implicado en el día a día de mi colegio, y especialmente en situaciones en las que puedo participar	1	2	3	4	5
51. Considero que la mediación me ha ayudado a comprender mejor lo que es justo y lo que es injusto	1	2	3	4	5
52. Ahora doy más importancia a no hablar mal de las personas cuando no están	1	2	3	4	5
53. Ahora doy más importancia a lo que puede hacer cada uno para que haya buena convivencia	1	2	3	4	5
54. Ahora valoro más la importancia de saber pedir ayuda cuando se necesita	1	2	3	4	5

55. ¿Lo que he aprendido en mediación me sirve en otras situaciones de mi vida?:

❑ Nada ❑ Poco ❑ A veces ❑ Bastante ❑ Mucho

56. ¿En qué entornos pongo más en práctica las habilidades que he aprendido en mediación?:

❑ En otras partes del colegio (patio del recreo, fiestas, trabajos en equipo, etc.)
❑ En casa, en mis relaciones familiares
❑ En situaciones de ocio y tiempo libre (con otros amigos, deporte, etc.)
❑ Otros. Especifica cuáles:

....

....

Observaciones

....

....

Muchas gracias por tu colaboración

TÍTULOS RELACIONADOS